高等学校“十三五”规划教材

# 无机化学实验

## 第二版

何永科　吕美横　刘　威　王传胜　主编



化学工业出版社

·北京·

《无机化学实验（第二版）》共分5章：第一章基础知识和基本操作，介绍了无机化学实验的实验室基础知识、实验基本操作和常见仪器的使用；第二章基本理论及常数测定实验，以12个实验来加深对无机化学反应原理的理解和掌握；第三章元素化合物的性质，通过7个实验对常见的主族元素和过渡元素的性质作了介绍；第四章无机化合物的提纯与制备，共7个实验，目的是训练和提高学生无机化学实验的基本操作能力；第五章综合设计实验，选编了9个实验，期望借此达到培养学生发现问题、解决问题的综合能力的目的。本次再版对无机化学实验基本操作、常用仪器的使用的视频用二维码进行展现，更加方便学生学习。

《无机化学实验（第二版）》可作为高等学校化学、化工、轻工、应用化学、高分子材料、安全工程、环境工程、生物工程、制药工程、食品科学与工程等专业的教材，也可供农、林、医等相关专业的师生使用。

**图书在版编目（CIP）数据**

无机化学实验/何永科等主编. —2版. —北京：化学工业出版社，2017.9（2023.8重印）
高等学校“十三五”规划教材
ISBN 978-7-122-30357-8

Ⅰ.①无… Ⅱ.①何… Ⅲ.①无机化学-化学实验-高等学校-教材 Ⅳ.①O61-33

中国版本图书馆CIP数据核字（2017）第184390号

责任编辑：宋林青 于 卉　　文字编辑：褚红喜
责任校对：宋 夏　　装帧设计：关 飞

出版发行：化学工业出版社（北京市东城区青年湖南街13号 邮政编码100011）
印 刷：北京云浩印刷有限责任公司
装 订：三河市振勇印装有限公司
787mm×1092mm 1/16 印张11½ 字数288千字 2023年8月北京第2版第7次印刷

购书咨询：010-64518888　　售后服务：010-64518899
网 址：http://www.cip.com.cn
凡购买本书，如有缺损质量问题，本社销售中心负责调换。

定 价：25.00元

# 序

化学是一门以实验为基础的学科，实验教学是提高学生综合创新能力最有效的途径。通过实验教学，培养学生独立操作、敏锐观察、真实记录、合理分析、精准描述的能力，学习科学的研究方法，形成科学的思维方式。

无机化学实验是化学及相关学科本科学生的第一门学科基础实验课，既要为学生打下坚实的操作基础、养成良好的实验习惯，又要承上启下，做好中学化学实验课程和后续其他学科的化学实验课程的衔接，责任重大。

实验教材是实验教学赖以进行的载体，修订实验教材就是为了满足学生培养方案和教学大纲不断变化的需求。在多年辽宁省省级精品课程和省级精品资源共享课程建设的基础上，结合多年实验教学和教学改革的经验，主编带领几位八零后教师完成了《无机化学实验》（第二版）的编写。

本教材内容选取科学，保证了必要的基本训练实验和重要无机化合物的合成实验，加强了应用性、综合性、设计性实验，选取了一些与化工生产及环境有关的实验项目。同时以视频链接展示了常用的无机化学实验基本操作，使基本操作更加直观形象，有利于学生掌握无机化学实验的基本操作技能，具有很强的指导性。本教材具有鲜明的工科特色，充分体现了编者对基础化学实验教学与教学改革的研究和认识，是与新课程体系相适应的新教材。

徐家宁

**2017 年 7 月于长春**

# 前　　言

《无机化学实验（第二版）》在第一版的基础上，加入了无机化学实验基本操作视频录像，通过扫描书中的二维码，可在移动终端上直接观看。希望通过富媒体，可以使无机化学实验教学更富有针对性而得到更好的教学效果，并拓展教学信息的传播范围。

《无机化学实验（第二版）》可用于化学化工类专业的本科教学，也可供农、林、医等院校各相关专业选用和参考。使用本教材时，可以根据教学进度和教学大纲的要求进行取舍和组合，不必拘泥于教材的编写顺序。

《无机化学实验（第二版）》由何永科、吕美横、刘威、王传胜主持编写，孙亚光、申华、刘瑕、郭虹、徐振和、赵亚楠、熊刚、张雅倩参加编写，最后由王传胜统一修改、定稿。

本书中无机化学实验基本操作视频录像工作得到了首都医科大学王桥教授、中国海洋大学冯丽娟教授等专家的指导和支持，在此表示衷心的感谢。

在《无机化学实验（第二版）》出版之际，对多年来为本教材编写出版做出贡献的沈阳化工大学应用化学学院从事无机化学实验教学的教师和实验技术人员表示诚挚的感谢。

由于编者水平有限，书中难免有疏漏和不当之处，无机化学实验基本操作视频录像也可能有不如人意之处，敬请广大读者批评指正，以使本教材得以不断完善。

**《无机化学实验（第二版）》编写组**

**2017 年 7 月**

# 第一版前言

本书主要依据教育部高等教育司编写的《高等学校工科本科基础课程教学基本要求》，并参考国内有关无机化学实验教材，同时结合了编者近年来在实验教学及改革中的经验，并根据无机化学发展需要以及不同院校的实验设备现状编写而成。

本书是辽宁省精品课程配套教材，在实验内容选择上除保证必要的基本训练实验外，着重考虑应用性和综合设计性实验，注意选取一些与化工生产及环境有关的实验项目。通过这些实验，使学生既能学到基本实验技能，又能体会到无机化学实验的应用性、趣味性及综合性等特点。实验内容编排上全书分成五章：第一章基础知识和基本操作，详尽地介绍了无机化学实验的基本操作、常见仪器的使用和实验室基础知识；第二章基本理论及常数测定实验，包括 12 个实验，通过这些实验，可以加深对无机化学反应原理的理解和掌握；第三章元素化合物的性质，包括 7 个实验，这些实验对常见的主族元素和过渡元素的性质作了介绍；第四章无机化合物的提纯与制备，共 7 个实验，目的是训练和提高学生无机化学实验的基本操作能力；第五章综合设计实验，包括 9 个实验，各实验内容叙述简繁不一，有一些实验需要学生自己进行设计，以达到培养学生发现问题、解决问题的综合能力的目的。

本教材由王传胜（沈阳化工大学），孙亚光（沈阳化工大学）和石中亮（沈阳理工大学）主编，参加编写的有：沈阳化工大学应用化学学院申华、刘瑕、郭虹、陈尚东，沈阳理工大学环境与化学工程学院马睿、张欣、刘春玲。在本书编写过程中，沈阳化工大学宋芸老师对部分实验内容提出了宝贵的意见，在此表示衷心感谢。

由于编者水平有限，实践经验不足，书中难免会有疏漏之处，敬请读者批评指正。

**编者**

**2009 年 6 月**

# 目　　录

# 第一章 基础知识和基本操作

## 第一节 实验室基础知识

### 一、实验室学生守则

① 要遵守纪律，保持实验室的安静，严格遵守实验室各项规章制度，服从管理人员的安排。

② 要爱护实验室的设备和仪器，节约水、电和煤气。严禁将实验室内的任何物品带出实验室外。

③ 实验前认真预习，明确实验的目的和要求，了解实验的基本原理、方法、步骤。写好预习报告并交指导老师检查，否则不得进入实验室。

④ 实验前要清点仪器，如果发现有破损和缺少，应立即报告教师，按规定手续向实验室补领。实验中如有仪器损坏，应立即主动报告指导教师，进行登记，按规定价格进行赔偿，再换取新仪器，不得擅自拿其他位置上的仪器。

⑤ 实验仪器应整齐地放在实验台上，保持实验室整洁、卫生。

⑥ 实验时要仔细观察，认真思考，详细做好实验记录。使用仪器时，应按照要求进行操作。应按规定量取用药品，无规定量的，要尽量少用，节约药品。取药品时要小心，不要撒落在实验台上。药品自瓶中取出后，不能再放回原瓶中。

⑦ 实验过程中，应保持实验台面的整洁。实验后废纸、火柴梗等固体废物应倒入垃圾箱内，切勿倒入水槽，以免堵塞下水管道。废液必须倒入废液缸内，以便统一处理。严禁将实验仪器、化学药品擅自带出实验室。

⑧ 完成实验后，将所用仪器洗净并整齐地放在指定位置，将实验台擦净，最后检查水、电和煤气是否关好。应请指导教师检查，得到指导教师许可后才能离开实验室。

⑨ 实验结束后，值日生负责清扫地面和实验室，检查水龙头以及门窗是否关好，电源是否切断。

实验台的清洁

### 二、实验室安全守则

① 一切涉及有毒的、有刺激性或恶臭气味物质（如硫化氢、氟化氢、氯气、一氧化碳、二氧化硫、二氧化氮等）的实验，必须在通风橱中进行。

② 一切涉及易挥发和易燃物质的实验，必须在远离火源的地方进行，以免发生爆炸事故。

③ 加热试管时，不得将管口对着自己或他人，避免溅出的液体伤人。

④ 不得将化学药品随意混合，以免发生意外事故。

⑤ 稀释浓硫酸时，应将浓硫酸慢慢倒入水中，并不断搅拌，切记不可将水倒入浓硫酸中，以免局部过热使硫酸溅出，引起灼伤。

⑥ 倾注有腐蚀性的液体或加热有腐蚀性的液体时，液体容易溅出，不要俯视容器。

⑦ 不要俯向容器直接去嗅容器中的溶液或气体的气味，应使面部远离容器，用手把逸出容器的气流慢慢地扇向自己的鼻孔。

⑧ 取用在空气中易燃烧的钾、钠和白磷等物质时，要用镊子，不要用手去接触。

⑨ 氢气（或其他易燃、易爆气体）与空气或氧气混合后，遇火易发生爆炸，操作时严禁接近明火。

⑩ 银氨溶液不能留存，因久置后会变成氮化银，易于爆炸。

⑪ 强氧化剂（如氯化钾、硝酸钾、高锰酸钾等）或其混合物不能研磨，否则将引起爆炸。

⑫ 有毒药品（如重铬酸钾、钡盐、铅盐、砷的化合物、汞的化合物，特别是氰化物）不得进入口内或接触伤口，剩余的废液也不能随便倒入下水道，应倒入废液缸或由教师指定的容器里。

⑬ 金属汞易挥发，并通过呼吸道进入人体，逐渐积累会引起慢性中毒。所以做金属汞的实验时要特别小心，不得把金属汞撒落在桌上或地上。若不小心撒落，必须尽可能地收集起来，并用硫黄粉撒在落汞的地方，让金属汞转变为不挥发的硫化汞。

⑭ 洗涤的仪器，应放入烘箱或气流干燥器上干燥，严禁用手甩干。

⑮ 不要用湿的手、物接触电源，以免发生触电事故。

⑯ 水、电、煤气一经使用完毕，就应立即关闭。

⑰ 点燃的火柴用后应立即熄灭，不得乱扔。

⑱ 不得将实验室的化学药品带出实验室。

⑲ 实验室内严禁饮食，实验完毕后应洗净双手。离开实验室时，应关好水电和煤气。

化学实验室安全守则是人们长期从事化学实验工作的经验总结，是保持良好的工作环境和工作秩序、防止意外事故的发生、保证实验安全顺利完成的前提，人人都应严格遵守。

## 三、实验室意外事故的处理

为了对意外事故进行紧急处理，每个实验室内应准备一个急救药箱，主要准备下列药品：

| | | | |
|---|---|---|---|
| 碘酒（3%） | 红药水 | 酒精（70%） | 硼酸溶液（饱和） |
| 创可贴 | 消炎粉 | 醋酸溶液（2%） | 硫代硫酸钠溶液（20%） |
| 止血粉 | 甘油 | 双氧水（3%） | 硫酸镁溶液（20%） |
| 烫伤油膏 | 碳酸氢钠溶液（1%～5%） | | 氯化铁溶液（作止血剂） |
| 高锰酸钾晶体（需要时配成10%溶液） | | | 硫酸铜溶液（5%） |

还应准备以下工具：医用镊子、剪刀、纱布、药棉、棉签、绷带、医用胶布等。

(1) 中毒急救　吸入氯气、氯化氢气体时，可吸入少量酒精和乙醚的混合气体蒸气使之解毒。吸入硫化氢或一氧化碳气体而感到不适时，应立即到室外呼吸新鲜空气。应注意：氯气、溴中毒不可进行人工呼吸，一氧化碳中毒不可用兴奋剂。皮肤沾染毒物时，先用大量水冲洗，再用消毒剂洗涤伤处，如有伤痕，应迅速处理并立即请医生治疗。毒物进入口内，应将5～10mL稀硫酸铜溶液加入一杯温水中，内服后，用手指伸入咽喉部，促使呕吐，吐出毒物后立即送往医院。

(2) 创伤　伤口处不能用手抚摸，也不能用水洗涤。若是玻璃创伤，应先把碎玻璃从伤处挑出，轻伤可涂以紫药水（或碘酒），必要时撒些消炎粉或敷些消炎膏，再用绷带包扎。

(3) 烫伤　伤势不重，可擦些烫伤膏；伤势严重，应立即就医。

（4）酸致伤　先用水大量冲洗，再用饱和碳酸氢钠溶液（或稀氨水、肥皂水）洗，最后再用水冲洗。如果酸液溅入眼睛内，用大量水冲洗后送医院处理。若被氢氟酸烧伤，应用大量水冲洗 2min 以上，再用冰冷的饱和硫酸镁溶液或 70%酒精清洗半小时以上。

（5）碱致伤　先用大量水冲洗，再用 2%醋酸溶液或饱和硼酸溶液洗，最后用水冲洗。如果是碱液溅入眼中，用硼酸溶液冲洗。

（6）溴致伤　应立即用乙醇或硫代硫酸钠溶液冲洗伤口，再用水冲洗干净，并敷以甘油。若起泡，则不宜把水泡挑破。

（7）磷烧伤　用 5%硫酸铜、1%硝酸银溶液或 10%高锰酸钾溶液冲洗伤口，并用浸过硫酸铜溶液的绷带包扎，或送往医院治疗。

（8）触电　应立即切断电源，尽快用绝缘物（如竹竿、干木棒、绝缘塑料管棒等）将触电者与电源隔开，切不可用手去拉触电者，在必要时进行人工呼吸。

（9）火灾　要一边灭火，一边防止火势蔓延，可采用切断电源、移走易燃药品等措施。灭火时要根据起火原因选用合适的方法。一般的小火，可用湿布、石棉布或沙子覆盖燃烧物。火势大时可使用泡沫灭火器。但电气设备所引起的火灾，只能使用二氧化碳或四氯化碳灭火器灭火，不能使用泡沫灭火器，以免触电。实验人员衣服着火时，切勿惊慌乱跑，应立即脱下衣服，用水浇灭，或用石棉布覆盖着火处。

### 四、实验室三废的处理

在化学实验室中经常会产生各种有毒的气体、液体和固体，如不将其处理随意排放，就会对周围的环境、水源和空气造成污染，损害人体健康，因此，对废液、废气和废渣要经过一定的处理后才能排弃。三废中的有用成分，如不加回收，在经济上也是一种损失，通过处理，消除公害，变废为宝，综合利用，也是实验室工作的重要组成部分。

对于产生少量有毒气体的实验，可在通风橱内进行，通过排风设备排到室外，以免污染室内空气。对于产生毒气量大的实验，必须备有吸收或处理装置。如二氧化氮、二氧化硫、氯气、硫化氢、氟化氢等可用碱溶液吸收，一氧化碳可直接点燃转化为二氧化碳，也可用固体吸附剂（如活性炭、活性氧化铝、硅胶、分子筛等）来吸附废气中的污染物。

有回收价值的废渣应收集起来统一处理，回收利用，少量无回收价值的有毒废渣也应集中起来分别进行处理或深埋于离水源较远的指定地点，无毒废渣可直接掩埋，掩埋地点应做记录。有毒且不易分解的有机废渣可以用专门的焚烧炉进行焚烧处理。

无机化学实验中产生最多的是废液，酸性废液可先用耐酸塑料网纱或玻璃纤维过滤，滤液用石灰或碱中和，调 pH 值至 6～8 后，可排出。

## 第二节　实验室常用玻璃仪器

### 一、实验室常用玻璃仪器介绍

化学实验常用仪器中，大部分为玻璃制品和一些瓷质类器皿。玻璃仪器种类很多，按其用途可分为容器类仪器、量器类仪器和其他类仪器。根据它们能否受热又可分为可加热的器皿和不宜加热的器皿。

#### 1. 常用玻璃仪器

（1）容器类　常温或加热条件下用作物质的反应容器或贮存容器。包括试管、烧杯、烧瓶、锥形瓶、滴瓶、细口瓶、广口瓶、称量瓶、分液漏斗和洗气瓶。每种类型又有许多不同的规格。使用时要根据用途和用量选择不同种类和不同规格的容器。注意阅读使用说明和注意事项，要特别注意对容器加热的方法，以防损坏仪器。

分液漏斗

(2) 量器类　用于度量溶液体积。量器类一律不能受热，不可以作为实验容器，例如不可以用于溶解、稀释操作，不可以量取热溶液，不可以长期存放溶液。量器类容器主要有量筒、移液管、吸量管、容量瓶和滴定管等。每种类型又有不同规格。应遵循保证实验结果精确度的原则选择度量容器。正确地选择和使用度量容器，反映了学生实验技能水平的高低。

**2. 其他仪器**

其他器皿包括具有特殊用途的玻璃器皿，如干燥器、砂芯漏斗等。瓷质类器皿包括蒸发皿、布氏漏斗、瓷研钵等。其他仪器包括玻璃仪器和非玻璃仪器。

干燥器的使用

常用仪器的用途、使用方法和注意事项见附录一。

## 二、玻璃仪器的洗涤与干燥

化学实验中使用的各种仪器常黏附有化学药品，既有可溶性物质，也有灰尘和其他不溶性物质以及油污等有机物。为了使实验得到正确的结果，应根据仪器上污物的性质，采用适当的方法，将仪器洗涤干净。

研钵的使用

**1. 一般洗涤仪器的方法**

① 对普通玻璃容器，倒掉容器内物质后，可向容器内加入 1/3 左右的自来水冲洗，再选用合适的刷子，依次用洗衣粉和自来水刷洗。最后用洗瓶挤压出蒸馏水水流涮洗，将自来水中的金属离子洗净。注意，不要同时将多个仪器一起刷，以免仪器破损。

② 对于某些用通常的方法不能洗涤除去的污物，则可通过化学反应将黏附在器壁上的物质转化为水溶性物质。例如，铁盐引起的黄色污染物加入稀盐酸或稀硝酸浸泡片刻即可除去；接触、盛放高锰酸钾后的容器可用草酸溶液清洗（沾在手上的高锰酸钾也可以同样清洗）；沾有碘时，可用碘化钾溶液浸泡片刻，或加入稀的氢氧化钠溶液并使其温热，用硫代硫酸钠溶液也可将其除去；银镜反应后黏附的银或有铜附着时，可加入稀硝酸，必要时可稍微加热，以促进溶解。

对于未知污物，可使用重铬酸盐洗液清洗。

重铬酸盐洗液（简称洗液）的配制方法为：将 25g 重铬酸钾固体在加热条件下溶于 50mL 水中，然后向溶液中加入 450mL 浓硫酸，边加边搅动。切勿将重铬酸钾溶液加到浓硫酸中。装洗液的瓶子应盖好盖子以防吸潮。洗液可反复使用，直至溶液变为绿色时失去去污能力。失去去污能力的洗液要按照废洗液处理的办法处理，不要随意倒入下水道。使用洗液时要注意安全，不要溅到皮肤、衣物上。

**2. 度量仪器的洗涤方法**

度量仪器对洗净程度要求较高，有些仪器形状又特殊，不宜用毛刷刷洗，常用洗液进行洗涤。度量仪器的具体洗涤方法如下。

(1) 滴定管的洗涤　酸式滴定管洗涤前应检查玻璃活塞是否与活塞套配合紧密，如不紧密将会出现漏水现象，则不宜使用。洗涤可根据滴定管沾污的程度而采用以下洗涤方法：用自来水冲洗或用滴定管刷蘸洗涤剂刷洗（但铁丝部分不得碰到管壁）。当用前法不能洗净时，可用铬酸洗液洗：加入 5～10mL 洗液，边转动边将滴定管放平，并将滴定管口对着洗液瓶口，以防洗液洒出；洗净后将一部分洗液从管口放回原瓶，最后打开活塞，将剩余的洗液从出口管放出原瓶，必要时可加满洗液进行浸泡。还可根据具体情况采用针对性洗涤液进行清洗，如管内壁留有残存的二氧化锰时，可应用亚铁盐溶液或过氧化氢加酸溶液进行清洗。用各种洗涤方法清洗后，都必须用自来水充分洗净，并将管外壁擦干，以便观察内壁是否挂水珠。

碱式滴定管的洗涤方法与酸式滴定管相同。在需要用洗液洗涤时，可除去橡皮管，用滴管胶头堵塞碱式滴定管下口进行洗涤。如必须用洗液浸泡，则将碱式滴定管倒挂在滴定管架上，管口插入洗涤瓶中，橡皮管处连接抽气泵，用手捏玻璃球处的橡皮管，吸取洗液，直到充满全管然后放手，任其浸泡。浸泡完毕后，轻轻捏橡皮管，将洗液缓慢放出。也可更换一根装有玻璃球的橡皮管，将玻璃球往上捏，使其紧贴在碱式滴定管的下端，这样便可直接倒入洗液浸泡。在用自来水冲洗或用蒸馏水清洗碱式滴定管时，应特别注意玻璃球下方死角处的清洗。为此。在捏橡皮管时应不断改变方位，使玻璃球的四周都洗到。

(2) 容量瓶的洗涤　先用自来水洗几次，倒出水后，内壁如不挂水珠，即可用蒸馏水洗好备用。否则就必须用洗液洗涤。先尽量倒去容量瓶内残留的水，再倒入适量洗液（250mL 容量瓶，倒入 10～20mL 洗液已足够），倾斜转动容量瓶，使洗液布满内壁，同时将洗液慢慢倒回原瓶。然后用自来水充分洗涤容量瓶及瓶塞，每次洗涤应充分振荡，并尽量使残余的水流尽。最后用蒸馏水洗三次。应根据容量瓶的大小决定用水量，如 250mL 容量瓶，第一次约用 30mL，第二及第三次约用 20mL 蒸馏水。

(3) 移液管和吸量管的洗涤　可先用自来水冲洗一次，用洗耳球吹出管中残留的水，再用铬酸洗液洗涤。以左手持洗耳球，将食指或拇指放在洗耳球的上方，右手手指拿住移液管或吸量管，洗耳球紧接移液管口上，将移液管插入洗液瓶中，左手拇指或食指慢慢放松使洗液缓缓吸入移液管球部或吸量管全管约四分之一处。移去洗耳球，再用右手食指按住管口，把管横过来，左手扶住管的下端，慢慢开启右手食指，一边转动移液管，一边使管口降低，让洗液布满全管。洗液放回原瓶后用自来水充分冲洗。再用洗耳球吸取蒸馏水，将整个内壁洗三次，洗涤方法同前，但洗涤用过的水应从下口放出。每次用水量以移液管的液面上升到球部或吸量管全管约五分之一为度。也可用洗瓶从上口进行吹洗，最后用洗瓶吹洗管的下部外壁。

除了上述清洗方法之外，现在还有超声波清洗器。只要把用过的仪器放在配有合适洗涤剂的溶液中，接通电源，利用声波的能量和振动，就可以将仪器清洗干净。

**3. 洗净的标准**

凡洗净的仪器，应该是清洁透明的。当把仪器倒置时，器壁上只留下一层既薄又均匀的水膜，器壁不应挂水珠。凡是已经洗净的仪器，不要用布或软纸擦干，以免使布或纸上的少量纤维留在器壁上反而沾污了仪器。

**4. 仪器的干燥**

实验时所用的仪器，除必须洗净外，有时还要求干燥。常用的干燥方法有如下几种。

(1) 晾干　将洗净的仪器倒立放置在适当的仪器架上或仪器柜内，让其在空气中自然干燥。这种干燥方法较为常用，适用于烧杯、锥形瓶、量筒、容量瓶、移液管等仪器的干燥。

(2) 吹干　对一些不能受热的容量器皿可用冷风干燥。如果吹风前用乙醇、乙醚、丙酮等易挥发的水溶性有机溶剂冲洗一下，则干得更快。

图 1-1　烘箱

(3) 烘干　将洗净的仪器放入电热恒温干燥箱内加热烘干。

电热恒温干燥箱（简称烘箱）是实验室常用的仪器（见图1-1），常用来干燥玻璃仪器或烘干腐蚀性低、热稳定性比较好的药品，但挥发性易燃品或刚用酒精、丙酮淋洗过的仪器切勿放入烘箱内，以免发生爆炸。烘箱带有自动控温装置和温度显示装置。具体使用方法参考烘箱使用说明书。

烘箱最高使用温度可达200～300℃，常用温度在100～200℃。玻璃仪器干燥时，应先洗净并将水尽量倒干，放置时应注意平放或使仪器口朝上，带塞的瓶子应打开瓶塞，如果能将仪器放在托盘里则更好。一般在105℃加热15min左右即可干燥。最好让烘箱降至常温后再取出仪器。如果热时就要取出仪器，应注意用干布垫手，防止烫伤。热玻璃仪器不能碰水，以防炸裂。热仪器自然冷却时，器壁上常会凝上水珠，这可以用吹风机吹冷风助冷而避免。烘干的药品一般取出后应放在干燥器里保存，以免吸收空气中的水分。

# 第三节　化学试剂及取用方法

## 一、化学试剂的分类

化学试剂的种类很多，世界各国对化学试剂的分类和级别的标准不尽一致，我国化学试剂的产品标准有国家标准（GB）、行业标准（ZB）及企业标准（QB），按照药品中杂质含量的多少，基本上可分为四级，各级别的代表符号、规格标志及使用范围如表1-1所列。

**表1-1　我国化学试剂等级标准**

| 级别 | 一级品 | 二级品 | 三级品 | 四级品 | |
|---|---|---|---|---|---|
| 中文名称 | 保证试剂(优级纯) | 分析试剂(分析纯) | 化学纯 | 实验试剂 | 生物试剂 |
| 英文名称 | guarantee reagent | analytical reagent | chemically pure | laboratory reagent | biological reagent |
| 英文缩写 | G. R. | A. R. | C. P. | L. R. | B. R. |
| 瓶签颜色 | 绿 | 红 | 蓝 | 棕或黄 | 黄或其他颜色 |

根据实验的不同要求，选用不同级别的试剂。一般来说，在制备化学实验中，化学纯级别的试剂就已能符合实验要求。但在有些实验中，例如分析实验中，要使用分析纯级别的试剂。要根据实验要求，本着节约的原则来选用不同规格的化学试剂，不可盲目追求高纯度而造成浪费。当然也不能随意降低规格而影响测定结果的准确度。

## 二、化学试剂的存放

市售试剂瓶瓶盖的打开

固体试剂一般存放在易于取用的广口瓶内，液体试剂则存放在细口瓶中。一些用量小而使用频繁的试剂，如指示剂、定性分析试剂等可盛装在滴瓶中。见光易分解的试剂（如$AgNO_3$、$KMnO_4$、饱和氯水等）应装在棕色瓶中。对于$H_2O_2$，虽然也是见光易分解的物质，但不能盛放在棕色的玻璃瓶中，因棕色玻璃中含有重金属氧化物成分，会催化$H_2O_2$的分解。因此通常将$H_2O_2$存放于不透明的塑料瓶中，放置于阴暗处。试剂瓶的瓶盖一般都是磨口的，但盛强碱性试剂（如NaOH、KOH）及$Na_2SiO_3$溶液的瓶塞应换成橡皮塞，以免长期放置互相粘连。易腐蚀玻璃的试剂（如氟化物等）应保存在塑料瓶中。

对于易燃、易爆、强腐蚀性、强氧化剂及剧毒品的存放应特别加以注意，一般需要分类单独存放。强氧化剂要与易燃、可燃物分开隔离存放。低沸点的易燃液体要求在阴凉通风的地方存放，并与其他可燃物和易产生火花的器物隔离放置，更要远离明火。闪点在－4℃以下的液体（如石油醚、苯、乙酸乙酯、丙酮、乙醚等）理想的存放温度为－4～4℃；闪点在25℃以下的（如甲苯、乙醇、丁酮、吡啶等）物质的存放温度不得超过30℃。

盛装试剂的试剂瓶都应贴上标签，并写明试剂的名称、纯度、浓度和配制日期，标签外面应涂蜡或用透明胶带等保护。

试剂瓶的使用

## 三、化学试剂的取用

### 1. 试剂瓶的种类

如图1-2所示。

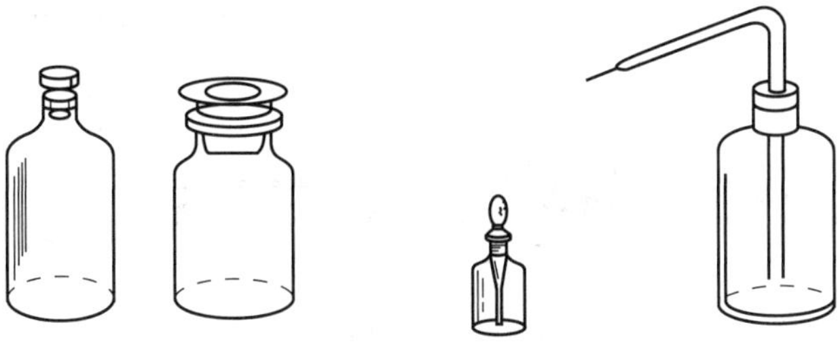


图1-2　试剂瓶的种类

(a) 细口瓶　通常为玻璃制品，也有聚乙烯制品。用于保存试剂溶液，有无色和棕色两种。遇光易变化的试剂（如硝酸银等）用棕色瓶。玻璃瓶的磨口塞各自成套，不要混淆。

(b) 广口瓶　用于装少量固体试剂，有无色和棕色两种。

(c) 滴瓶　用于盛逐滴滴加的试剂，例如指示剂等，也有无色和棕色两种。

(d) 洗瓶　为聚乙烯瓶，内盛蒸馏水，用手捏一下瓶身即可出水。主要用于洗涤沉淀，冲洗用自来水洗净的玻璃容器。

洗瓶的使用

### 2. 试剂瓶塞子的打开方法

① 盐酸、硫酸、硝酸等液体试剂瓶，多用塑料塞（也有用玻璃磨口塞的）。塞子打不开时，可用热水浸过的布裹上塞子的头部，然后用力拧，一旦松动，就能拧开。

② 细口瓶瓶塞也常有打不开的情况，此时可在水平方向用力转动塞子或左右交替横向用力摇动塞子，若仍打不开，可紧握瓶的上部，用木柄或木槌从侧面轻轻敲打塞子，也可在桌端轻轻叩敲，请注意，绝不能手握下部或用铁锤敲打。

细口瓶的打开

用上述方法还打不开塞子时，可用热水浸泡瓶的颈部（即塞子嵌进的那部分）。也可以用热水浸过的布裹着，玻璃受热后膨胀，再仿照前面的做法拧松塞子。

固体试剂的取用

### 3. 试剂的取用方法

取用试剂以前，应看清标签。没有标签的药品不能使用，以免发生事故。取用时，先打开瓶塞，将瓶塞反放在实验台上。如果瓶塞上端不是平顶而是扁平的，可用食指和中指将瓶塞夹住（或放在清洁的表面皿上），绝不可将它横置于桌上，以免沾污。不能用手接触化学试剂。取完试剂后，一定要把瓶塞盖严，绝不允许将瓶盖张冠李戴。然后把试剂放回原处，以保持实验台整齐干净。

(1) 固体试剂的取用　固体试剂通常存放在易于取用的广口瓶中。

图 1-3　药匙

① 要用清洁、干燥的药匙（见图 1-3）取试剂，应专匙专用。用过的药匙必须洗净擦干后才能再使用。

② 注意不要超过指定用量取药，多取的不能倒回原瓶，可放在指定的容器中供他人使用。

③ 要求取用一定质量的固体试剂时，可把固体放在干燥的称量纸、表面皿或小烧杯内称量。具有腐蚀性或易潮解的固体应放在表面皿上或玻璃容器内称量。

④ 往试管（特别是湿试管）中加入固体试剂时，可用药匙或将取出的药品放在对折的纸片上，伸进试管约 2/3 处，如图 1-4 所示。加入块状固体时，应将试管倾斜，使固体沿管壁慢慢滑下，以免碰破管底。

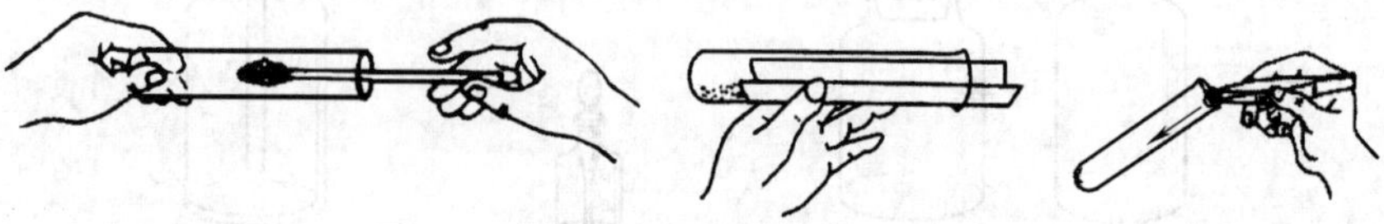
图 1-4　向试管中加入固体药品示意图

⑤ 固体的颗粒较大时，可在清洁而干燥的研钵中研碎，研钵中所盛固体的量不要超过研钵容量的 1/3。

⑥ 有毒药品要在教师的指导下取用。

（2）液体试剂的取用　液体试剂通常盛放在细口瓶或滴瓶中。每个试剂瓶上都必须贴上标签，并标明试剂的名称、浓度和纯度。

滴管和滴瓶

液体试剂的取用

① 从滴瓶中取用少量试剂时，需将滴管提起至液面上方，用手指捏瘪橡皮头，以赶出滴管中的空气，然后伸入试剂瓶中，放开手指，吸入试剂，垂直提出滴管，置于试管口的上方滴入试剂，如图 1-5 所示。滴完后立即将滴管插回原滴瓶。绝对禁止将滴管伸进试管中或与器壁接触，更不允许用其他的滴管到滴瓶中取液，以免污染试剂。装有药品的滴管不得横置或滴管口向上斜放，以免液体流入滴管的橡皮头中。

② 从细口瓶中取用液体试剂时，用倾注法。先将瓶塞取下，反放在实验台上，用左手拿住容器（如试管、量筒等），用右手握住试剂瓶上贴标签的一面，逐渐倾斜瓶子，让试剂沿着洁净的试管壁流入试管或沿着洁净的玻璃棒注入烧杯中，如图 1-6 所示。倒出试剂后瓶口在容器上靠一下，再逐渐竖起瓶子，以免遗留在瓶口的液滴流到瓶的外壁上。

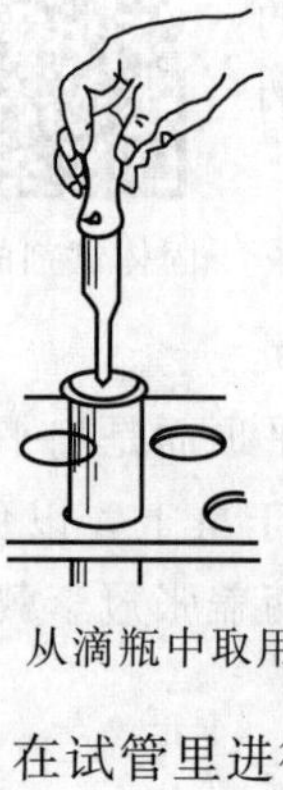
图 1-5　从滴瓶中取用试剂

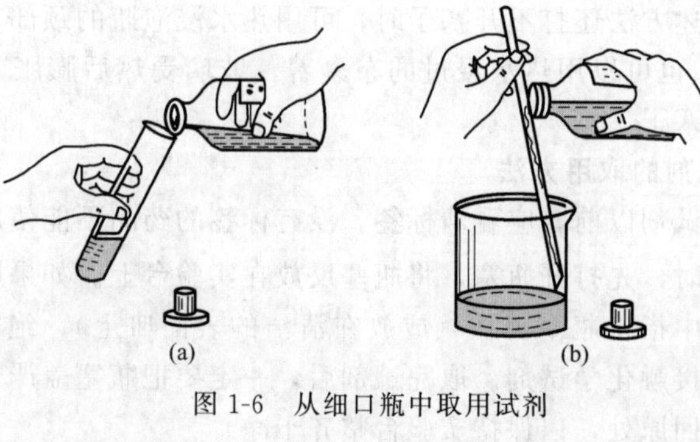

图 1-6　从细口瓶中取用试剂

③ 在试管里进行某些实验时，取试剂不需要准确用量，但要学会估计取用液体的量。

例如，学会用滴管取用液体，1mL 相当于多少滴，5mL 液体占一支试管容量的几分之几等。倒入试管里溶液的量，一般不超过其容积的 1/3。

定量取用液体试剂时，根据要求可选用准确度较高的量器，如量筒、滴定管、移液管等。

试管的使用

## 四、化学试剂的配制

试剂配制一般是指把固态的试剂溶于水（或其他溶剂）配制成溶液，或把液态试剂（或浓溶液）加水稀释为所需的稀溶液。

一般溶液的配制方法如下。

配制溶液时先算出所需的固体试剂的用量，称取后置于容器中，加少量水，搅拌溶液。必要时可加热促使其溶解，再加水至所需的体积，混合均匀，即得所配制的溶液。

用液态试剂（或浓溶液）稀释时，先根据试剂或浓溶液密度或浓度算出所需液态试剂的体积，量取后加水至所需的体积，混合均匀即成。

配制饱和溶液时，所用溶质量应比计算量稍多，加热使之溶解后，冷却，待结晶析出后，取用上层清液以保证溶液饱和。

配制易水解的盐溶液［如 $SnCl_2$、$SbCl_3$、$Bi(NO)_3$］时，应先加入相应的浓酸（HCl 或 $HNO_3$），以抑制水解或使水解产物溶于相应的酸中而使溶液澄清。

配制易氧化的盐溶液时，需加入相应的纯金属，使溶液稳定。如配制 $FeSO_4$、$SnCl_2$ 溶液时，需加入金属铁或金属锡。

# 第四节　实验基本操作

## 一、加热及冷却

### 1. 加热装置

(1) 煤气灯　实验室中如果备有煤气，在加热操作中，常用煤气灯。煤气由导管输送到实验台上，用橡皮管将煤气开关和煤气灯相连。煤气中含有毒的物质，所以绝不可使煤气逸到室内。不用时，一定要把煤气开关关紧。

煤气灯的式样很多，但构造基本相同。煤气灯主要由灯管和灯座两部分组成，灯管和灯座通过灯管下部的螺丝相连，如图 1-7 所示。转动取下灯管 1，可以看到灯座的煤气出口 3 和空气入口 2。旋转灯管 1，能够完全关闭或不同程度地开启空气入口，以调节空气的进入量。灯座侧面（或底部）有螺旋针 4，可控制煤气的进入量。

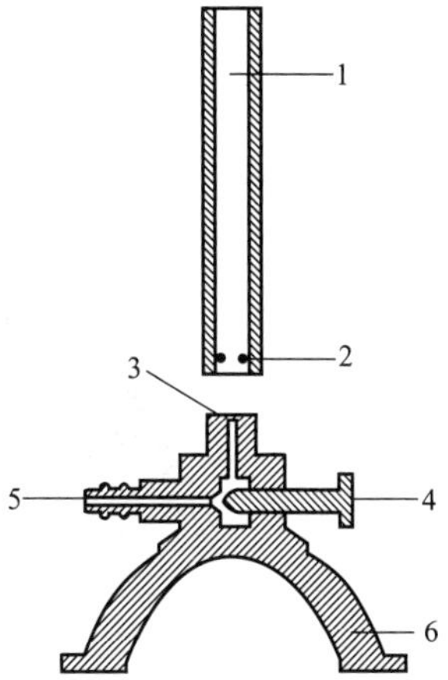

图 1-7　煤气灯的构造
1—灯管；2—空气入口；3—煤气出口；4—螺旋针；5—煤气入口；6—灯座

点燃煤气灯时，应该先关上空气入口 2，再擦燃火柴，将火柴移近灯管口后，再打开煤气开关，将煤气点燃。调节螺旋针 4 控制煤气进入量，使火焰保持适当的高度，此时因为煤气燃烧不完全，火焰的颜色应为光亮的黄色，温度不高且会析出炭质。此时应旋转灯管，调节空气进入量，使煤气完全燃烧，火焰由黄色变为蓝色，此时的火焰称为正常火焰，如图 1-8 所示。煤气的正常火焰可分为三个锥形区域：外层 1 温度高一些，在这里煤气完全燃烧，但由于含有过量的空气，这部分火焰具有氧化性，称为“氧化焰”，火焰呈淡紫色；中层 2，在这里煤气不完全燃烧，生成含碳的产物，这部分火焰具有还原性，称为“还原焰”；内层3，空气和煤气进行混合，并未燃烧，温度较低。火焰各区域的温度如图1-9所示。

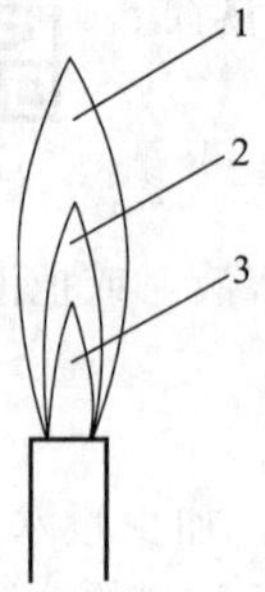


图1-8　分层火焰

1—氧化焰；2—还原焰；3—焰心

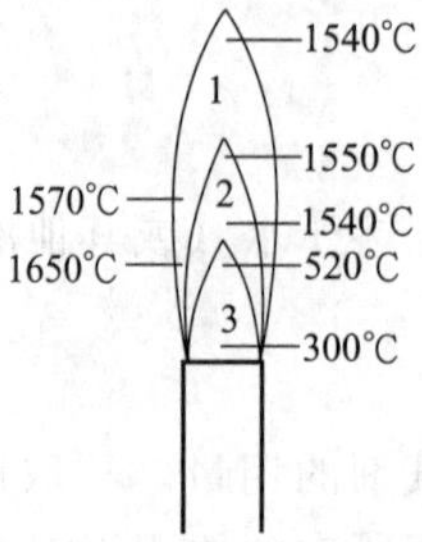


图1-9　火焰各区域的温度

酒精灯的使用

如果点燃煤气时，空气和煤气入口都开得太大，火焰就会凌空燃烧，称为“凌空火焰”［见图1-10(a)］；当煤气进口开得很小，而空气入口开得太大时，进入的空气太多就会产生“侵入火焰”［见图1-10(b)］，此时煤气在灯管内燃烧，并发出“嘶嘶”的响声，火焰的颜色变为绿色，灯管被烧得很烫。发生这些现象时，应立即关闭煤气，待灯管冷却后，重新调节和点燃。

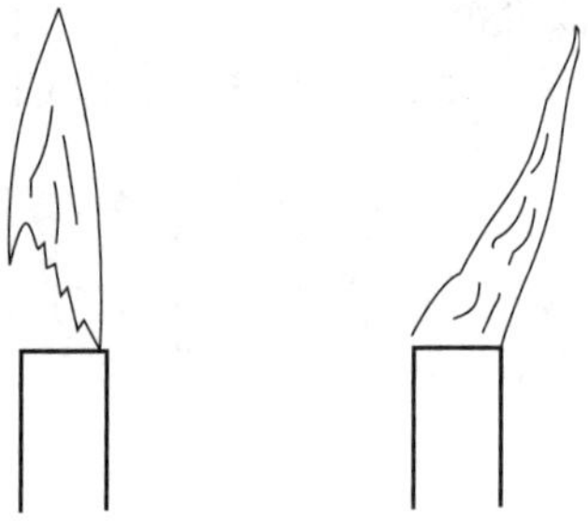

(a) 凌空火焰　　(b) 侵入火焰

图1-10　不正常火焰

（2）电炉和箱形电炉（马弗炉）　根据需要，实验室还常常用电炉或箱形电炉进行加热。它们都是靠电热丝产生热量。针对加热物的不同要求，可选用不同功率、不同形式的电炉。

① 电炉　电炉（见图1-11）可以代替酒精灯或煤气灯用于一般加热。其温度高低可以通过调节电阻（外接可调变压器）来控制。加热时容器和电炉之间隔一块石棉网，保证受热均匀。

② 箱形电炉　也称马弗炉（见图1-12），其炉膛呈长方形，也是用电热丝或硅碳棒来加热，最高温度可达1100～1200℃，使用时将试样置于坩埚内放入炉膛中加热，温度一般由温度控制器自动控制。

图1-11　电炉

图1-12　马弗炉

**2. 加热方法**

（1）直接加热试管中的液体和固体　直接加热试管中的液体时，应擦干试管外壁，用试管夹夹住试管的中上部，手持试管夹的长柄以手腕关节缓缓摇动。口向上倾斜（见图1-13），加热时，先加热液体的中上部，然后慢慢向下移动，再不时地上下移动，使溶液各部分受热均匀。管口不能对着自己或他人，以免溶液在煮沸时迸溅烫伤。液体量不能超过试管高度的1/3。

直接加热试管中的固体时，可将试管固定在铁架台上，试管口要稍向下倾斜，略低于管底（见图 1-14），防止冷凝的水珠倒流至灼热的试管底部炸裂试管。

加热试管中的液体

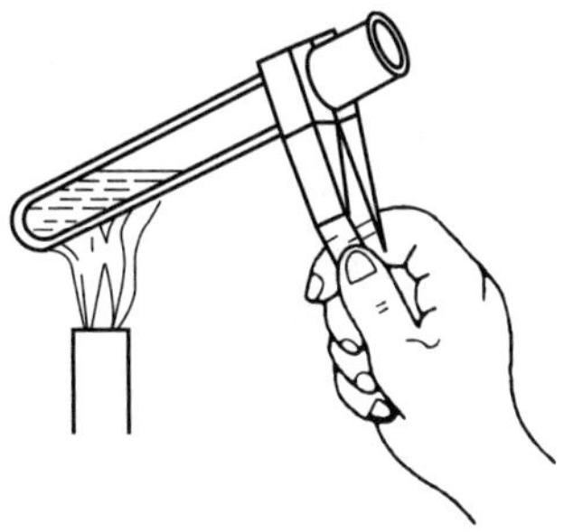

图 1-13 加热试管中的液体

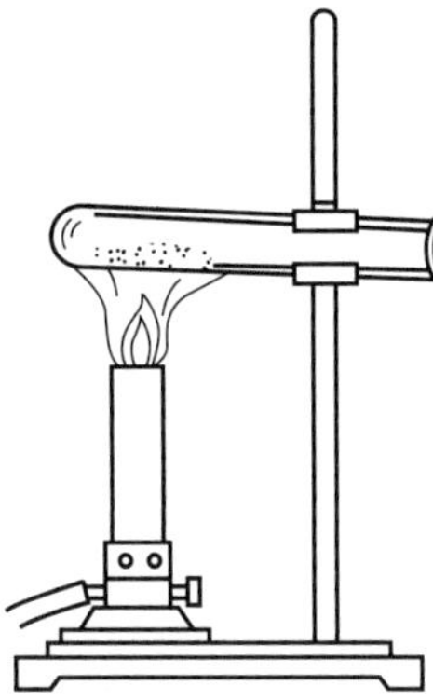

图 1-14 加热试管中的固体

加热试管中的固体

烧杯的使用

蒸发皿的使用

（2）直接加热烧杯、烧瓶等玻璃仪器中的液体 加热烧杯、烧瓶中的液体时，仪器必须放在石棉网上，以防受热不均匀而破裂。液体量不超过烧杯的 1/2、烧瓶的 1/3。加热含较多沉淀的液体以及需要干燥沉淀时，用蒸发皿比用烧杯好。

（3）水浴、油浴和沙浴 为了避免直接加热或在石棉网上加热容易发生过热等现象，可使用各种加热浴。

① 水浴 当被加热物质要求受热均匀而温度又不能超过 100℃时，可用水浴加热。水浴是在浴锅中加水（一般不超过容量的 2/3），将要加热的容量器如烧瓶、锥形瓶浸入水中（不能触及锅底），水面应略高于容器内被加热物质，就可以在一定温度（或沸腾）下加热。加热时还需注意随时补充水浴锅中的水，保持水量，切勿烧干。

若盛放加热物质的容器并不浸入水中，而是通过蒸发出的热蒸汽来加热，则称之为水蒸气浴。

通常使用的水浴如图 1-15(a) 所示，附带一套具有大小不同的同心圆的环形铜（或铝）盖。可根据加热容器的大小选择，以尽可能增大器皿底部受热面积而又不落入水浴为原则。

实验室中的水浴加热装置常采用大烧杯代替水浴锅。

② 油浴和沙浴 当要求被加热的物质受热均匀，温度又需高于 100℃时，可使用油浴或沙浴加热。

油浴是用油代替水浴中的水。油浴的优点在于温度容易控制在一定范围内，容器内的被加热物质受热均匀。常用的油有甘油（用于 150℃以下的加热）、液体石蜡（用于 200℃以下的加热）等。使用油浴要小心，防止着火。加热油浴的温度要低于油的沸点，当油浴冒烟情况严重时，应立即停止加热。油浴中应悬挂温度计以便随时调节控制温度。加热完毕后，把容器提离油浴液面，仍用铁夹夹住，放置在油浴上面，待附着在容器外壁上的油流完后，用纸和干布把容器擦干净。

沙浴是将细沙盛在平底铁盘内。操作时，可将器皿欲加热部分埋入沙中，用煤气灯非氧

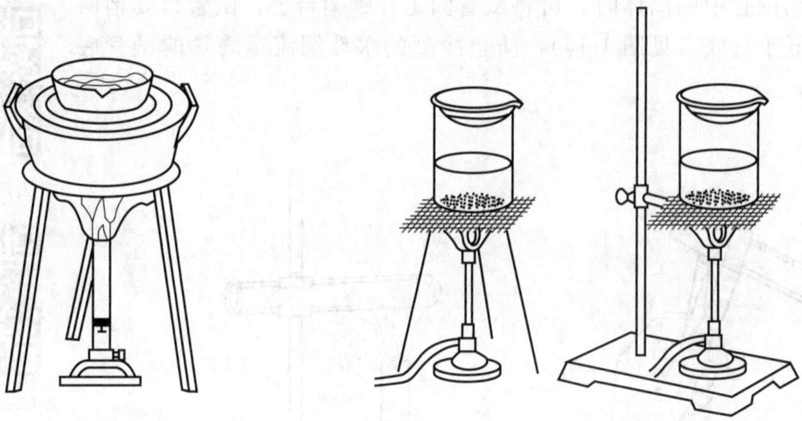

(a) 水浴锅加热　　(b) 用烧杯进行水浴加热

图 1-15　水浴加热

化焰进行加热（注意，如用氧化焰加强热，就会烧穿底盘）。若要测量温度，必须将温度计水银球部分埋在靠近器皿处的沙中。

## 二、蒸发、结晶和固液分离

在无机化学实验中，经常用到蒸发、结晶、固液分离、沉淀洗涤等基本操作。

**1. 蒸发和结晶**

为了使溶质从溶液中析出晶体，必须通过加热使一部分溶剂不断汽化而使溶液不断浓缩，当蒸发至一定程度后，放置冷却即可析出晶体。蒸发浓缩的程度与待结晶物质的溶解度有关。若待结晶物质在常温下的溶解度较小，但随温度升高溶解度明显增大，即溶解度曲线较陡的物质，则应蒸发到溶液表面出现晶膜；若待结晶的物质在常温下的溶解度较大，且随温度变化不大，即溶解度曲线较平坦的物质，则应将溶液蒸发至稀粥状。若待结晶物质的溶解度随温度的升高显著增大，即溶解度曲线陡度很大的物质，则只需将溶液蒸发浓缩到一定的体积，使溶液达到饱和后冷却即可析出晶体。

蒸发浓缩的过程通常在蒸发皿中完成。蒸发皿中盛放的溶液量不能超过其容量的 2/3。根据物质的热稳定性可以采用煤气灯直接加热或水浴间接加热。

结晶就是溶液经蒸发浓缩后，从溶液中析出晶体的过程。析出晶体颗粒的大小往往与结晶条件有关。若溶液的浓度较高，待结晶物质的溶解度较小，或冷却速度较快，那么析出晶体的颗粒就较细小，反之，则可得到较大的晶体颗粒。如在溶液中投入一小粒晶体（晶种）、搅拌溶液或摩擦器壁都可以加速晶体析出。

若一次得到晶体的纯度不符合要求，则可进行重结晶。重结晶是提纯固体物质最有效的方法之一。重结晶的过程是：在晶体中加入适量的去离子水（或其他溶剂）加热使其溶解，然后进行蒸发、结晶，利用水（或其他溶剂）对被提纯物质和杂质的溶解度的不同，使杂质留在母液中与晶体分离，这样便可得到较纯净的晶体。若一次重结晶还达不到纯度要求，可再次重结晶。重结晶适用于提纯杂质含量在 5%以下的固体化合物。

**2. 固液分离及沉淀洗涤**

固液分离的方法有倾析法、过滤法和离心法三种。

（1）倾析法　当沉淀的结晶颗粒较大，静置后容易沉降至容器底部时常用倾析法进行分离或洗涤。操作时将静置后沉淀上层的清液沿玻璃棒倾入另一容器内，即可使沉淀和溶液分离。

倾析法固液分离

若需洗涤沉淀，则可采用“倾析法洗涤”，即向倾去清液的沉淀中，加入少量洗涤液（一般为去离子水），充分搅动后，再静置，沉淀，用上述方法将清液倾出，再向沉淀中加洗涤液洗涤，如此重复数次。

（2）过滤法　过滤法是固液分离最常用的方法。过滤时，沉淀留在过滤器上，而溶液通过过滤器进入接收器中。过滤出来的溶液称为滤液。溶液的温度、黏度、过滤时的压力和沉淀的状态都会影响过滤速度。热的溶液比冷的溶液容易过滤；溶液的黏度越大，过滤就越慢；减压过滤比常压过滤快。沉淀呈胶体时，应先加热一段时间将其破坏，否则胶体会穿透滤纸。总之，要综合考虑各种因素，选择不同的过滤方法。

常压过滤前的准备工作

常压过滤

常用的过滤方法有常压过滤、减压过滤和热过滤。

① 常压过滤　常压过滤最为简单和常用。一般使用普通漏斗和滤纸作过滤器。

滤纸的折叠和漏斗的准备的具体操作如下所述。

a. 手洗净擦干后，把滤纸整齐地对折，然后再对折，但不要把两角对齐而是向外错开一点，打开后使成顶角稍大于60°的圆锥体（如图1-16）。为保证滤纸和漏斗密合，第二次对折时不要折死，圆锥体滤纸打开后，放入洁净而又干燥的漏斗中，如果上边缘与漏斗不是十分密合，可以稍稍改变滤纸的折叠程度，直到与漏斗密合为止。用手轻按滤纸，把第二次的折边折死，所得的圆锥体半边为三层，另半边为一层。为了使漏斗与滤纸贴紧而无气泡，可将三层处的外两层撕去一角。

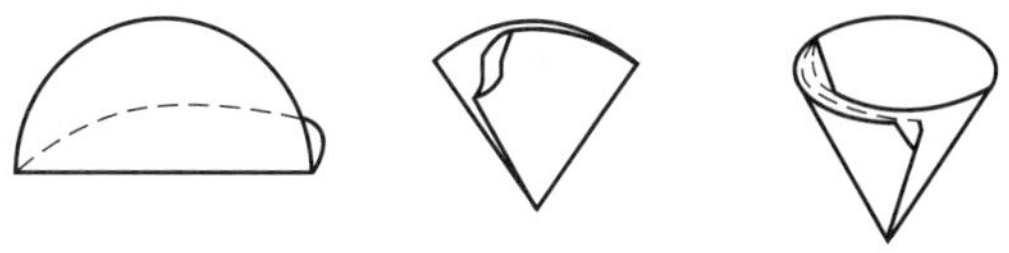

图1-16　滤纸的折叠

b. 将折叠好的滤纸放入漏斗中，三层的一边应放在漏斗出口短的一边。用食指按紧三层的一边，用洗瓶吹入水流将滤纸湿润，然后轻轻按压滤纸边缘，使滤纸的锥体上部与漏斗之间没有空隙（注意三层与一层之间接界处与漏斗的密合），而下部与漏斗内壁却应留有缝隙。按好后，在其中加水至滤纸边缘。这时空隙与漏斗颈内应完全被水充满，当漏斗中水流尽后，颈内仍能保留水柱且无气泡。若不能形成完整的水柱，可以用手堵住漏斗下口，稍稍掀起滤纸多层的一边，用洗瓶向滤纸与漏斗间的空隙里加水，直到漏斗颈与锥体的大部分被水充满，最后按紧滤纸边，放开堵住出口的手指，此时水柱即可形成。能形成水柱的漏斗，由于其水柱的重力拽引漏斗内的液体，从而使过滤速度大大加快。

c. 再用蒸馏水冲洗一次滤纸，然后将贴有滤纸的漏斗放在漏斗架上，下面放一只洁净的烧杯接收滤液，并调节漏斗架高度使漏斗颈末端紧贴接收容器内壁，使滤液沿容器内壁流下，不致溅出。

过滤一般采用倾析法，即先转移清液，后转移沉淀。

倾析法的具体操作如下。

a. 先把上层清液倾入漏斗，使沉淀尽可能留在烧杯内。主要步骤是：一手拿起烧杯置于漏斗上方，一手轻轻地从烧杯中取出玻璃棒，紧贴杯嘴，垂直地立于滤纸三层部分的上方（图1-17），尽可能接近滤纸，但又要不接触滤纸，慢慢将烧杯倾斜，尽量不搅起沉淀，将上层清液沿玻璃棒倾入漏斗中。注意，倾入漏斗的溶液，最多加到滤纸边缘下5～6mm的地方。过滤过程中漏斗颈的下端不能接触滤液。当暂停倾注时，将烧杯沿着玻璃棒慢慢向上提一段，同时缓缓扶正烧杯，等玻璃棒上的溶液流完后，将玻璃棒放回烧杯中（不要放在烧杯嘴处)。整个操作必须在漏斗正上方进行。

b. 过滤开始后，随时检验滤液是否澄清。如滤液不澄清，则必须另换一只洁净的烧杯接收滤液，用原漏斗将滤液进行第二次过滤；若滤液仍不澄清，则应更换滤纸重新过滤。

c. 当清液倾注完毕后，即可进行初步洗涤，每次加入 10～20mL 洗涤液冲洗烧杯壁，充分搅拌后把烧杯放置在桌上，待沉淀下沉后再倾注。如此重复洗涤数次。每次待滤纸内洗涤液流尽后再倾注下一次洗涤液。如果所用的洗涤液总量相同，则每次用量较少、多洗几次比每次用量较多、少洗几次的效果要好。

d. 初步洗涤几次之后，再进行沉淀的转移。向盛有沉淀的烧杯中加入少量洗涤液，搅起沉淀，立即将沉淀与洗涤液沿玻璃棒倾入漏斗中，如此反复多次，尽可能地将沉淀都转移到滤纸上。再对沉淀做最后的洗涤，以除去沉淀表面吸附的杂质和残留母液，直至沉淀洗净为止。沉淀的洗涤应遵循“少量多次”的原则，以提高洗涤效果。

减压过滤前的准备工作

② 减压过滤（吸滤或抽滤） 为了加速大量溶液与沉淀的分离，常采用减压过滤。此法过滤速度快并使沉淀抽得较干，但不宜过滤颗粒太小的沉淀和胶体沉淀。减压过滤的装置如图 1-18 所示，它由吸滤瓶、布氏漏斗、安全瓶和水泵（或真空泵）组成。其原理是利用水泵把吸滤瓶中的空气抽出，使瓶内压力减小，造成吸滤瓶内与布氏漏斗液面之间的压力差，从而大大加快过滤速度。布氏漏斗是瓷质的，中间为具有许多小孔的瓷板，下端颈部装有橡皮塞，借以与吸滤瓶相连，橡皮塞塞进吸滤瓶的部分一般不超过整个橡皮塞高度的 1/2。吸滤瓶用来承接滤液。安全瓶的作用是防止水泵中的水（或真空泵中的油）倒吸入吸滤瓶。

减压过滤

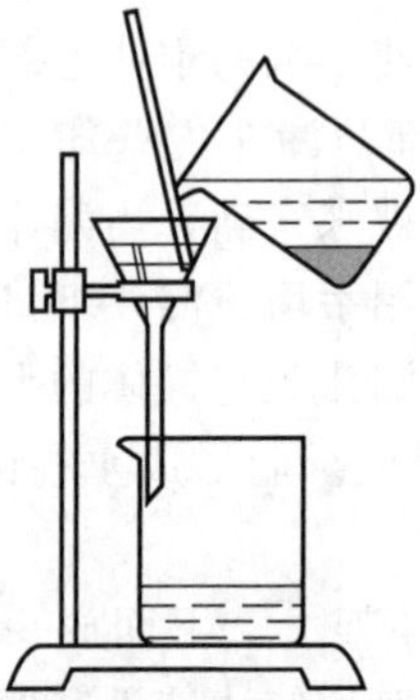

图 1-17 常压过滤

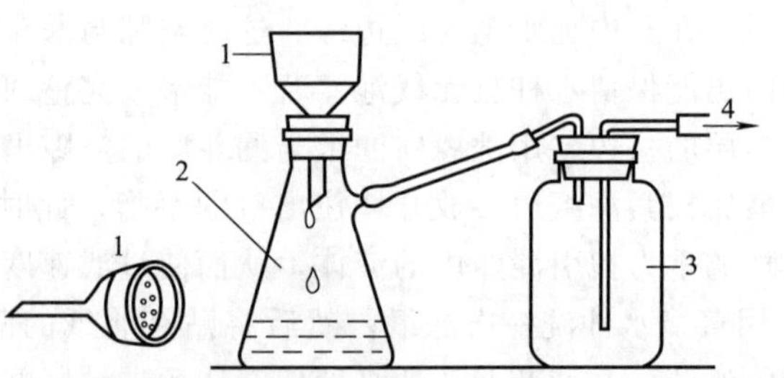


图 1-18 减压过滤装置

1—布氏漏斗；2—吸滤瓶；3—缓冲瓶（安全瓶）；4—接真空泵

吸滤操作必须按照以下步骤进行。

a. 布氏漏斗的颈口斜面应与吸滤瓶的支管相对，便于吸滤。

b. 滤纸应比布氏漏斗的内径略小，以能恰好盖住瓷板上的所有小孔为宜。先用少量去离子水润湿滤纸，微微抽气，使滤纸紧贴在漏斗的瓷板上。

c. 用倾析法转移溶液，每次倒入的溶液量不超过漏斗容积的 2/3，待溶液流完后，再转移沉淀。

d. 过滤时，吸滤瓶内的液面应低于支管的位置，否则滤液将被泵抽出。

e. 在布氏漏斗内洗涤沉淀时，应停止吸滤，让少量洗涤剂缓慢通过沉淀后再进行吸滤。

f. 在吸滤过程中，不得突然关闭抽气阀门，如欲停止抽滤，应先拔下吸滤瓶支管上的橡皮管，再关抽气阀门。

g. 布氏漏斗内取出沉淀的方法是：将漏斗的颈口朝上，轻轻敲打漏斗边缘或用力吹漏斗口，将沉淀和滤纸一同吹出。也可用玻璃棒轻轻揭起滤纸边，以取出滤纸和沉淀。滤液则从吸滤瓶的上口倒出，倾倒滤液时吸滤瓶的支管必须向上，不得将滤液从吸滤瓶的支管口倒出。

③ 热过滤　如果某些溶质在温度降低时很容易析出晶体，为防止溶质在过滤时析出，应采用趁热抽滤。过滤时，可把玻璃漏斗放在铜质的热漏斗内，后者装有热水以维持溶液温度（见图 1-19）。

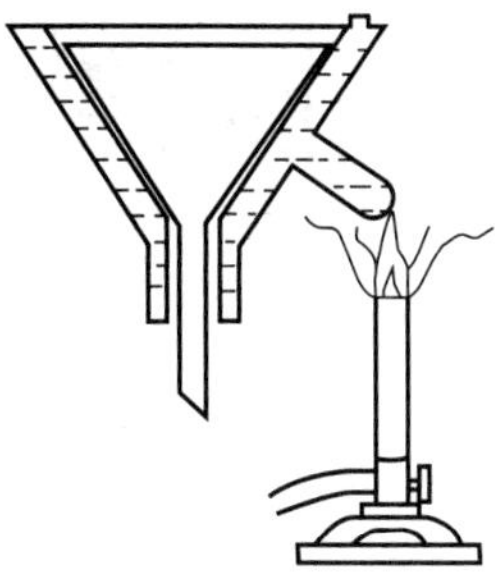

图 1-19　热过滤装置

(3) 离心法　试管中少量溶液与沉淀的分离常用离心法，离心法操作简单而迅速。操作时，将盛有被分离混合物的小试管或离心试管（图 1-20）放入离心机（图 1-21）的套管内，注意，要在对称位置上放有质量相近的离心管，若只有一支试管需要进行离心分离，则在与之对称的另一套管内也要装入一支盛有相近质量水的试管，以保持离心机的平衡。否则在旋转时发生震动，对离心机极其有害且影响离心效果。然后缓慢启动离心机，旋转平稳后再逐渐加速。离心机的转速和旋转时间视沉淀的性状而定。晶形沉淀转速 1000r/min，旋转 1～2min 即可；非晶形沉淀沉降较慢，转速可提高到 2000r/min，需旋转 3～4min。若超过上述时间仍未能使固相与液相分开，即使继续旋转也无效，需加热或加电解质使沉淀凝聚。为了避免离心机高速旋转时发生危险，在离心机转动前要盖好盖子，停止时，待离心机自行停止转动，然后将离心管从管套中取出（或用镊子夹取）。切不可用手按住离心机的轴，强制其停止转动，否则离心机很容易损坏，甚至发生危险。假如在离心过程中发现离心管损坏，必须立刻停机，取出套管，清除玻璃片并仔细用水洗净，用布擦干。

离心机的使用

图 1-20　离心试管

图 1-21　离心机

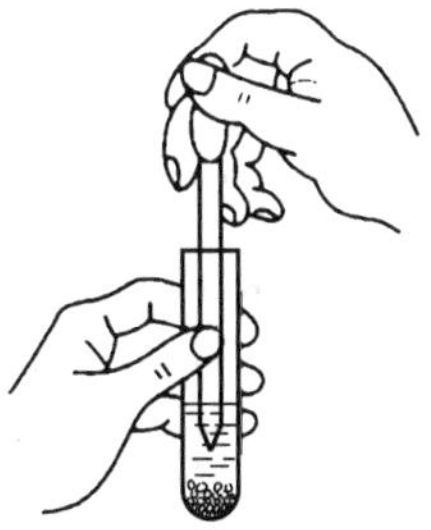

图 1-22　用滴管吸取上层清液

通过离心作用，沉淀紧密聚集在试管的底部或离心试管底部的尖端，溶液则变清。分离试管中的沉淀和溶液的方法是：用手指捏瘪滴管的橡皮头，轻轻地插入试管或离心试管至液面以下，但不接触沉淀，然后缓缓放松橡皮头，尽量吸出上层清液，直至全部溶液吸出为止（见图 1-22）。如沉淀需要洗涤，则加少量洗涤液于沉淀中，充分搅拌后，再离心分离，吸去上层清液。如此重复洗涤 2～3 次。

## 三、液体体积的度量

实验中容量量器是度量液体体积的仪器，有标有分刻度的量筒、量杯、吸量管、滴定管以及标有单刻度的移液管、容量瓶等。其规格是以最大容量为标志，常标有使用温度，不能加热，更不能用作反应容器。读取容量时，视线应与量器（竖直）弯月面的最低点保持水平。

量筒的使用

**1. 量筒、量杯**

常用于液体体积的一般量度。

**2. 移液管和吸量管**

移液管和吸量管的使用

移液管和吸量管是用来准确移取一定体积液体的量器，如图 1-23 所示。移液管又称吸管［图 1-23(a)］，是一根细长而中间膨大的玻璃管，在管的上端有一环形标线。移液管用来准确移取一定体积的溶液，将溶液吸入管内，使溶液弯月面的下缘与标线相切，再让溶液自由流出，则流出的溶液体积就等于其标示的数值。吸量管［图 1-23(b)］一般只用于量取小体积的溶液，其上带有分度，可以用来吸取不同体积的溶液。但用吸量管吸取溶液的准确度，不如移液管。上面所指的溶液均以水为溶剂，若为非水溶剂，则体积稍有不同。

a. 使用前，移液管和吸量管都应该洗净，洗涤方法见本章第二节“移液管和吸量管的洗涤”。

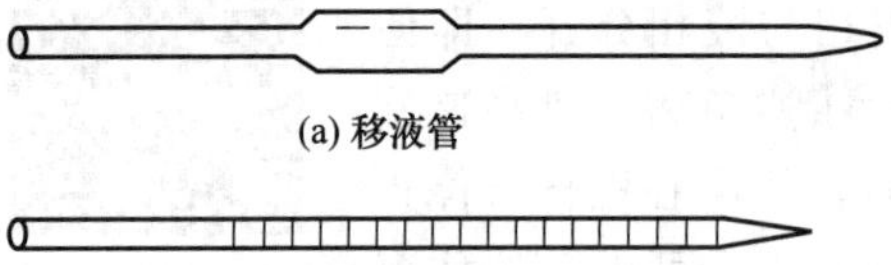

(a) 移液管

(b) 吸量管

图 1-23　移液管和吸量管

b. 移取溶液前，必须用滤纸将尖端内外的水除去，然后用待吸溶液洗三次。方法是：将待吸溶液吸至球部（尽量勿使溶液流回，以免稀释溶液），以后的操作，按铬酸洗液洗涤移液管的方法进行，但洗涤用过的溶液应从下口放出（弃去）。

c. 移取溶液时，以左手持洗耳球，将食指或拇指放在洗耳球的上方，右手手指拿住移液管或吸量管管茎标线以上的地方，将洗耳球紧接移液管口上［图 1-24(a)］。将移液管直接插入待吸液液面下 1～2cm 深处，不要伸入太浅，以免液面下降后造成空吸；也不要伸入太深，以免移液管外壁黏附有过多的溶液。吸液时将洗耳球紧接在移液管管口上，并注意容器中液面和移液管尖的位置，应使移液管尖随液面下降而下降。当液面上升至标线以上时，迅速移去洗耳球，并用右手食指按住管口，左手改拿盛待吸液的容器。将移液管向上提，使其离开液面，并将管的下部伸入溶液的部分沿待吸液容器内壁轻转两圈，以除去管外壁上的溶液。然后使容器倾斜成约 45 度，其内壁与移液管尖紧贴，移液管垂直。此时微微松动右手食指，使液面缓缓下降，直到视线平视时弯月面与标线相切，立即按紧食指。左手改拿接收溶液的仪器。将接收容器倾斜，使内壁紧贴移液管尖

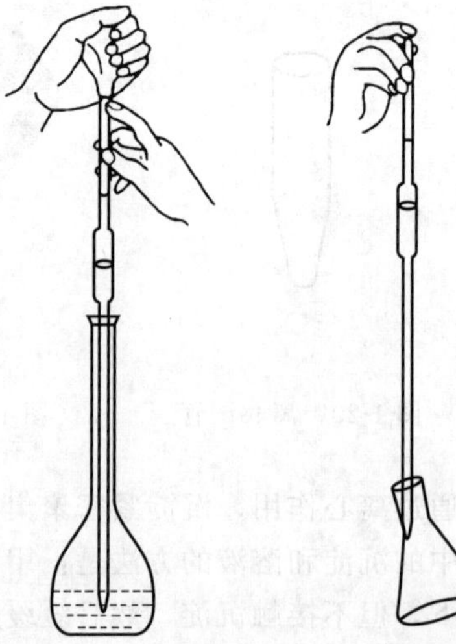

(a)　(b)

图 1-24　吸取溶液和放出溶液

成 45 度倾斜。松启右手食指，使溶液自由地沿壁流下［图 1-24(b)］。待液面下降到管尖后，再等 15s 后取出移液管。注意，除非特别注明需要“吹”的移液管以外，管尖最后留有的少量溶液不能吹入接收容器中，因为在检定移液管体积时，就没有把这部分溶液算进去。

d. 用吸量管吸取溶液时，可以吸取不同体积的液体。吸取溶液和调节溶液面至最上端标线的操作与移液管相同。放溶液时，用食指控制管口，使液面慢慢下降，至与所需的刻度相切时，按住管口，移去接收容器。移取溶液时，可以使用分刻度截取所吸溶液的准确量。在同一实验中应尽可能使用同一根吸量管的同一段，并且尽可能使用上面部分，而不用末端收缩部分。

移液管和吸量管使用完毕后，应洗涤干净，然后放在指定位置。

**3. 容量瓶**

容量瓶是用来配制一定体积准确浓度溶液的容量器皿。它是一种细颈梨形的平底玻璃瓶，带有磨口玻璃塞或塑料塞。在其颈部有一标线，表示在指定温度下，当溶液充满至标线时，所容纳的溶液体积等于瓶上所示的体积。

容量瓶使用前必须检查瓶塞是否漏水，标线位置距离瓶口是否太近。如果漏水或标线距瓶口太近，则不宜使用。检漏的方法是加自来水至标线附近，盖好瓶塞后，一手用食指按住塞子，其余手指拿住瓶颈标线以上部分，另一手用指尖托住瓶底边缘，倒立 2min，如图 1-25(a) 所示。如不漏水，将瓶直立，将瓶塞旋转 180 度后，再倒过来试一次，检查合格后即可使用。在使用中，不可将扁头的玻璃塞口放在桌面上，以免沾污和搞错。检漏结束后用细绳将塞子系在瓶颈上，保持二者配套使用。细绳应稍短于瓶颈，操作时，瓶塞系在瓶颈上，尽量不要碰到瓶颈，操作结束后立即将瓶塞盖好。如果是平顶的塑料盖子，则可将盖子倒置在桌面上。

容量瓶使用前的准备工作

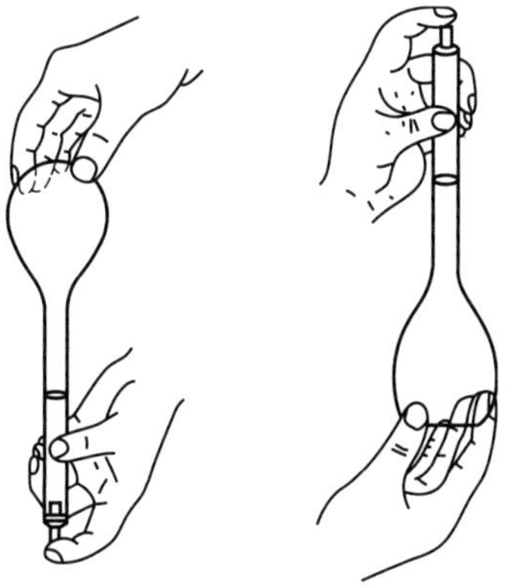

(a)　　(b)

图 1-25　容量瓶的翻动

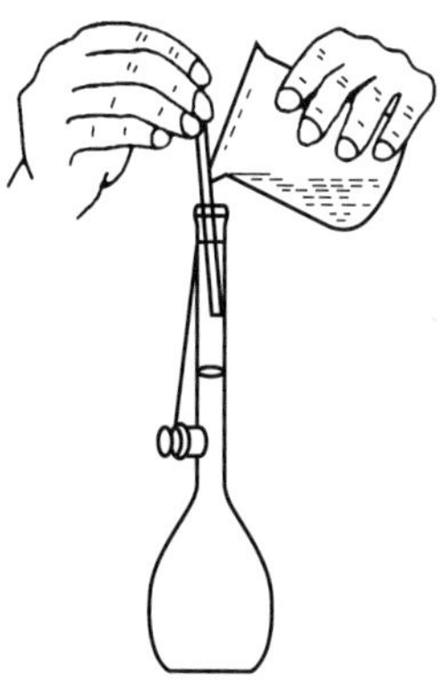

图 1-26　转移溶液到容量瓶中

检漏后的容量瓶在洗涤之后即可使用，洗涤方法见本章第二节“容量瓶的洗涤”。

用容量瓶配制溶液有两种情况：

如果将一定量的固体物质配成一定浓度的溶液，最常用的方法是将待溶固体准确称出置于小烧杯中，加水或其他溶剂将固体溶解，然后将

标准溶液的配制

溶液定量转移入容量瓶中。定量转移时，右手拿玻璃棒悬空插入容量瓶内，玻璃棒的下端靠在瓶颈内壁，但不要太接近瓶口，左手拿烧杯，烧杯嘴应紧靠伸入容量瓶的玻璃棒(其上部不要碰瓶口，下端靠着瓶颈内壁)，使溶液沿玻璃棒慢慢流入，如图 1-26 所示。溶液全部转移后，把烧杯嘴沿玻璃棒向上提起，同时使烧杯直立，使附着在烧杯嘴上的少许溶液流入烧杯，再将玻璃棒放回烧杯。注意勿使溶液流至烧杯外壁引起损失。然后用洗瓶吹洗少量的去离子水冲洗玻璃棒和烧杯内壁三次，洗涤液按上述方法转移到容量瓶中。然后加去离子水稀释，当加水至容量瓶的四分之三左右时，用右手食指和中指夹住瓶塞的扁头，将容量瓶拿起，按水平方向旋摇几周，使溶液大体混匀。继续加水至距离标线约 1cm 处，等待 1～2min；使附着在瓶颈内壁的溶液流下后，改用滴管滴加水（注意勿使滴管接触溶液）至弯月面下缘与标线相切（也可用洗瓶加水至标线）。无论溶液有无颜色，一律按照这个标准。即使溶液颜色比较深，但最后所加的水位于溶液最上层，而尚未与有色溶液混匀，所以弯月面下缘仍然非常清楚，不会有碍观察。塞上干的瓶塞。用一只手的食指按住瓶塞上部，其余四指拿住瓶颈标线以上部分。用另一只手的指尖托住瓶底边缘［图 1-25(b)］，将容量瓶倒转，使气泡上升到顶，此时将瓶振荡数次，正立后，再次倒转过来进行振荡。如此反复多次，将溶液混匀。最后，放正容量瓶，打开瓶塞，使瓶塞周围的溶液流下，重新塞好塞子后，再倒转振荡 1～2 次，使溶液全部混匀。

稀释标准溶液

滴定管使用前的准备工作

若用容量瓶稀释溶液，则用移液管移取一定体积的溶液，放入容量瓶后，然后按上述方法加水稀释至标线，混匀。

配好的溶液如需保存，应转移到磨口试剂瓶中。不要将容量瓶当作试剂瓶使用。

容量瓶用毕后，应立即用水冲洗干净。如长期不用，磨口处应洗涤干净，并用纸片将磨口隔开。

容量瓶不得在烘箱中烘烤，也不能用其他任何方法进行加热。

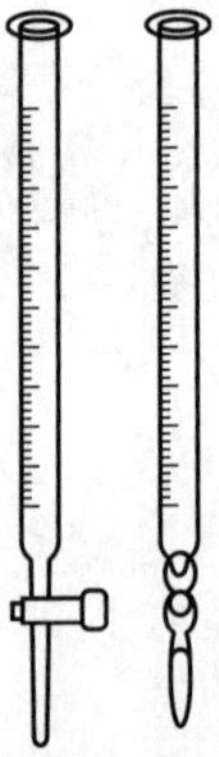

图 1-27　滴定管

**4. 滴定管**

滴定管是滴定时用来准确测量流出溶液体积的量器。最常用的是容积为 50mL 的滴定管，其最小刻度是 0.1mL，可估计到 0.01mL，因此读数可读到小数点后第二位，一般读数误差为±0.01mL。

滴定管可分为两种：一种是下端带有玻璃活塞的酸式滴定管［图 1-27(a)］，除了强碱溶液外，其他溶液作为滴定液时一般均采用酸式滴定管。因为碱类溶液会腐蚀玻璃，使活塞不能转动。另一种是碱式滴定管［图 1-27(b)］，用于盛放碱类溶液，其下端连接一段橡皮管，内放一颗玻璃珠，以控制溶液的流出。橡皮管下端接一尖嘴玻璃管。碱式滴定管不能盛放与橡皮管起作用的溶液，如 $I_2$、$KMnO_4$ 和 $AgNO_3$ 等氧化性溶液。

由于用玻璃活塞控制滴定速度的酸式滴定管在使用时易堵易漏，而碱式滴定管的橡皮管易老化，因此，一种酸碱通用滴定管——聚四氟乙烯活塞滴定管得到了广泛的应用。

(1) 滴定管使用前的准备

① 洗涤　滴定管的洗涤见本章第二节“滴定管的洗涤”。

② 涂油　为使酸式滴定管玻璃活塞转动灵活并防止漏水，需在活塞处涂油（如凡士林或真空活塞脂）。操作方法如下：取下活塞小头处的小橡皮圈，再取出活塞；用滤纸将活塞和活塞套擦干，并注意勿使滴定管壁上的水再次进入活塞套；用手指将油脂涂抹在活塞的大头上，另用纸卷或火柴梗将油脂涂抹在活塞套的小口内侧，也可用手指均匀地涂一薄层油脂于活塞两头，如图 1-28 所示。若油脂涂得太少，活塞转动不灵活，且易漏水；涂得太多，活塞孔容易被堵塞。不论采用哪种方法，都不要将油脂涂在活塞孔上、下两侧，以免旋转时堵塞活塞孔。然后将活塞插入活塞套中。插时，活塞孔应与滴定管平行，径直插入活塞套，不要转动活塞，这样可以避免将油脂挤到活塞孔中。然后，向同一方向旋转活塞柄，直到活塞与活塞套上的油脂层全部透明为止。为防止在使用过程中活塞脱落，可套上小橡皮圈。经上述处理后，活塞应转动灵活，油脂层没有纹路。

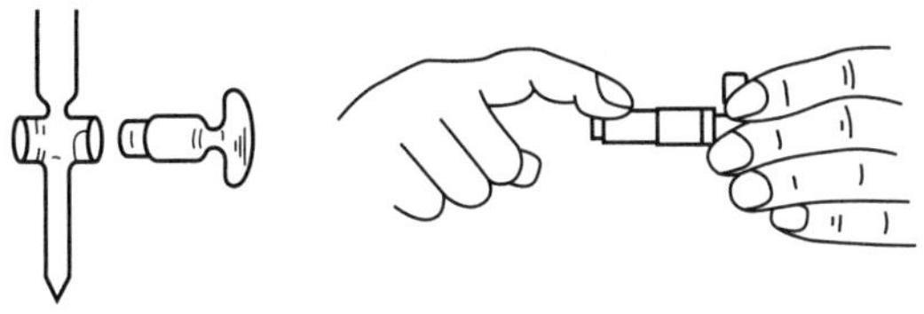

图 1-28　玻璃活塞涂凡士林油

③ 试漏　用自来水充满酸式滴定管，将其放在滴定管架上直立静置约 2min，观察有无水滴落下。然后将旋塞旋转 180°，再如前检查，如果漏水，应该重新涂油。若出口管尖被油脂堵塞，可将它插入热水中温热片刻，然后打开活塞，使管内的水突然流下，将软化的油脂冲出。油脂排出后即可关闭活塞。管内的自来水从管口倒出，出口管内的水从活塞下端放出。注意，从管口将水倒出时，务必不要打开活塞，否则活塞上的油脂会冲入滴定管，使内壁重新被沾污。然后用蒸馏水洗三次，第一次用 10mL 左右，第二及第三次各 5mL 左右。洗涤时，双手持滴定管身两端无刻度线处，边转动边倾斜滴定管，使水布满全管并轻轻振荡。然后直立，打开活塞将水放掉，同时冲洗出口管。也可将大部分水从出口管放出。每次放掉水时应尽量不使水残留在管内。最后，将管的外壁擦干。

碱式滴定管的试漏，与酸式滴定管相同。

(2) 操作溶液的装入

装入操作溶液前，应将试剂瓶中的溶液摇匀，使凝结在瓶内壁上的水珠混入溶液，这在天气比较热、室温变化较大时更为必要。混匀后将操作溶液直接倒入滴定管中，不得用其他容器（如烧杯、漏斗等）来转移。此时，左手前三指持滴定管上部无刻度处，并可稍微倾斜，右手拿住细口瓶往滴定管中倒入操作溶液。小瓶可以手握瓶身（瓶签向手心）；大瓶则仍放在桌上，手拿瓶颈使瓶慢慢倾斜，让溶液慢慢沿滴定管内壁流下。

滴定管的润洗和装液

往滴定管装入操作溶液时，先要用摇匀的该操作溶液洗滴定管三次（第一次 10mL，大部分可由上口放出，第二、三次各 5mL，可以从出口管放出，洗法同蒸馏水洗)，以保证装入滴定管的溶液不被稀释。应特别注意的是，一定要使操作溶液洗遍全部内壁，并使溶液接触管壁 1～2min，以便与原来残留的溶液混合均匀。每次都要打开活塞冲洗出口管，并尽量放出残留液。对于碱式滴定管，仍需注意玻璃球下方的洗涤。最后，关好活塞，将操作溶液倒入，直到充满至 0 刻度以上为止。

装好溶液后要注意检查滴定管的出口管是否充满溶液，是否有气泡，酸式滴定管出口管及活塞透明，容易看出（有时活塞孔中暗藏着的气泡，需要从出口管放出溶液时才能看见），碱式滴定管则需对光检查橡皮管内及出口管内是否有气泡或有未充满的地方。为使溶液充满出口管，在使用酸式滴定管时，右手拿滴定管上部无刻度处，并使滴定管倾斜约 30°，左手迅速打开活塞使溶液冲出（下面用烧杯承接溶液），这时出口管中应不再留有气泡。若气泡仍未能排出，可重复操作。如仍不能使溶液充满，可能是出口管未洗净，必须重洗。在使用碱式滴定管时，装满溶液后，应将其垂直地夹在滴定管架上，左手拇指和食指拿住玻璃球所在部位并使橡皮管向上弯曲，出口管斜向上，然后在玻璃球部位往一旁轻轻捏橡皮管，并使溶液从管口喷出（图 1-29）（下面用烧杯接溶液），再一边捏橡皮管一边把橡皮管放直，注意当橡皮管放直后，再松开拇指和食指，否则出口管仍会有气泡。最后，将滴定管的外壁擦干。

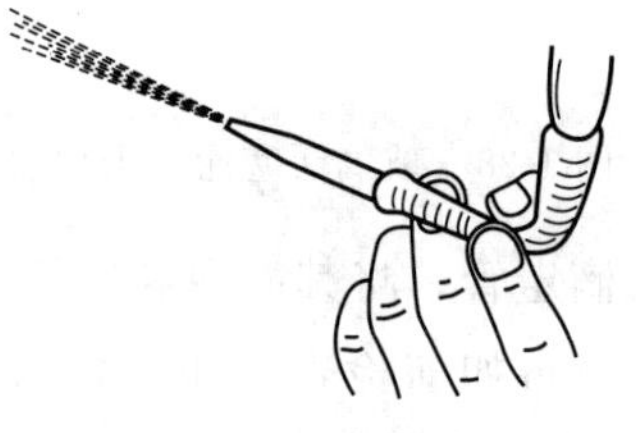

图 1-29　碱式滴定管逐气

(3) 滴定管的读数

读数时应遵循下列原则。

① 装满或放出溶液后，必须等待 1～2min，使附着在内壁的溶液流下来，再进行读数。如果放出溶液的速度较慢（例如，滴定到最后阶段，每次只加半滴溶液时），等待0.5～1min 即可读数，每次读数前要检查一下管壁是否挂水珠，管尖是否有气泡。

② 读数时，滴定管可以夹在滴定管架上，也可以用手拿滴定管上部无刻度处。不管用哪一种方法读数，均应使滴定管保持垂直。

③ 对于无色或浅色溶液，应读取弯月面下缘最低点，读数时，视线在弯月面下缘最低点处，且与液面成水平（图 1-30）；溶液颜色太深时，可读液面两侧的最高点。此时，视线应与该点成水平。注意初读数与终读数应采用同一标准。

④ 必须读到小数点后第二位，即要求估计到 0.01mL。注意，估计读数时，应该考虑到刻度线本身的宽度。

⑤ 为了便于读数，可在滴定管后衬一黑白两色的读数片。读数时，将读数卡衬在滴定管背后，使黑色部分在弯月面下约 1mm 左右，弯月面的反射层即全部成为黑色（图 1-31）。读此黑色弯月面下缘的最低点。但对深色溶液需读两侧最高点时，可以用白色卡片作为背景。

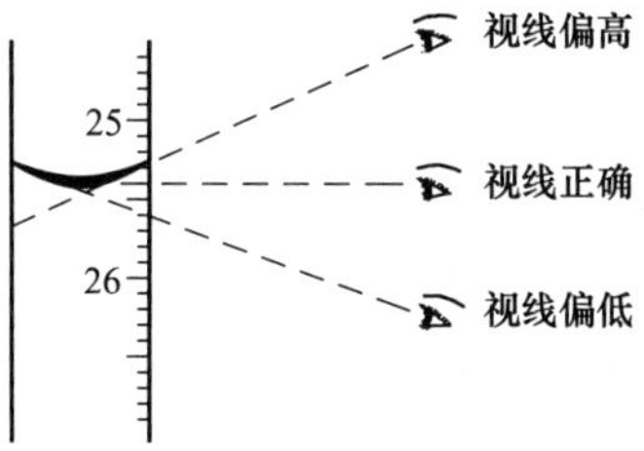


图 1-30　读数时视线位置

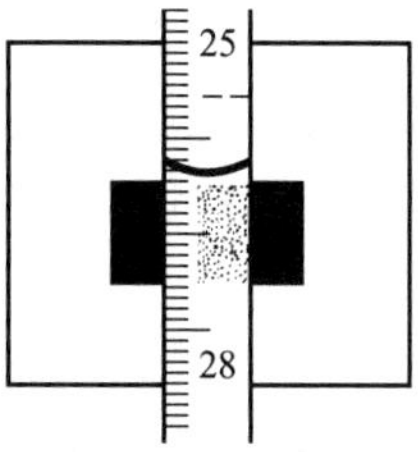


图 1-31　放读数卡读数

⑥ 若为乳白板蓝线衬背滴定管，应当取蓝线上下两尖端相对点的位置读数。

⑦ 读取初读数前，应将管尖悬挂着的溶液除去，滴定至终点时应立即旋关活塞，并注意不要使滴定管中溶液有稍许流出，否则终读数便包括流出的半滴溶液。因此，在读取终读数前，应注意检查出口管尖是否悬有溶液，如有，则此次读数不能取用。

滴定操作

(4) 滴定管的操作方法

进行滴定时，应将滴定管垂直地夹在滴定管架上。

如使用的是酸式滴定管，左手无名指和小指向手心弯曲，轻轻地贴着出口管，用其余三指控制活塞的转动（图 1-32）。但应注意不要向外拉活塞以免推出活塞造成漏水；也不要过分往里扣，以免造成活塞转动困难，不能操作自如。

如使用的是碱式滴定管，左手无名指及小指夹住出口管，拇指和食指在玻璃球所在部位往一旁（左右均可）捏橡皮管，使溶液从玻璃球旁空隙处流出（图 1-33）。注意：不要用力捏玻璃球，也不能使玻璃球上下移动；不要捏到玻璃球下部的橡皮管；停止加液时，应先松开拇指和食指，最后才松开无名指和小指。

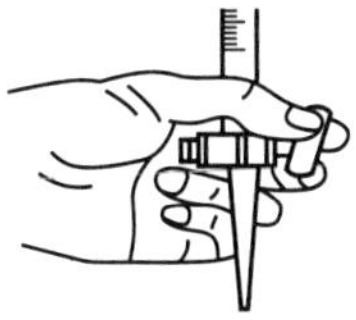

图 1-32　酸式滴定操作手法

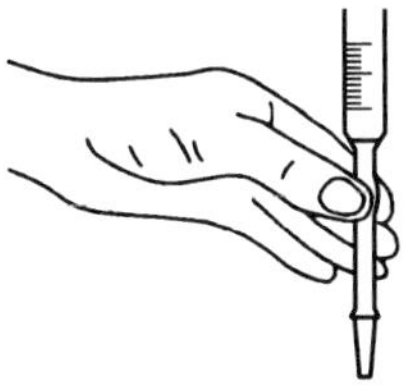

图 1-33　碱式滴定操作手法

图 1-34　滴定姿势

无论是用哪种滴定管，都必须掌握下面三种加液方法：逐滴连续滴加；只加一滴；使液滴悬而未落，即加半滴。

(5) 滴定操作

滴定操作可在锥形瓶或烧杯内进行，并以白瓷板作背景。

在锥形瓶中滴加时，用右手前三指拿住瓶颈，使瓶底离瓷板约 2～3cm。同时调节滴定管的高度，使滴定管的下端伸入瓶口约 1cm。左手按前述方法滴加溶液，右手运用腕力振动锥形瓶，边滴加边摇动（图 1-34）。滴加操作中应注意以下几点。

① 摇瓶时，应使溶液向同一方向做圆周运动（左右旋均可），但勿使瓶口接触滴定管，

溶液也不得溅出。

② 滴定时，左手不能离开活塞任其自流。

③ 注意观察液滴落点周围溶液颜色的变化。

④ 开始时，应边摇边滴，滴定速度可稍快，但不要流成“水线”。接近终点时，应改为加一滴，摇几下。最后，每加半滴，立即摇动锥形瓶，直至溶液出现明显的颜色变化。加半滴溶液的方法如下：微微转动活塞，使溶液悬挂在出口管嘴上，形成半滴，用锥形瓶内壁将其沾落，再用洗瓶以少量蒸馏水吹洗瓶壁。

用碱式滴定管滴加半滴溶液时，应先松开拇指与食指，将悬挂的半滴溶液沾在锥形瓶内壁上，再放开无名指与小指。这样可以避免出口管尖出现气泡。

⑤ 每次滴定最好都从 0.00 开始（或从 0 附近的某一固定刻线开始），这样可减小误差。

在烧杯中进行滴定时，将烧杯放在白瓷板上，调节滴定管的高度，使滴定管下端伸入烧杯内 1cm 左右。滴定管下端应在烧杯中心的左后方处，但不要靠壁过近。右手持玻璃棒在右前方搅拌溶液。在左手滴加溶液的同时，玻璃棒应做圆周搅动，但不得接触烧杯壁和底。

当加半滴溶液时，用玻璃棒下端承接悬挂的半滴溶液，放入溶液中搅拌。注意，玻璃棒只能接触溶液，不要接触滴定管尖。其他注意点同上。

滴定结束后，滴定管内剩余的溶液应弃去，不得将其倒回原瓶，以免沾污整瓶操作溶液。随即洗净滴定管，并用蒸馏水充满全管，备用。

## 四、简单玻璃加工技术

### 1. 玻璃管（棒）切割

可用扁锉、三角锉或小砂轮片。将玻璃管（棒）平放在实验台上，左手按住要切割的地方，右手用锉刀（或砂轮片）的棱边在要切割的部位用力向前或向后锉，使形成一道深的凹痕，注意应向同一方向锉，不要来回锉。要折断玻璃管（棒）时，只要用两拇指抵住凹痕的背面，轻轻外推，同时用食指和拇指将玻璃管（棒）向两边拉，即可截断玻璃管（棒），如图 1-35 所示。

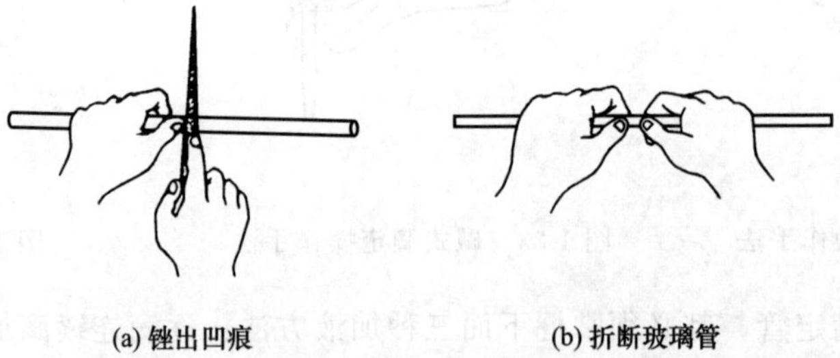

(a) 锉出凹痕　　(b) 折断玻璃管

图 1-35　截断玻璃管

新截断的玻璃管（棒）截面很锋利，容易割伤皮肤、橡皮管，且难以插入塞子的圆孔内，因此必须放在火焰中熔烧，使之平滑，这一操作称为圆口。方法是将断面斜插入（约 45°角）煤气灯的氧化焰中加热，并且缓慢转动，直至将截面熔烧至圆滑为止。注意玻璃圆口时，烧的时间不宜过长，以免玻璃管口径缩小甚至封死。熔烧后的玻璃管（棒）应放在石棉网上冷却，不能直接放在桌面上。

**2. 玻璃管的弯曲**

弯曲玻璃管时，先用小火将玻璃管要加工的部分预热一下，然后双手持玻璃管，将要弯曲的部分斜插入氧化焰中加热，以增加玻璃管的受热面积；同时双手缓慢而均匀地转动玻璃管。两手用力要均等，转动要同步，以免玻璃管在火焰中扭曲。当玻璃管受热部分发黄而且变软时，将玻璃管移离火焰，稍等1～2s，待温度均匀后，用“V”字形手法将玻璃管准确弯至一定的角度，如图1-36所示。

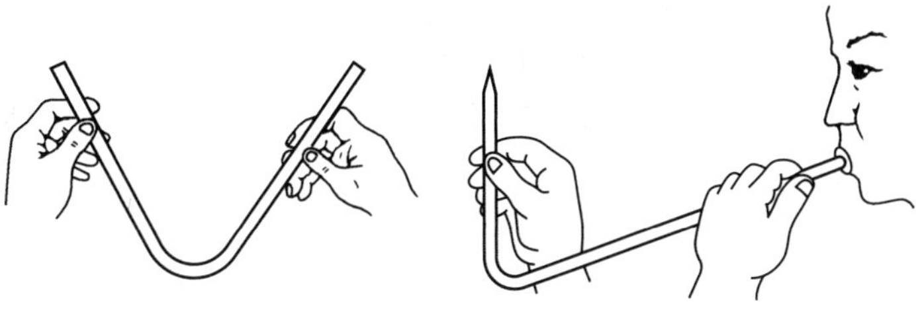

(a) 慢弯法　　(b) 快弯法

图1-36　弯玻璃管

120°以上的角度，可以一次弯成。较小角度可分几次弯成，先弯成较大角度，然后在第一次受热部位的偏左或偏右处进行第二次、第三次加热和弯管，直至弯成所需的角度为止。要注意每次弯曲均应在同一平面上，不要使玻璃管变得歪扭。

**3. 玻璃管（棒）的拉伸**

拉伸玻璃管（棒）时，加热的方法与弯曲玻璃管相同，不过要将玻璃管（棒）烧得更软一些。玻璃管（棒）应烧到呈红黄色才可以从火焰中取出，顺水平方向来回转动玻璃管（棒），如图1-37所示。拉至所需细度时，一手持玻璃管（棒），使之垂直下垂片刻。冷却后，截取所需的长度。

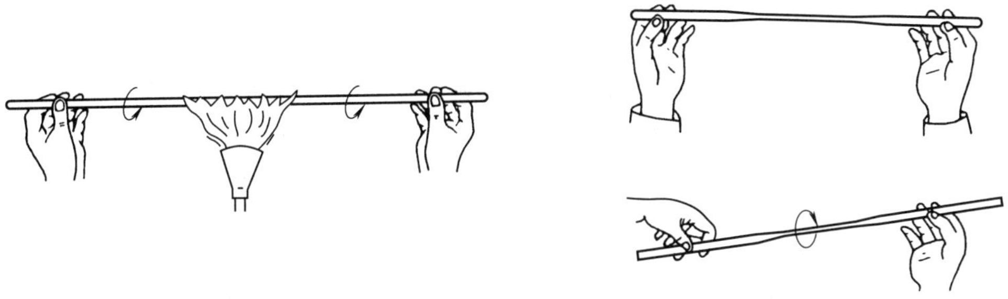

(a) 加热玻璃管　　(b) 拉玻璃管

图1-37　加热玻璃管和拉玻璃管

玻璃管（棒）拉细后，可按需要制作滴管、毛细滴管、毛细管或小头玻璃棒。如制作滴管，只需将按需截得的玻璃管小口熔烧一下，使其光滑（注意熔烧滴管细端时不能长时间放在火焰中，否则管口直径会收缩变小，甚至封住），另一端熔烧时，要完全烧软，然后垂直在石棉网上加压翻口，冷却后套上橡皮头即成滴管。若制作小头玻璃棒，只需将所截得的玻璃棒的细端斜插（头朝上）在火焰中烧圆出一个球，再将粗的一端圆口即可。

## 五、气体的发生、净化、干燥和收集

**1. 气体的发生**

实验室中常使用启普发生器使液体与固体在常温下作用，以制备气体。例如用锌与稀硫酸作用制备氢气，用大理石与盐酸作用制备二氧化碳，用硫化亚铁与盐酸作用制备硫化氢等。

启普发生器如图1-38所示，是由一个葫芦状玻璃容器和球形漏斗组成的。固体反应物盛放在中间圆球内，为避免固体反应物掉入底部，可在固体反应物下面放些玻璃棉，酸从安全漏斗注入球形漏斗。使用时，只需打开活塞，酸液即流入中间球体内与固体接触，发生反应放出气体。停止使用时，将活塞关闭，继续产生的气体使容器内压力增大，会把酸液从中间柱内压回到球形漏斗中，使其与固体反应物不再接触而停止反应。下次使用时，只要打开活塞即可。还可通过调节活塞来控制气体的流速。

启普发生器不能加热，装入的固体反应物必须是较大的块粒，它不适用于小颗粒或粉末状固体反应物，所以制备氯气、二氧化硫等气体时就不能使用启普发生器，而是采用如图1-39所示的气体发生装置。

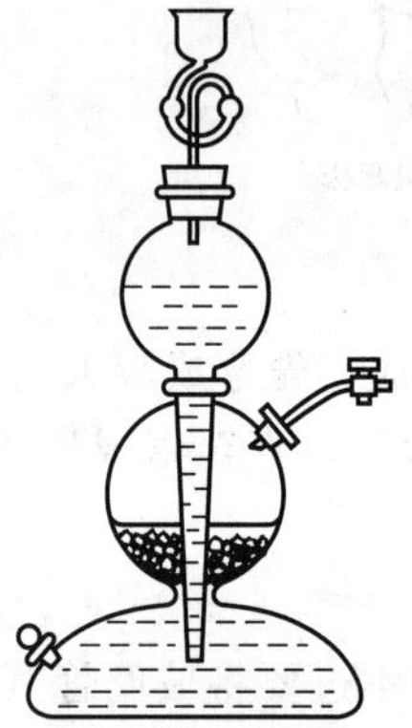

图 1-38　启普发生器

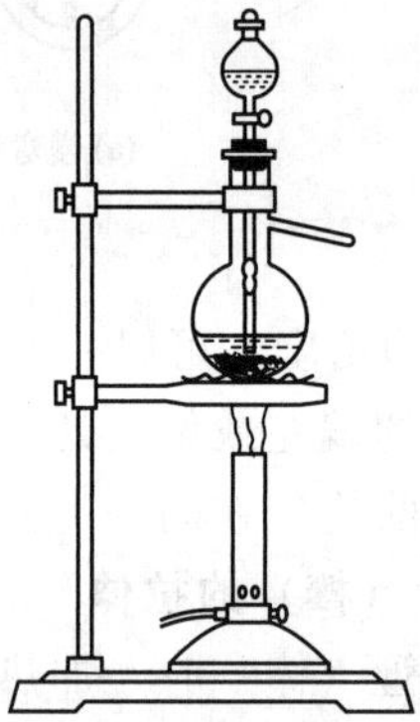

图 1-39　气体发生装置

实验室使用的大量气体一般由气体钢瓶提供。当气体钢瓶内充满气体时，最大工作压力可达15MPa。因此使用钢瓶内的气体时，必须通过减压阀来控制气体的流量。各种气体的加压阀不得混用。

气体钢瓶应存放于阴凉、通风、远离热源及避免强烈震动的地方。放置处要平稳，避免撞击和倒下。易燃性气体钢瓶与氧气钢瓶不能在同一室内存放与使用。绝对避免油、易燃物和有机物沾在气体钢瓶上（特别是气门嘴和减压阀处），也不得用棉、麻等物堵漏，以防燃烧。

**2. 气体的净化和干燥**

实验室中产生的气体常含有水汽和酸雾，需要干燥和净化。一般使气体通过洗气瓶用水或溶液洗去酸雾，通过浓硫酸或固体干燥剂除去水汽。

**3. 气体的收集**

根据气体在水中溶解度及密度的不同，收集气体的方法有如下几种。

① 在水中溶解度很小的气体（如氢气、氧气、氮气等），可用排水集气法收集。

② 易溶于水而密度比空气小的气体（如氨气等），可用瓶口向下的排气集气法收集。

③ 易溶于水而密度比空气大的气体（如氯气、二氧化碳等），可用瓶口向上的排气集气法收集。

## 六、试纸的使用

在实验室中经常使用某些试纸来定性检验一些溶液的性质或某些物质的存在。这种方法操作简单，使用方便。

试纸的使用

试纸的种类颇多，常用的有以下几种。

**1. 石蕊试纸**

石蕊试纸用于检验溶液的酸碱性，有红色石蕊试纸和蓝色石蕊试纸两种。检验前先将石蕊试纸剪成小条，放在干燥洁净的表面皿上，再用玻璃棒蘸取要检验的溶液，滴在试纸上，然后观察石蕊试纸的颜色变化。切记不可将试纸投入溶液中检验。红色石蕊试纸遇碱性溶液呈蓝色，蓝色石蕊试纸遇酸性溶液呈红色。

**2. pH 试纸**

pH 试纸用于检验溶液的 pH，常有广泛 pH 试纸和精密 pH 试纸两种。广泛 pH 试纸测试的 pH 范围较宽，pH 为 1～14，测得的 pH 较粗略。精密 pH 试纸则可用于测试不同范围的 pH，如 pH 为 0.5～5.0、5.4～7.0、6.9～8.4、8.2～10.0、9.5～13.0 等，测得的 pH 较精密。其使用方法与石蕊试纸相同，但最后需将 pH 试纸所显示的颜色与标准色板相比较，即可得到待测溶液的 pH。

**3. 自制专用试纸**

在定性检验某种气体时，常需用某些专用试纸。它是在滤纸条上滴上某种试剂制成的试纸。例如在一张滤纸条上，滴加 1 滴 KI 溶液和 1 滴淀粉溶液即形成 KI-淀粉试纸，用以定性地检验 $Cl_2$、$Br_2$ 气体等。在滤纸条上滴上 $Pb(Ac)_2$ 形成的试纸，用于检验 $H_2S$ 气体等。检验气体时，将试纸粘在玻璃棒一端悬放在试管口的上方（若逸出的气体较少，可将试纸伸进试管内，但注意，切勿使试纸接触溶液或试管壁），观察试纸颜色的变化。

# 第五节　常用仪器及基本操作

## 一、台秤

台秤（又称托盘天平）是一般化学实验中不可缺少的称量仪器，常用它称取药品或物品。台秤最大准确度为±0.1g，它使用简便，但精确度不高。

尽管台秤种类各异，但均是根据杠杆原理设计制成的。它们的构造类似，通常都是横梁架在底座上，横梁的左右各有一个秤盘，横梁的中部有指针与刻度盘相对，根据指针在刻度盘左右摆动的情况，可以看出台秤是否处于平衡状态。当等臂天平处于平衡状态时，被称物体的质量等于砝码的质量。具体构造如图 1-40 所示。

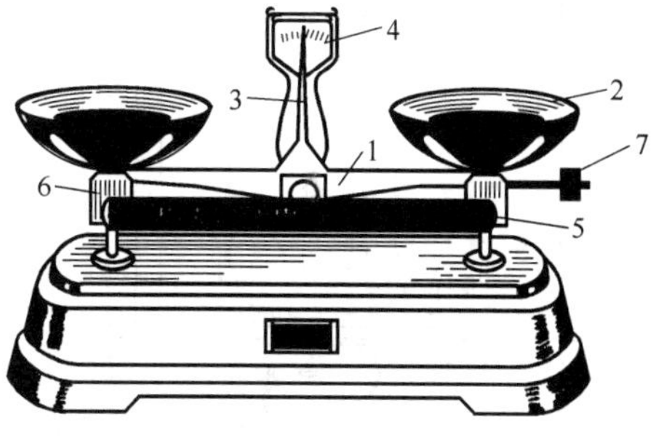


图 1-40　台秤

1—横梁；2—托盘；3—指针；4—刻度盘；5—游码标尺；6—游码；7—平衡调节螺丝

使用方法如下。

（1）调零　称量前先将游码拨至标尺的“0”处，观察指针摆动情况，如果指针在刻度盘中心线左右等距离摆动，则台秤可使用。否则应调整平衡调节螺丝，直至摆动距离相等才可使用。

（2）称量　左盘放被称量物，应将被称量物放在表面皿、烧杯或称量纸上再进行称量。砝码放在右盘。先加大砝码，再加小砝码，最后用游码调节，使指针在刻度盘左右摆动距离几乎相等为止。砝码和游码在游码标尺上的刻度数值（至小数点后第一位）两者相加即为所称物品的质量。称

台秤的使用

量完毕，应把砝码放回砝码盒中，将游码退到“0”刻度处。

注意事项：

① 台秤不能称量热的药品，所称质量不能超过台秤的最大载荷；

② 台秤应保持清洁；

③ 要用镊子夹取砝码；

④ 称量完毕，台秤与砝码恢复原状。

电子台秤的使用

## 二、分析天平

分析天平是定量分析最重要、最常用的仪器之一，称量的准确度直接影响测定结果。因此了解分析天平的构造和性能，并能正确进行称量是做好定量分析实验的基本保证。

**1. 常用天平简介**

根据分度值大小，实验室常用天平可以分为常量分析天平（0.1mg·分度$^{-1}$）、微量分析天平（0.01mg·分度$^{-1}$）和超微量分析天平（0.001mg·分度$^{-1}$）。在无机化学实验中经常使用的是常量分析天平，以下简单介绍其中的电光天平和电子天平。

（1）电光天平　有全自动（全机械加码）电光天平和半自动（半机械加码）电光天平两种。

① 构造　半自动电光天平的构造如图 1-41 所示，全自动电光天平的构造如图 1-42 所示。

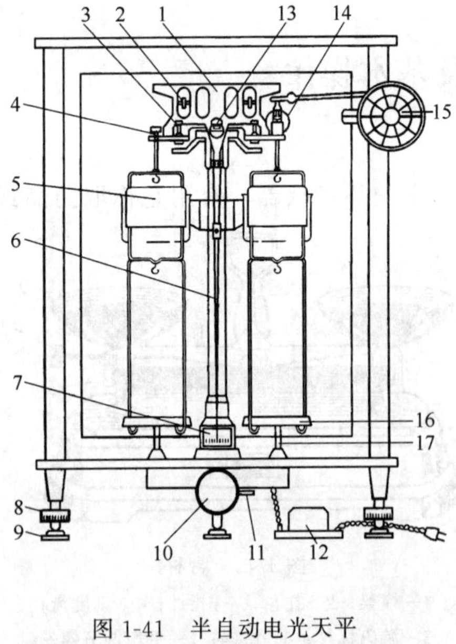

图 1-41　半自动电光天平

1—横梁；2—平衡螺丝；3—支柱；4—蹬；5—阻尼器；6—指针；7—投影屏；8—螺旋足；9—垫脚；10—升降旋钮；11—调屏拉杆；12—变压器；13—刀口；14—圈码；15—圈码指数盘；16—秤盘；17—盘托

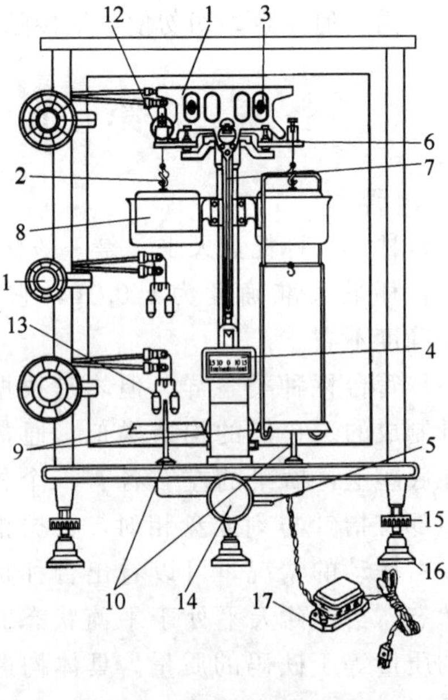

图 1-42　全自动电光天平

1—横梁；2—吊耳；3—平衡螺丝；4—投影屏；5—调屏拉杆；6—支柱；7—指针；8—阻尼器；9—秤盘；10—盘托；11—圈码指数盘；12—圈码；13—砝码；14—升降旋钮；15—螺旋足；16—垫脚；17—变压器

② 使用方法　以全自动电光天平为例。

称量前应先拿下防尘罩，放在天平箱上方。检查天平是否正常，是否处于水平，秤盘是否洁净，圈码指数盘是否在“000”位，圈码有无脱落，吊耳是否错位等。

a. 零点调节　零点是天平空载时的平衡点。其调节的方法是：慢慢开启旋钮（应全部开启旋钮），此时在投影屏上可以看到标尺的投影在摆动。当标尺稳定后，观察读数屏幕中央的标线是否与刻度标尺的零点重合，如不重合，可拨动调屏拉杆移动屏的位置，使两者完全重合。如果屏的位置已移到尽头仍调不到零点，则需关闭天平，调节横梁上的平衡螺丝（这一操作由教师进行）。再开启天平，继续拨动调屏拉杆，直至调定零点，然后关闭天平，准备称量。

b. 称量　将欲称物体先在台秤上粗称，然后将被称物放在右盘中央，用天平左侧的指数盘加上相应的砝码至克位，缓慢转动升降旋钮半开天平，观察标尺移动方向或指针倾斜方向。若砝码加多了，则标尺的零点偏向标线的左方或指针向右倾斜；若标尺的零点偏向右方或指针向左倾斜，则表示砝码不足。然后从外向内，由大到小，依次转动圈码指数盘，调整百毫克和十毫克组圈码。每次均从中间量（500mg 或 50mg）开始调节，折半加、减，直至圈码调至 10mg 位后，投影屏上的标线位于标尺的“0～＋10”区间内，完全开启天平，准备读数（见图 1-43）。注意：砝码未全调整好时不可完全开启天平，以免横梁过度倾斜，造成错位或吊耳脱落。

c. 读数　如图 1-44 所示，待标尺停稳后即可从标尺上读出 10mg 以下的质量。被称物的质量（克）＝指数盘读数＋标尺读数。记录称量数据，称量数据可以读到±0.0001g。

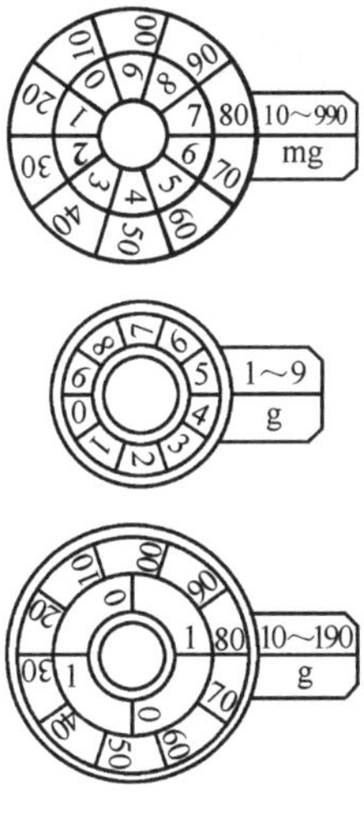


图 1-43　指数盘

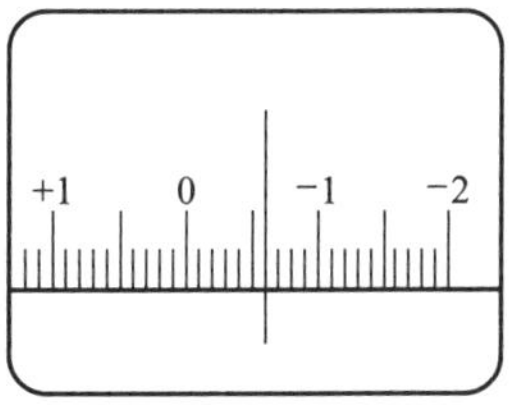


图 1-44　读数屏幕

d. 复原　称量完毕随即关闭天平，取出被称物，指数盘退回到“000”位，关闭侧门，盖上防尘罩。

③ 使用注意事项

a. 称量时，加减砝码或取放物品都必须关闭升降旋钮，把天平梁托起，使天平处于休止状态，以免损坏刀口。在开、关升降旋钮时要缓慢，避免天平剧烈摆动。称量时应把天平门关好。

b. 称量时，当加减砝码尚未达到平衡时，不能把天平全启动，只需开到能判断指针偏移的方向即可，以保护天平刀口。

c. 不能称过冷或过热的物品，被称物不能直接放在秤盘上，应放在干燥、洁净的容器内；易挥发、易吸水或具有腐蚀性的物品必须放在密闭的容器内称量。

d. 为减少称量误差，同一实验中的所有称量要使用同一架天平。天平称量的量不能超过最大载重量。

e. 称量完毕后，应检查天平梁是否托起，指数盘是否恢复到零位，然后关好天平门，罩好天平罩，切断电源。

电子天平的使用

(2) 电子天平　电子天平即电磁力式天平是最新发展的一类天平（图1-45)，按结构可分为顶部承载式和底部承载式两种。目前使用的主要是顶部承载式电子天平，其工作原理是利用电子装置完成电磁力补偿的调节，使物体在重力场中实现力的平衡，或通过电磁力矩的调节使物体在重力场中实现力矩的平衡。

电子天平可以直接称量，全量程不需要砝码，实现了自动调零、自动去皮和自动显示称量结果，加快了称量速度，提高了称量的准确性。电子天平是目前最好的称量仪器，已经是化学实验室常用仪器，现正逐渐取代电光天平。

图 1-45　常见的电子天平

电子天平的结构设计一直在不断改进和提高。向着功能多、平衡快、体积小、质量轻和操作简便的趋势发展。电子天平型号很多，各种型号的基本结构和称量原理基本相同，但使用方法大同小异，具体操作可以参照各仪器的说明书。现简述电子天平使用方法及规则。

① 水平调节　观察水平仪的水泡是否居水平中间位置，必要时应通过天平水平调节脚进行调节。

② 预热　单击“电源”键，接通电源，预热至规定时间。

③ 校准　第一次使用天平前，需要进行校准。连续使用的天平则需定期校准。校准的方法按说明书进行。

④ 称量　当显示屏显示“0.0000g”时，即可进行称量。简单称量只需将被称量物放在秤盘中央，待稳定指示符“0”消失，即可读取称量结果。

⑤ 去皮称量　先将容器置于秤盘上，在显示容器质量后，按“去皮”键，使显示为零，当采用固定质量称样法时，显示净重值；当采用减量称样法时，则显示负值。如果需要连续称量，则再按“去皮”键，使显示为零，重复操作即可。每一次称量先去皮，即可直接得到称量值。因而利用电子天平的去皮功能，可使称量变得更加快捷。

⑥ 关机　称量结束后，按住“电源”键不放，直到显示屏出现“OFF”后松开，即可关机。关闭电源，盖上防尘罩。

**2. 用天平称取试样的方法**

用天平称取试样经常用到的方法有固定质量称样法、递减称样法及直接称样法。

（1）固定质量称样法　当需要用直接法配制指定浓度的标准溶液时，常常用固定质量称样法来称取基准物质。此法只能用来称取不易吸湿的且不与空气中各种组分发生作用的、性质稳定的粉末状物质。不适用于块状物质的称量。

具体操作方法如下：首先调节好天平的零点，用金属镊子将盛放试样的器皿放到左秤盘上，在右秤盘加入等量的砝码使其达到平衡；再向右秤盘增加约等于试样质量的砝码（一般准确至 10mg 即可），然后用牛角勺逐渐加入试样，半开天平进行试重，直到所加试样只差很小质量时（通常为 10mg），便可以开启天平，极其小心地以左手持盛有试样的牛角勺，伸向盛放试样的器皿中心部位上方约 2～3cm 处，用左手拇指、中指及掌心拿稳牛角勺，以食指轻弹（最好是摩擦）牛角勺柄，让勺里的试样以非常缓慢的速度抖入盛放试样的器皿中［如图 1-46(a) 所示］；这时，眼睛既要注意牛角勺，同时也要注视着显示屏，正好显示所需要的质量时，立即停止抖入试样；然后，取出盛放试样的器皿。

固定质量称样法

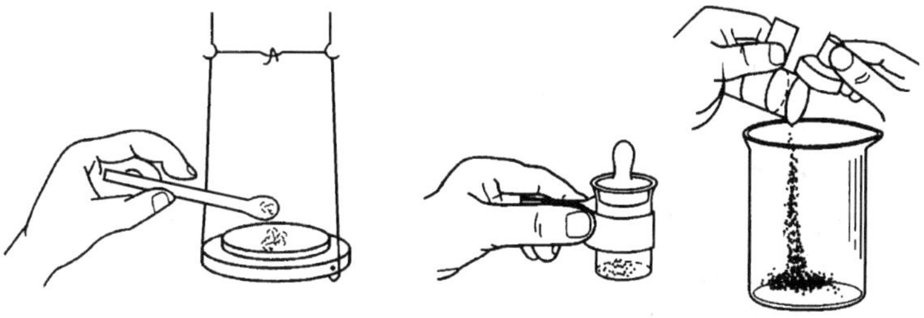

(a) 固体质量称样法　　(b) 减量称样法

图 1-46　称量方法

若使用电子天平，则将器皿置于秤盘上，去皮，按上述操作进行即可。

操作时应注意：①加样或取出牛角勺时，试样决不能失落在秤盘上；②称量好的试样必须定量地直接转入接收器。

（2）减量（递减）称样法　即称取试样的量是由两次称量之差而求得的，一般称样都采用此法。

具体操作方法如下：用小纸片夹住称量瓶盖柄，打开瓶盖，将稍多于需要量的试样用牛角勺加入称量瓶，盖上瓶盖；再用清洁的纸条叠成约 1cm 宽的纸带套在称量瓶上，左手拿住纸带尾部把称量瓶放到天平左秤盘的正中位置，选取适量的砝码放在右秤盘上使之平衡，称出称量瓶加试样的准确质量（准确到 0.1mg），设质量为 $m_1$；记下砝码的数值，左手仍用原纸带将称量瓶从天平上取下，拿到接收器上方，右手用纸片夹住瓶盖柄打开瓶盖，但瓶盖也不离开接收器上方；将瓶身慢慢向下倾斜，这时原在瓶底的试样逐渐流向瓶口［如图 1-46(b)］；接着，一面用瓶盖轻轻敲击瓶口内缘，一面转动称量瓶使试样缓缓接近需要量时（通常从体积上估计或试重得知），一边继续用瓶盖轻敲瓶口，一边逐渐将瓶身竖直，使粘在瓶口附近的试样落入接收容器或落回称量瓶底部；然后盖好瓶盖，把称量瓶放回天平左秤盘，取出纸带，关好左边门准确称其质量，设称得质量为 $m_2$；两次称量读数之差即为倒入接收容器里的第一份试样质量；若称取三份试样，则连续称量四次即可。

减量称样法

若利用电子天平去皮功能，可将称量瓶放在天平的秤盘上，显示稳定后，去皮，然后按上述方法向容器中敲出一定量的试样，再将称量瓶放在秤盘上称量，显示的负值达到称量要求，即可记录称量结果。如果要连续称量试样，则可再去皮，使显示为零，重复操作即可。

操作时应注意：①若倒入试样量不够时，可重复上述操作；如倒入试样大大超过所需质量，则只能弃去重做；②套上或取出纸带时，不要碰着称量瓶口，纸带应放在清洁的地方；③粘在瓶口上的试样应尽量处理干净，以免粘到瓶盖上或丢失；④要在接收容器的上方打开瓶盖，以免可能粘附在瓶盖上的试样失落它处。

递减（减量）称样法比较简便、快捷、准确，是最常用的一种称量法。

(3) 直接称样法　对某些在空气中没有吸湿性的试样或试剂，如金属、合金等，可以用直接称样法称样。即用牛角勺取试样放在已知质量的清洁而干燥的表面皿或硫酸纸上一次称取一定质量的试样，然后将试样全部转移到接收容器中。

## 三、pH 计

### 1. pH 计的工作原理

pH 计也称酸度计，是测定溶液 pH 值的常用仪器，可用于测定电池内的电动势，还可配合搅拌器用于电位滴定及其氧化还原电对的电极电势测量。测酸度时用 pH 挡，测电动势时用毫伏（mV 或－mV）挡。

为了方便起见，仪器上加装有定位调节仪，测量 pH 已知的标准缓冲溶液时，可利用定位调节仪，把读数直接调到标准缓冲溶液的 pH，以后测量未知溶液时，就可以直接指示出未知溶液的 pH 值，省去了计算步骤。一般把前一步称为“校准”，后一步称为“测量”。已经校准过的酸度计，在一定时间内可以连续测量许多个待测溶液。

温度对溶液 pH 有影响，可根据 Nernst 方程予以校正。在酸度计中已装配有温度补偿器，可进行校正。

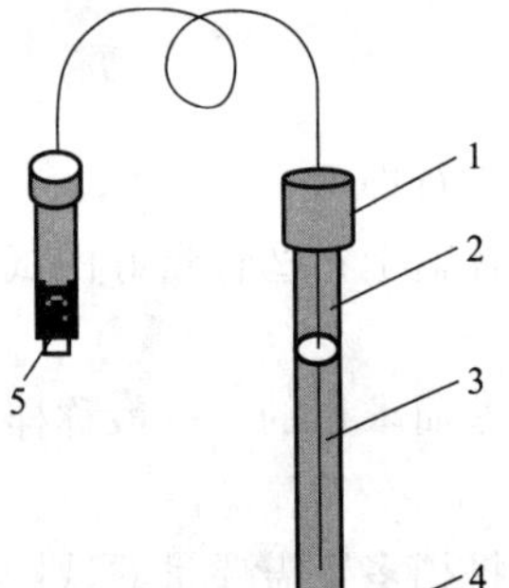


图 1-47　玻璃电极
1—胶木帽；2—Ag-AgCl 电极；3—HCl 溶液；4—玻璃球泡；5—电极插头

pH 计用参比电极（通常采用饱和甘汞电极）和玻璃电极（或称氢离子指示电极）组成电池，测定电池电动势 $E$ 的大小，由仪器直接指示出溶液的 pH 值。

$$E = E(\text{甘汞}) - E(\text{玻})$$

式中　$E$(甘汞)——甘汞电极的电极电位；

$E$(玻)——玻璃电极的电极电位。

(1) 玻璃电极（见图 1-47）　玻璃电极是用一种导电玻璃（$SiO_2$、$Na_2O$、CaO 的质量分数分别 0.72、0.22、0.06）吹制而成的极薄（薄膜厚度约为 0.2mm）的空心小球，球内装有 0.1mol·L$^{-1}$ HCl 溶液和 Ag | AgCl 电极。把玻璃电极插入待测溶液中，便组成一个氢离子指示电极：

$$\text{Ag,AgCl(s)} \mid \text{HCl}(0.1\text{mol}\cdot\text{L}^{-1}) \mid \text{玻璃} \mid \text{待测溶液}$$

待测溶液电极反应为：

$$\text{AgCl(s)} + e^- \longrightarrow \text{Ag(s)} + \text{Cl}^-(\text{aq})$$

玻璃电极的导电薄玻璃把两种不同 $H^+$ 浓度的溶液隔开，在玻璃-溶液接触界面之间产生一定电势差。小球内 $H^+$ 浓度是固定的，所以氢电极的电极电势（即在玻璃-溶液接触面之间形成的电势差）随待测溶液 pH 的不同而改变。

玻璃电极

在 298.15K 时，玻璃电极的电极电势为：

$$E(\text{玻}) = E^{\ominus}(\text{玻}) + 0.0592\lg c(H^+) = E^{\ominus}(\text{玻}) - 0.0592\text{pH}$$

式中　$E$(玻)——玻璃电极的电极电势；

$E^{\ominus}$(玻)——玻璃电极的标准电极电势。

使用玻璃电极时，要注意以下几点。

① 玻璃电极的下端球形玻璃薄膜极薄，切忌与硬物接触，使用时必须小心操作。一旦玻璃球破裂，玻璃电极就不能再使用。

② 玻璃电极初次使用时，应先放在蒸馏水中浸泡 24h，平时最好也浸泡在蒸馏水中。

甘汞电极

③ 测量强碱性溶液的 pH 时，应尽快操作，测量完毕后立即用蒸馏水冲洗并浸泡在蒸馏水中，以免碱液腐蚀玻璃。

（2）饱和甘汞电极（见图 1-48） 饱和甘汞电极是由汞、氯化亚汞（$Hg_2Cl_2$，即甘汞）和饱和氯化钾溶液组成的电极，内玻璃管封接一根铂丝，铂丝插入纯汞中，纯汞下面有一层甘汞和汞的糊状物。外玻璃管中装入饱和 KCl 溶液，下端用素烧陶瓷塞塞住，通过素烧陶瓷塞的毛细孔，可使内外溶液相通，饱和甘汞电极可表示为：

$$Pt \mid Hg(l) \mid Hg_2Cl_2(s) \mid KCl(饱和)$$

KCl 溶液的浓度通常为 $0.1mol \cdot L^{-1}$、$1mol \cdot L^{-1}$ 和饱和溶液（$4.1mol \cdot L^{-1}$）三种，分别称为 $0.1mol \cdot L^{-1}$ 甘汞电极、$1mol \cdot L^{-1}$ 甘汞电极及饱和甘汞电极，它的电极反应为：

$$Hg_2Cl_2(s)+2e^- \longrightarrow 2Hg+2Cl^-$$

$$E(甘汞)=E^{\ominus}(甘汞)+\frac{0.0592}{2}\lg\frac{1}{c^2(Cl^-)}$$

温度一定时，甘汞电极电势只与 $c(Cl^-)$ 有关，当管内盛有饱和 KCl 溶液，298.15K 时，$E$(甘汞) =0.2415V。

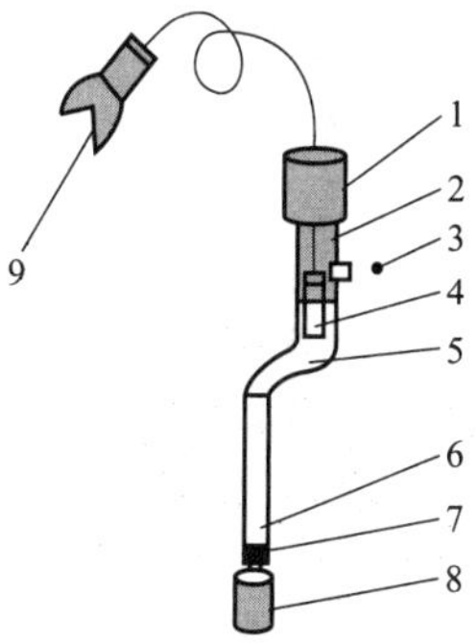


图 1-48　饱和甘汞电极

1—胶木帽；2—铂丝；3—小橡皮塞；4—汞、甘汞内部电极；5—饱和 KCl 溶液；6—KCl 晶体；7—陶瓷芯；8—橡皮帽；9—电极引线

由于甘汞在高温时不稳定，故甘汞电极一般适用于70℃以下的测量，且甘汞电极不宜用在强酸强碱性溶液中，因为此时的液体接界电势较大，而且甘汞可能被氧化。如果被测溶液中不允许含有 $Cl^-$，则应避免直接插入甘汞电极。若非用不可，可用盐桥和中间容器隔开。应注意甘汞电极的清洁，不得使灰尘或局外离子进入该电极内部。当电极内溶液太少时，应及时补充。

使用甘汞电极时，要注意以下几点。

① 使用前应检查饱和 KCl 溶液是否浸没了内部电极小瓷管的下端，是否有 KCl 晶体存在，弯管内是否有气泡将溶液隔开。

② 拔去下端的橡皮套，电极的下端为一陶瓷芯，在测量时允许有少量 KCl 溶液流出，测量时拔去支管上的小橡皮塞，以保持足够的液压差，防止被测溶液流入而沾污电极，把橡皮套和橡皮塞保存好，以免丢失。

③ 测量结束后，将电极用蒸馏水淋洗，套上橡皮套和橡皮塞，以防电极中的水分蒸发，不能把甘汞电极浸泡在蒸馏水中。

④ 饱和甘汞电极应防止其下端陶瓷芯堵塞，还要经常向管内补充饱和 KCl 溶液，其液面一般不应低于参比电极的甘汞糊状物。

将玻璃电极和饱和甘汞电极组成原电池并接上电流表，即可测定原电池的电动势。298.15K 时该电池的电动势（$E_{MF}$）为：

$$E_{MF}=E(甘汞)-E(玻)=0.2415-[E^{\ominus}(玻)-0.0592pH]=0.2415-E^{\ominus}(玻)+0.0592pH$$

则待测溶液的 pH 为：

$$\mathrm{pH}=\frac{E_{\mathrm{MF}}+E^{\ominus}(\text{玻})-0.2415}{0.0592}$$

其中，$E^{\ominus}$(玻) 可由已知 pH 的标准缓冲溶液（如邻苯二甲酸氢钾溶液）的电动势求得。

复合电极

(3) 复合电极　为了使操作、保管更方便，使用时不易损坏，目前的酸度计大多配用 pH 复合电极，即把 pH 玻璃电极和外参比电极（一般用 Ag-AgCl 电极）以及外参比溶液（有的还有温度测量探头）一起装在一根电极塑料管中，合为一体，底部露出的玻璃球泡有护罩加以保护，电极头还有一个带有保护液（一般为饱和 KCl 溶液）的外套。pH 玻璃电极和外参比电极的引线用缆线及复合插头与测量仪器连接。其结构如图1-49所示。

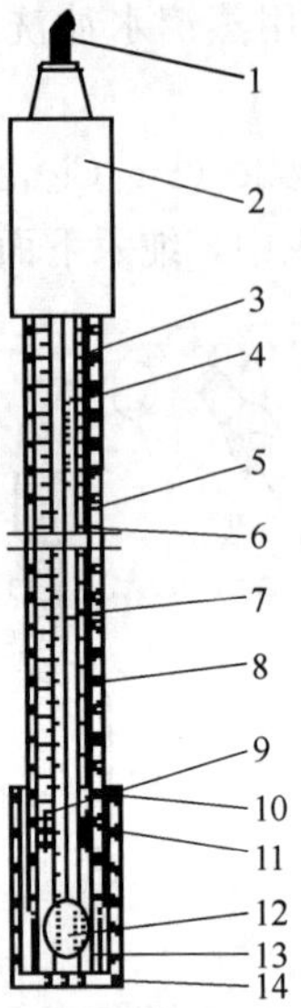


图 1-49　pH 复合电极

1—电极导线；2—电极帽；3—电极塑壳；4—内参比电极；5—外参比电极；6—电极支持杆；7—内参比溶液；8—外参比溶液；9—液接界；10—密封圈；11—硅胶圈；12—电极球泡；13—球泡护罩；14—护套

使用 pH 复合电极时应注意以下事项。

① 新电极必须在 pH＝4 或 7 的缓冲溶液中调节并浸泡过夜。

② 更换测量溶液前，均需细心洗净电极，用吸水纸吸干，在吸干球泡护罩内的水分时，要防止损伤球泡。

③ 电极不用时应洗净电极，然后套上带有保护液的电极套，要经常添加套内的保护液，不能干涸。

**2. pH 计**

(1) pHS-3C 型酸度计

pHS-3C 型酸度计（见图 1-50）是一台精密数字显示 pH 计。测量范围：pH 挡 0～14.00pH；mV 挡 0～±1999mV（自动极性显示），最小显示单位为 0.01pH，1mV。温度补偿范围：0～60℃。

操作步骤如下。

① 开机，并安装电极。

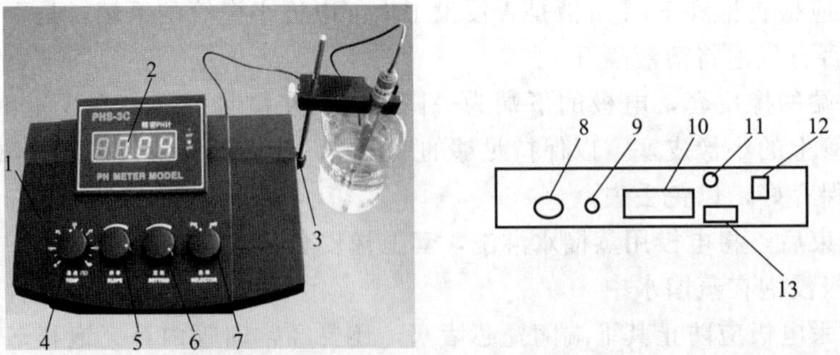


(a) 面板　　(b) 背面

图 1-50　pHS-3C 型酸度计示意图

1—前面板；2—显示屏；3—电极杆插座；4—温度补偿调节旋钮；5—斜率补偿调节旋钮；6—定位调节旋钮；7—选择旋钮（pH 或 mV）；8—测量电极插座；9—参比电极插座；10—铭牌；11—保险丝；12—电源开关；13—电源插座

a. 按下电源开关 12，电源接通后，预热 30min。

b. 将电极杆插入电极杆插座 3，电极夹夹在电极杆上，电极夹在电极夹上。

pH 计

② 定位。仪器使用前，先要定位。一般来说，仪器在连续使用时，每天要定位一次。

a. 拔下测量电极插座 8 处的短路插头，插上复合电极。

b. 把选择旋钮 7 调到 pH 挡。

c. 调节温度补偿调节旋钮 4，使旋钮白线对准待测溶液温度值。

d. 把斜率补偿调节旋钮 5 顺时针旋到底（即调到 100%位置）。

e. 把清洗过并用滤纸吸干的电极插入已知 pH 的缓冲溶液中。

f. 按溶液温度查出该温度时溶液的 pH。根据这个数值调节定位调节旋钮，使仪器显示读数与该缓冲溶液的 pH 相一致。

g. 用另一种缓冲溶液重复 d～f 动作，直至不再调节定位或斜率补偿两调节旋钮为止。

注意：经标定的仪器定位调节旋钮及斜率补偿调节旋钮不应再有转动。

标定的缓冲溶液第一次应用 pH＝6.86 的溶液，第二次应接近被测溶液的值，如被测溶液为酸性时，缓冲溶液应选 pH＝4.00；如被测溶液为碱性时，则选 pH＝9.18 的缓冲溶液。

③ 测量。经定位的仪器，即可用来测量被测溶液 pH。

a. 用蒸馏水清洗电极头部，用吸水纸吸干。

b. 把电极浸入被测液中，轻轻摇动溶液，使溶液均匀，在显示屏上读出溶液的 pH。当被测液和定位溶液温度不同时，应先用温度计测出被测溶液的温度值，调节温度补偿调节旋钮 4，使白线对准被测溶液的温度值，再进行测量。

缓冲溶液的 pH 与温度关系对照表见表 1-2。

**表 1-2　缓冲溶液的 pH 与温度的关系**

| 溶液 / pH / 温度/℃ | 邻苯二甲酸氢钾 | 中性磷酸盐 | 硼砂 |
|---|---|---|---|
| 5 | 4.01 | 6.95 | 9.39 |
| 10 | 4.00 | 6.92 | 9.33 |
| 15 | 4.00 | 6.90 | 9.27 |
| 20 | 4.01 | 6.88 | 9.22 |
| 25 | 4.01 | 6.86 | 9.18 |
| 30 | 4.02 | 6.85 | 9.14 |
| 35 | 4.03 | 6.84 | 9.10 |
| 40 | 4.04 | 6.84 | 9.07 |

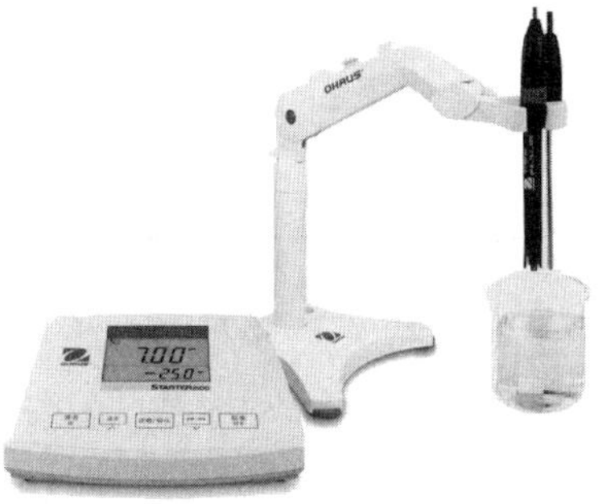

图 1-51　ST2100 型酸度计

（2）ST2100 型酸度计

ST2100 是一款 0.01pH 精度的实验室台式 pH 计（图 1-51）。

① 显示与按键

图 1-52 为 ST2100 型酸度计显示面板的示意图。

② 按键说明

ST2100 后面有 3 个接口（图 1-53）：参比接口（REF），温度接口（TEMP.），BNC 电极接口（即 pH 接口）。

| | | |
|---|---|---|
| 1 | 电极状态 | |
| | ☺ 斜率：> 95% 且零电位：±(0～15)mV 电极状态优良 | |
| | 😐 斜率：90%～95%且零电位：±(15～35)mV 电极状态一般 | |
| | ☹ 斜率：<90% 或零电位：±(35～60)mV电极需要清洁或重校 | |
| 2 | 电极测量图标，表示测试/校准进行中；消失表示读数锁定，不再测量 | |
| 3 | 电极校准图标：1点或2点校准进行中 | |
| 4 | pH或mV读数或电极斜率(%) | |
| 5 | 报错 Err | |
| 6 | 自动温度补偿(ATC), 手动温度补偿(MTC) | |
| 7 | 测量过程中的温度；校准的零电位(offset) | |

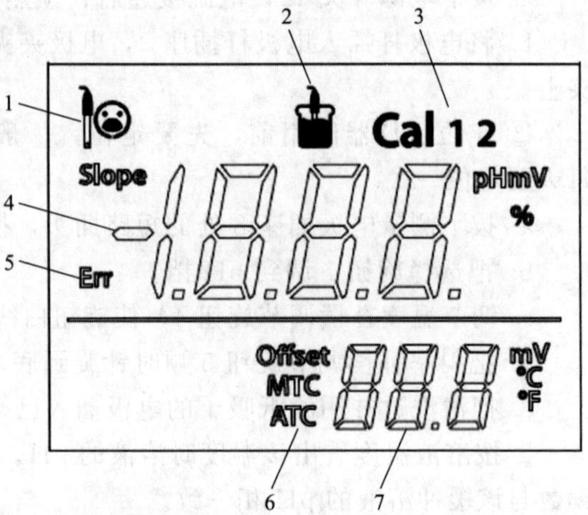


图 1-52　ST2100 型酸度计显示面板示意图

**表 1-3　ST2100 型酸度计的按键说明**

| 按键 | 短按 | 长按(大于 3s) |
|---|---|---|
| 读数 / 确认 | 开始或终止测量<br>确认温度设置值 | |
| 校准 斜率 | 开始校准 | 回显最后校准数据包括零电位和斜率 |
| 退出 ⏻ | 开机<br>退回到测量画面 | 关机 |
| 温度 ∧ | 进入温度设置模式-MTC<br>温度设置模式时增加数值 | |
| pH mV ∨ | 在 pH 和 mV 模式间切换<br>温度设置模式时减少数值 | |
| 校准 斜率　读数 / 确认 | 同时按下开始自检 | |

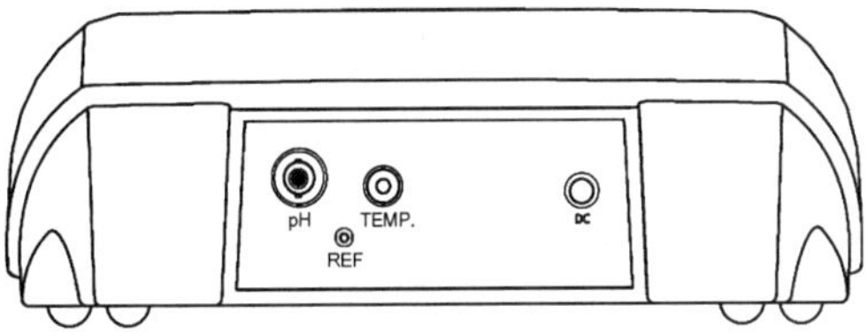


图 1-53　ST2100 型酸度计背面板示意图

对于二合一 pH 电极只需要将 BNC 母头旋到 pH 接口（BNC 公头）上，如图 1-54 所示。

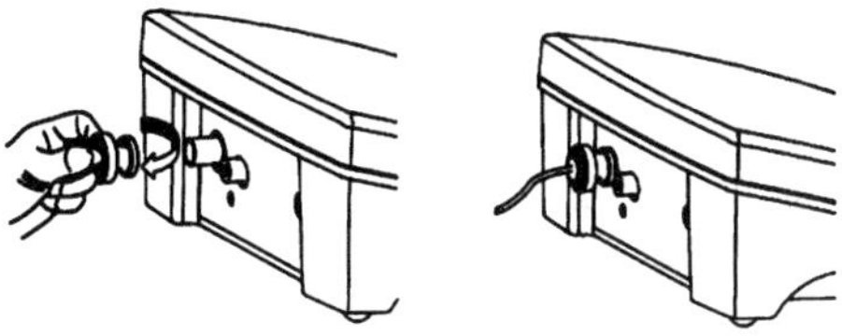

图 1-54　ST2100 型酸度计复合电极接入示意图

三合一电极要连接 pH 接口和 TEMP. 接口（温度接口）。独立温度电极接到温度接口。参比接口用于单独的参比电极（REF 接口）的连接。

③ ST2100 型酸度计的操作

实验室测定样品的 pH 值一般按照以下步骤操作：

pH 电极准备与清洗⟶pH 缓冲液准备与 pH 电极校准⟶样品准备与 pH 电极清洗⟶样品 pH 值测量⟶样品 pH 读数终点确认⟶数据记录或打印。

pH 电极的准备与清洗：pH 电极保存时电极头会旋紧在保护瓶中，使用时要先旋下保护瓶身，然后保护瓶盖就相对容易移上或移下。

pH 电极头使用前后都需用纯水冲洗，用吸水纸吸干水分，不可用纸摩擦电极球泡。

a. 校准　校准的目的是把 pH 电极的电信号（mV 值）转化为对应的 pH 值，随着电极的不断使用或存储时间变长，同一根电极在相同样品（或标准缓冲液）中产生的电位值（mV 值）会有变化。pH 电极初次使用前，或使用一段时间后都要做校准，保证测量的准确性。不同厂家的产品按键略有不同，校准方法参考该产品说明书。

b. 样品测量　一般在电极做完校准后，即可进行样品 pH 值的测量。

将电极放在样品溶液中并按读数键开始测量。读数稳定后，按读数键锁定读数。

## 四、分光光度计

分光光度计是用于测量待测物质对光的吸收程度，并进行定性、定量分析的仪器。

### 1. 基本原理

物质对光具有选择性吸收。在实验室里，把一束复合光通过分光系统，使光分成一系列波长的单色光，在使用中可任意选取某一波长的光，然后根据被测物质对某一波长光的吸收强弱进行物质的测定，这种方法叫做分光光度法。分光光度法所使用的仪器称为分光光度计。

当照射光的能量与分子中的价电子跃迁能级差 $\Delta E$ 相等时，该波长的光被吸收。吸光度 $A$ 与该物质的浓度 $c$、摩尔吸收系数 $\varepsilon$ 及液层厚度 $l$ 之间符合朗伯-比耳（Lambert-Beer）定律：$A=\varepsilon lc$。

根据朗伯-比耳定律，当入射光波长、溶质、溶剂以及溶液的温度一定时，溶液的吸光度与液层厚度和溶液的浓度成正比，若液层的厚度也一定，则溶液的吸光度只与溶液的浓度成正比。即

$$A=-\lg\frac{1}{T}=\varepsilon cl$$

$$T=\frac{I}{I_0}$$

式中 $c$——溶液浓度，通常采用的单位是 $mol\cdot L^{-1}$；

$A$——某一单色光波长下的吸光度（或消光度）；

$I_0$——入射光强度；

$I$——透射光强度；

$T$——透光率；

$\varepsilon$——摩尔吸光系数（或摩尔消光系数）；

$l$——液层厚度。

分光光度计虽然种类、型号较多，但都包括光源、色散系统、样品池及检测显示系统。光源所发出的光经色散装置分成单色光后通过样品池，利用检测装置来测量并显示光的被吸收程度。通常以钨灯作为可见光区光源，波长范围为 360～800nm。紫外光区以氢灯作为光源。

（1）光源：钨灯、卤钨灯、氢弧灯、氘灯、汞灯、氙灯、激光光源。

（2）单色器：滤光片、棱镜、光栅、全息栅。

（3）样品吸收池。

（4）检测系统：光电池、光电管、光电倍增管。

（5）信号指示系统：检流计、微安表、数字电压表、X-Y 记录仪、示波器、微处理显像管。

工作原理如下：光源→单色器→样品吸收池→检测系统→信号指示系统。其中单色器是分光光度计的心脏。单色器是将来自光源的混合光分解为单色光，并能提供所需波长的装置。单色器由入射狭缝、出射狭缝、色散元件和准直镜等组成，其中色散元件是关键元件，主要有棱镜和光栅两类。

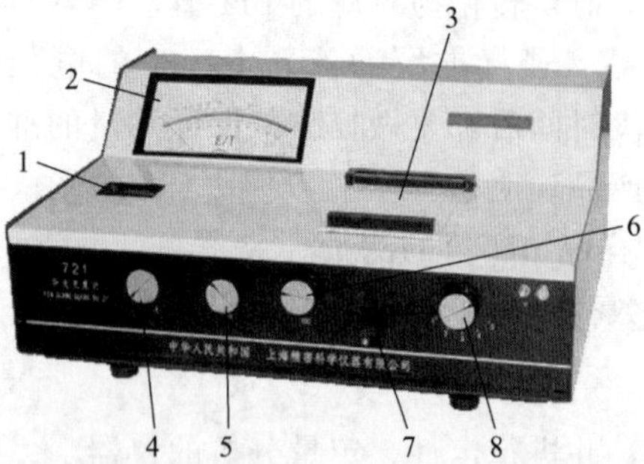


图 1-55 721 型分光光度计

1—波长读数盘；2—电表；3—比色皿暗盒盖；4—波长调节钮；5—“0”透光率调节；6—“100%”透光率调节；7—比色皿架拉杆；8—灵敏度选择钮

**2. 721 型分光光度计**

721 型分光光度计是实验室常用的一种简易分光光度计，用于可见光区范围内（波长为 360～800nm）的定量分析。其外形如图 1-55 所示。

其光学系统如图 1-56 所示。光源 1 发出的光线照射到聚光透镜 2 上，会聚后再经过反射镜 7 转角 90°，反射至入射狭缝 6（狭缝正好位于准直镜的焦面上），经狭缝射至准直镜 4，被 4 反射以一束平行光射向色散棱镜 3，光线进入色散棱镜 3 被色散后依原路稍偏转一个角度反射回来，这样从色散棱镜 3 色散后出来的光线再经过准直镜 4 反射后，就会聚在出光狭缝 6 上（出光狭缝和入射狭缝是一体的），经聚光透镜 9 后，照射至比色皿 10 上，未被吸收的光通过光门 11 照射到光电管 13 上。

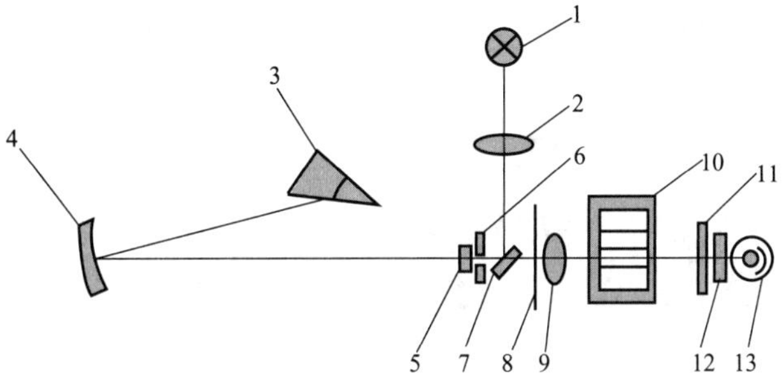


图 1-56　721 型分光光度计的光学系统示意图

1—钨灯（光源）；2—聚光透镜；3—色散棱镜；4—准直镜；5，12—保护玻璃；6—狭缝；7—反射镜；8—光栅；9—聚光透镜；10—比色皿；11—光门；13—光电管

操作步骤如下。

① 打开电源，预热 20min。

② 打开比色室盖，选择适宜的单色光波长和灵敏度。灵敏度的选择请参照步骤④。

③ 在两个比色皿中分别放入参比溶液和待测溶液，置于比色室内的比色皿架上，在比色室盖开启的状态下，调节“0”透光率调节旋钮使指针指示在“0”位。然后将比色室盖关闭，将参比液对准光路，旋转“100%”透光率调节旋钮，使电表指针指示在“100%”处。

④ 选择适当的灵敏度。放大灵敏度有 5 挡，是逐步增加的，其中“1”最低。选择灵敏度的原则是能使参比溶液的透光率调到“100%”处，要尽量选用灵敏度较低的挡，这样仪器将有更高的稳定性。所以，使用时灵敏度一般置于“1”，灵敏度不够时再逐渐升高但改变灵敏度后，需按步骤③重新调“0”和“100%”。

⑤ 按步骤③连续几次调“0”和“100%”，稳定后即可进行测量。

⑥ 把盛有待测溶液的吸收池（比色皿）推入光路中，显示值即为待测溶液的吸光度。

⑦ 测量完毕，取出比色皿，洗净擦干，将各旋钮恢复到起始位置，关闭电源，罩上防尘罩。

分光光度计

分光光度计在使用时应注意以下几点。

① 测量时，比色皿要先用蒸馏水冲洗，再用被测溶液涮洗 3 遍，以免装入的被测溶液的浓度发生改变而影响测量结果。

② 被测溶液装入比色皿后，要用擦镜纸将吸收池外部擦净。注意保护其透光面，勿使其产生斑痕。拿比色皿时，手只能捏住两面的毛玻璃。

③ 测量时根据溶液的浓度选用不同厚度的比色皿，尽量使吸光度控制在 0.1～0.65 之间，这样可得到较高的准确度。

④ 仪器连续使用时间不宜太长，以免光电管疲劳。

⑤ 比色皿用完后应及时洗净擦干，放回盒内。

**3. 722 型分光光度计**

722 型分光光度计采用光栅自准式色散系统和单光束结构光路，使用波长范围为 330～800nm，采取数字显示，其外形如图 1-57 所示。

其光学系统示意图如图 1-58 所示。钨灯发出的光经滤色片滤光，聚光镜聚光后从入射狭缝投向单色器，入射狭缝正好处在聚光镜及单色器内准直镜的焦平面上，因此进入单色器

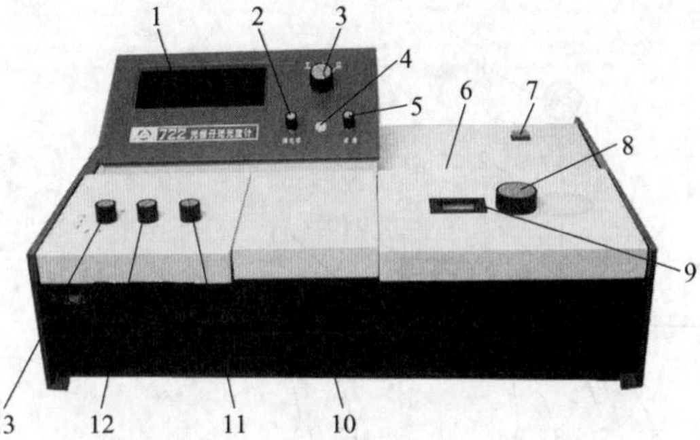


图 1-57　722 型分光光度计

1—数字显示器；2—吸光度调零旋钮；3—选择开关；4—吸光度调斜率电位器；5—浓度旋钮；6—光源室；7—电源开关；8—波长手轮；9—波长刻度窗；10—比色皿架拉杆；11—100%$T$（透光率）旋钮；12—0%$T$ 旋钮；13—灵敏度调节旋钮

的复合光通过平面反射镜反射及准直镜准直变成平行光射向色散元件光栅，光栅将入射的复合光通过衍射作用按照一定顺序平均排列成连续单色光谱。此单色光谱重新回到准直镜上，由于仪器出射狭缝设置在准直镜的焦平面上，这样，从光栅色散出来的光谱经准直镜后利用聚光原理成像在出射狭缝上，出射狭缝选出指定带宽的单色光通过聚光镜落在试样中心，试样吸收后透射的光经光门射向光电管阴极面，由光电管产生的光电流经微电流放大器、对数放大器放大后，在数字显示器上直接显示出试样溶液的透光率、吸光度或浓度数值。

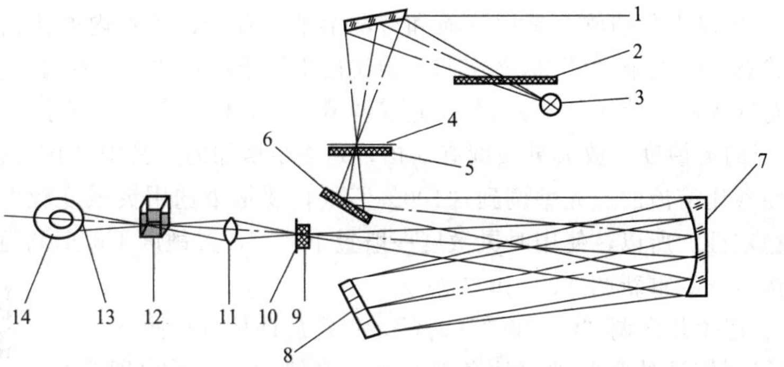


图 1-58　722 型分光光度计的光学系统示意图

1—聚光镜；2—滤色片；3—钨灯；4—入射狭缝；5,9—保护玻璃；6—反射镜；7—准直镜；8—光栅；10—出射狭缝；11—聚光透镜；12—比色皿；13—光门；14—光电管

操作步骤如下。

① 将灵敏度调置在“1”挡（放大倍率最小）。

② 打开电源，指示灯亮，选择开关置于“$T$”，预热 20min。

③ 打开比色室盖（光门自动关闭），调节透光率零点旋钮（“0%$T$”），使数字显示为“0000”。

④ 将盛有溶液的比色皿放在比色皿架上，放入比色室（注意将比色皿架子卡好）。

⑤ 旋动仪器波长手轮，把测试所需的波长调节至刻度线处。

⑥ 盖上比色室盖，拉动比色皿架拉杆，将盛参比溶液的吸收池（比色皿）置于光路中。选择合适的灵敏度挡。

⑦ 关闭比色室盖，调节透光率“100%$T$”旋钮，使数字显示 $T$ 为 100.0（若显示不到 100.0，则可适当增加灵敏度的挡数，同时应重复③，重新调“0”和“100.0”）。

⑧ 拉动比色皿架拉杆，将待测溶液对准光路。数字显示的即为被测溶液的透光率 $T$。

⑨ 吸光度 $A$ 的测量：参照③、⑦调节仪器的“000.0”和“100.0”，然后将选择开关放在“$A$”，转动吸光度调零旋钮，使数字显示为“0.000”，拉动比色皿架拉杆，使被测溶

液对准光路，数字显示的即为被测溶液的吸光度 $A$。

⑩ 浓度 $c$ 的测量：选择开关放在“$C$”，将已标定浓度的溶液推入光路，调节浓度旋钮，使数字显示为标定值，然后将待测溶液推入光路，数字显示的即为被测溶液的浓度值。

仪器使用时，应经常参照本操作方法③、⑦进行调节“000.0”和“100.0”的工作。

使用注意事项：

a. 应严格按操作进行；

b. 调节旋钮时不要太用力；

c. 灵敏度挡要逐渐增加；

d. 不进行测量时应打开比色室盖子，保护光电池或光电管；

e. 若测试波长改变较大时，需等数分钟后才能正常工作（因波长由长波向短波或反向移动时光能量急剧变化，光电管受光后响应迟缓，需一段光响应平衡时间）；

f. 不同仪器的比色皿规格不同，要注意配套使用，不能与其他仪器上的调换；

g. 本仪器数字显示后背部带有外接插座，可输出模拟信号。插座 1 脚为正接地线，2 脚为负接地线；

h. 仪器使用完毕后用防尘布罩罩住，并放入硅胶等干燥剂保持干燥；

i. 吸收池（比色皿）用完后应及时用蒸馏水洗净，用细软的纸或用布擦干后存放在吸收池（比色皿）盒内。

**4. V-5000 型可见分光光度计**

V-5000 型可见分光光度计，波长范围是 325～1000nm 的连续光谱，能在近紫外、可见、近红外光谱区域对样品物质作定性和定量分析。其外形如图 1-59 所示。

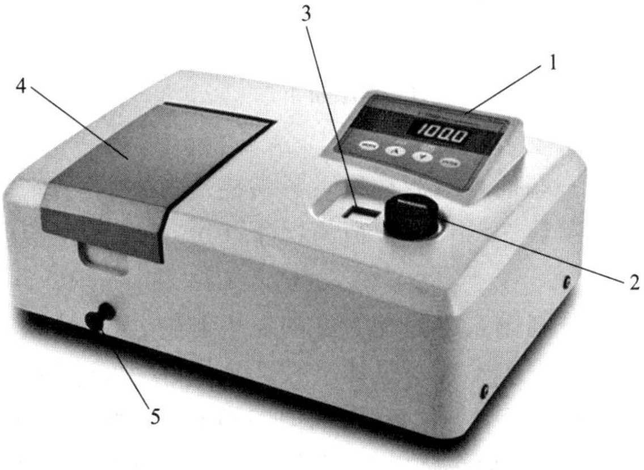


图 1-59 V-5000 型可见分光光度计

1—显示器（显示当前数值）；2—波长旋钮（用于调节波长）；3—波长显示窗（透过窗口可清晰地观察到当前波长）；4—样品室盖（用于开关样品室）；5—手动拉杆位置（拉动拉杆可以改变样品室中比色皿的位置）

V-5000 型可见分光光度计面板如图 1-60 所示，其中：

“$T$”表示透过率（Trans），“$A$”表示吸光度（Absorbance），“$C$”表示浓度（Conc.），“$F$”表示斜率（Factor），当处于某种状态时，右边的小红灯点亮；

显示窗口：显示当前状态下的当前数值；

功能键：①“MODE”键：此键用于切换 $T$、$A$、$C$、$F$ 状态。②“0%$T$”键：此键有

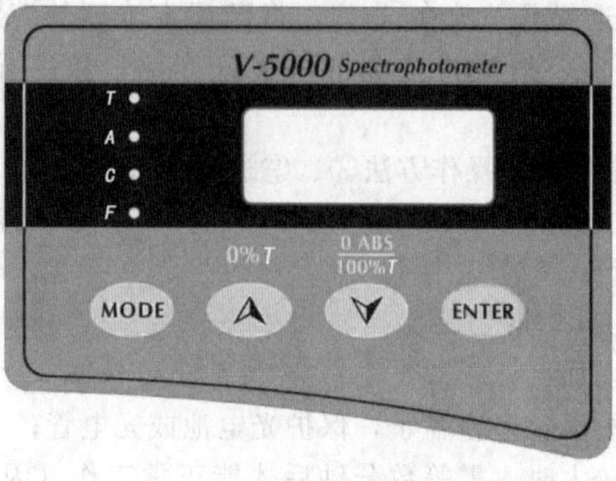


图 1-60　V-5000 型可见分光光度计面板图

两种功能，a）在 $T$ 状态下校 0%，用“MODE”键切换到 $T$ 状态下，打开样品室盖，放进黑体，再盖上样品室盖，若显示器显示的不是“0.0”，按此键后，应显示为“0.0”；b）数字上升键，在 $F$ 和 $C$ 状态下，按此键 $F(C)$ 值会自动加 1，若按住不放，自动加 1 的速度会加快，直到所设置的值，按“ENTER”键确认生效。③“0ABS/100%$T$”键：此键有两种功能，a）在 $T(A)$ 状态下，按此键后，应显示“100.0（0.000）”，即在 $T$ 状态下调 100%$T$，在 $A$ 状态下调 0.000$A$；b）数字上升键，在 $F$ 和 $C$ 状态下，按此键 $F(C)$ 值会自动减 1，若按住不放，自动减 1 的速度会加快，直到所设置的值，按“ENTER”键确认生效。④“ENTER”键：此键有两种功能，a）在 $F$ 和 $C$ 状态下具有确认功能，即设置好 $F$ 值或 $C$ 值后，按“ENTER”键确认生效；b）打印功能，在 $T$、$A$ 状态下，按“ENTER”键，即可打印当前数值；在 $C$ 状态下，按“ENTER”键，即可打印当前 $C$ 值，同时也打印 $F$ 值。

V-5000 型可见分光光度计具体使用方法如下。

（1）透过率（$T$）的测试方法

① 将仪器的电源线的一端插入电源插座，另端接上仪器的插座。

② 打开仪器的开关，预热 30min（一般情况下 15min 即可，若已开机数分钟，则无需预热，可直接测试）。

③ 将参比液和待测液分别倒入已经配对好的比色皿中。

④ 打开样品室盖，将 0%$T$ 校具（黑体）放入比色槽中，同时将装有参比液和待测液的比色皿分别放进其他的比色槽中。建议将黑体放进第一个槽中，将装有参比液的比色皿放入第二个槽中（若第一个槽中不放黑体，建议将装有参比液的比色皿放入第一个槽中）。盖上样品室盖。

⑤ 旋转波长旋钮设置波长，观察波长显示窗口中的波长移动，直至指定波长。

⑥ 按“MODE”键，切换到 $T$ 状态下，将黑体拉（推）到光路中，按“0%$T$”键，直至显示“0.0”。注意：每次波长值改变时都要重新校 0%$T$。

⑦ 测透过率（$T$）：将参比液拉（推）到光路中，按“100%$T$”键，直至显示“100.0”，再将待测液拉（推）到光路中，即可得出待测液的透过率值。

（2）吸光度（$A$）的测试方法

①～⑥步骤同上。

⑦ 测吸光度（$A$）：再按“MODE”键切换到 $A$ 状态下，将参比液拉（推）到光路中，

按“0ABS”键，直至显示“0.000”，再将待测液拉（推）到光路中，即可得出待测液的吸光度值。

## 五、电导率仪

### 1. 基本原理

对于电解质溶液，常用电阻 $R$ 或电导 $G$ 来表示其导电能力的大小。电导是电阻的倒数：

$$G=\frac{1}{R}$$

电导的单位是西门子（S）。

根据欧姆定律，导体的电阻与其长度（$l$）成正比，与其截面积（$A$）成反比，即

$$R\propto\frac{l}{A}，R=\rho\frac{l}{A}$$

式中，$\rho$ 为电导率或比电阻，其单位为 $\Omega\cdot cm$。根据电导与电阻的关系，可以得出：

$$G=\frac{1}{R}=\frac{1}{\rho\frac{l}{A}}=\frac{1}{\rho}\cdot\frac{A}{l}=\kappa\frac{A}{l}$$

$$\kappa=G\frac{l}{A}$$

式中，$\kappa$ 为电导率，它是长度 1m、截面积为 $1m^2$ 导体的电导，单位是 $S\cdot m^{-1}$。对电解质溶液来说，电导率是电极面积为 $1m^2$，两极间距离为 1m 的两极之间的电导。溶液浓度为 $c$，通常用 $mol\cdot L^{-1}$ 表示，含有 1mol 电解质溶液的体积为 $\frac{1}{c}L$ 或 $\frac{1}{c}\times10^{-3}m^3$，此时溶液的摩尔电导率等于电导率和溶液体积的乘积：

$$\Lambda_m=\kappa\cdot\frac{10^{-3}}{c}$$

摩尔电导率的单位为 $S\cdot m^2\cdot mol^{-1}$。摩尔电导率的数值通常是测溶液的电导率，用上式计算得到的。

测定电导率的方法是将两个电极插入溶液中，测出两极间的电阻。对某一电极而言，电极面积 $A$ 与间距 $l$ 都是固定不变的，因此 $\frac{l}{A}$ 是常数，称为电极常数或电导池常数，用 $J$ 表示。于是有：

$$G=\kappa\frac{1}{J}或\kappa=\frac{J}{R_x}$$

由于电导的单位西门子太大，常用毫西门子（mS）、微西门子（$\mu$S）表示。

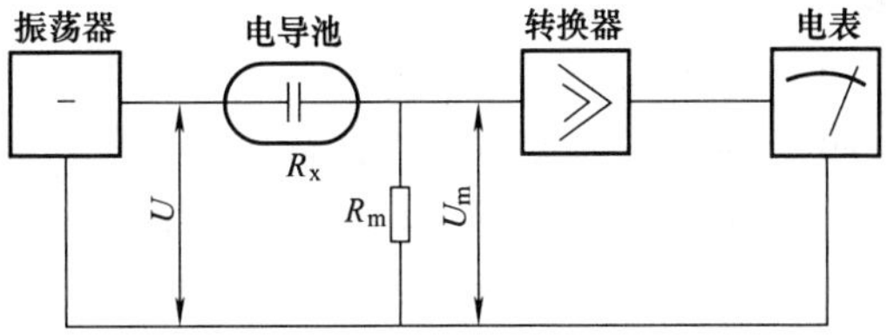

图 1-61　电导率仪测量原理示意图

电导率仪的测量原理（见图 1-61）是：由振荡器发生的音频交流电压加到电导池电阻与量程电阻所组成的串联回路中时，溶液的电压越大，电导电阻越小，量程电阻两端的电压就越大，电压经交流放大器放大，再经整流后推动直流电表，由电表可直接读出电导值。

溶液的电导取决于溶液中的所有共存离子的导电性质的总和。对于单组分溶液，电导 $G$

与浓度 $c$ 之间的关系可用下式表示：

$$G=\frac{1}{1000}\frac{A}{l}Zkc$$

式中　$A$——电极面积，$cm^2$；

$l$——电极间距离，cm；

$Z$——每个离子上的电荷数；

$k$——常数。

**2. DDS-11A 型电导率仪**

DDS-11A 型电导率仪是实验室常用的电导率测量仪器，它除能测量一般液体的电导率外，还能测量高纯水的电导率，因此被广泛用于水质检测，水中含盐量、含氧量的测定以及电导滴定、测出低浓度弱酸及混合酸等。

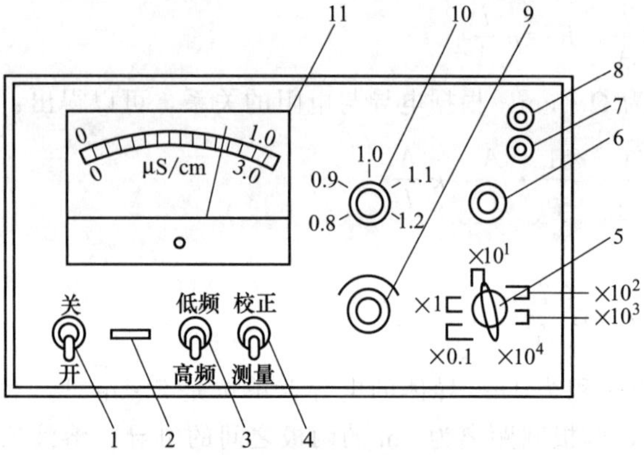


图 1-62　DDS-11A 型电导率仪面板结构图

1—电源开关；2—氖泡；3—高频、低频开关；4—校正、测量开关；5—校正调节器；6—量程选择开关；7—电极常数调节器；8—电容补偿调节器；9—电极插口；10—10mV 输出插口；11—电表

DDS-11A 型电导率仪的面板结构如图 1-62 所示。

(1) 仪器使用方法

① 电源开启前，观察表头指针是否指零，可用螺丝刀调螺丝使指针指零。

② 将校正、测量开关拨在“校正”位置。

③ 将电源插头先插在仪器插座上，再接到电源上。打开电源开关，预热数分钟（待指针完全稳定下来为止），调节校正调节器，使电表满刻度指示。

④ 根据液体电导率的大小，选用低频或高频（低于 $300\mu S\cdot cm^{-1}$ 用低频，300～1000 $\mu S\cdot cm^{-1}$ 用高频），将低频、高频开关拨向“低频”或“高频”。

⑤ 将量程选择开关旋至所需要的测量指定范围。如果预先不知道待测液体的电导率范围，应先把开关旋至最大测量挡，然后再逐挡下降，以防表针被打弯。

⑥ 根据液体电导率的大小选用不同的电极（低于 $10\mu S\cdot cm^{-1}$ 用 DJS-1 型光亮电极，$10\sim10^4\mu S\cdot cm^{-1}$ 用 DJS-1 型铂黑电极）。使用 DJS-1 型光亮电极和 DJS-1 型铂黑电极时，把电极常数调节器调节在与配套电极的常数相对应的位置。如配套电极常数为 0.97，则应把电极常数调节器调到 0.97 处。

当待测溶液的电导率大于 $10^4\mu S\cdot cm^{-1}$，以致用 DJS-1 型电极测不出时，选用 DJS-10 型铂黑电极，这时应把调节器调节在配套电极的 1/10 常数位置上。例如，电极的电极常数为 9.7，则应使调节器指在 0.97 处，再将测量的读数乘以 10，即为被测液的电导率。

⑦ 使用电极时，用电极夹夹紧电极的胶木帽，并通过电极夹把电极固定在电极杆上。将电极插头插入电极插口内，旋紧插口上的紧固螺丝，再将电极浸入待测液中。

⑧ 将校正、测量开关拨在校正位置，调节校正调节器使电表指针指示满刻度。注意：为了提高测量精度，当使用 $\times10^4\mu S\cdot cm^{-1}$ 挡或 $\times10^3\mu S\cdot cm^{-1}$ 挡时，校正必须在接好电导池（电极插头插入插口，电极浸入待测溶液）的情况下进行。

⑨ 将校正-测量开关拨向测量，这时指示读数乘以量程开关的倍数即为待测溶液的实际电导率。如开关旋至 1～100$\mu S \cdot cm^{-1}$挡，电表指示为 0.9，则被测液的电导率为9$\mu S \cdot cm^{-1}$。

⑩ 当量程开关指向黑点时，读表头上刻度（0～1.0$\mu S \cdot cm^{-1}$）的数值；当量程开关指向红点时，读表头上刻度（0～3.0$\mu S \cdot cm^{-1}$）的数值。即红点对红线，黑点对黑线。

⑪ 当用 0～0.1$\mu S \cdot cm^{-1}$或 0～0.3$\mu S \cdot cm^{-1}$挡测量高纯水时，先把电极引线插入电极插口，在电极未进入溶液前，调节电容补偿调节器使电表指示为最小值（此最小值即电极铂片间的漏电阻，由于漏电阻的存在，使得调节电容补偿调节器时电表指针不能到达零点），然后开始测量。

（2）注意事项

① 电极的引线不能潮湿，否则测不准。

② 高纯水被注入容器后应迅速测量，否则电导率很快增加（空气中的 $CO_2$、$SO_2$ 等溶入水中都会影响电导率的数值）。

③ 盛待测溶液的容器必须清洁，无其他离子沾污。

④ 每测一份样品后，都必须用去离子水冲洗电极，并用吸水纸吸干，但不能擦。

# 第六节　实验数据处理

## 一、误差

化学是一门以实验为基础的自然学科，常进行许多定量的测量，然后由测得的数据经过计算得到实验结果，在测得数据的过程中，绝对准确的数值是没有的，实验结果与真实值都有一定的差异，即存在误差。在实验中，除选用合适的仪器和采取正确的操作外，还应根据实际情况正确测定、记录并处理实验数据，以使实验结果与理论值尽可能地接近，减少误差，获得正确的结果。所以树立正确的误差及有效数字的概念，掌握分析和处理实验数据的科学方法十分必要。

### （一）误差的分类

测量值与真实值之间的偏离称为误差。测量的误差越小，测定结果的准确度就越高。按其性质和来源的不同可分为系统误差、偶然误差、过失误差三种。

**1. 系统误差**

系统误差是由某个固定原因造成的，它具有单向性，即正负、大小都有一定的规律性，当重复测定时会重复出现。因此系统误差也称可测误差、恒定误差。系统误差可以分为以下几种。

（1）方法误差　指分析方法本身所造成的误差。

（2）仪器误差　来源于仪器本身不够准确。

（3）试剂误差　由试剂或蒸馏水不纯所引起的误差。

（4）操作误差　由操作人员主观原因造成的误差。

**2. 偶然误差**

偶然误差又称随机误差，是由某些难以控制、无法避免的偶然因素造成的，其大小、正负都不固定。如天平及滴定管读数的不确定性，电子仪器显示读数的微小变动，操作中温度、湿度变化，灰尘、空气扰动，电压电流的微小波动等，都会引起测量数据的波动。实验中这些偶然因素的变化是无法控制的，因而偶然误差是必然存在的。

在实际工作中，要减小偶然误差，应在尽量保持各种测定环境、条件、操作的一致性（即减免了系统误差）的条件下，多次测量取算术平均值，一般要求平行测定3～4次。

**3. 过失误差**

过失误差是由于实验工作者粗心大意、违反操作规程、不按操作规程办事、过度疲劳或情绪不好等原因造成的，如操作不正确、读错数据、加错药品、计算错误等。这类误差纯粹是人为造成的，有时无法找到原因，但只要严格按操作规程进行，加强责任心，是完全可以避免的。

## （二）测定结果的准确度和精密度

**1. 准确度与误差**

分析结果的准确度是指测定值与被测组分的真实值的接近程度，常用误差来表示。两者愈接近，则误差愈小，测定的准确度愈高。误差分为绝对误差和相对误差两种。绝对误差（$E$）是测量值 $x_i$ 与真实值 $\mu$ 之差，即：

$$E=x_i-\mu$$

相对误差反映绝对误差在真实值或测量值中所占的比例，即：

$$RE=\frac{E}{\mu}\times 100\%$$

误差小，表示结果与真实值接近，测定准确度高；反之则准确度低。绝对误差和相对误差都有正负值，正值表示分析结果偏高，负值表示测分析结果偏低。相对误差的应用更具有实际意义，因而更常用。

**2. 精密度与偏差**

精密度是指一试样几次平行测定结果相互接近的程度。精密度表明测定数据的再现性。精密度的高低用偏差来衡量。各次测量值与平均值之差称为偏差。它表示一组平行测定数据相互接近的程度。偏差越小，测定值的精密度越高。偏差有以下几种表示方法。

（1）绝对偏差　是 $n$ 次测定中的单次测量值（$x_i$）与平均值（$\overline{x}$）之差，即：

$$\text{绝对偏差}(d_i)=\text{测定值}(x_i)-\text{平均值}(\overline{x})$$

$$\text{平均值}(\overline{x})=\frac{x_1+x_2+\cdots+x_n}{n}$$

（2）相对偏差　是绝对偏差与平均值的比值，即：

$$\text{相对偏差}(d_r)=\frac{d_i}{\overline{x}}\times 100\%$$

（3）平均偏差　绝对平均偏差是各次测定的绝对偏差绝对值之和除以测定次数；相对平均偏差为绝对平均偏差与平均值的比值，即：

$$\text{绝对平均偏差}(\overline{d})=\frac{|d_1|+|d_2|+\cdots+|d_n|}{n}=\frac{\sum_{i=1}^{n}|d_i|}{n}$$

$$\text{相对平均偏差}(\overline{d}_r)=\frac{\overline{d}}{\overline{x}}\times 100\%$$

（4）样本标准偏差　是一种用统计概念表示精密度的方法。对于 $n$ 次平行测定，其样本标准偏差 $s$ 为：

$$\text{样本标准偏差}(s)=\frac{d_1^2+d_2^2+\cdots+d_n^2}{n-1}=\sqrt{\frac{\sum_{1}^{n}d_i^2}{n-1}}$$

用样本标准偏差表示精密度更为科学，它能更好地反应多次测量结果的离散程度，特别是更能体现出偏差大的数据的影响。

精密度和准确度是两个不同的概念，它们是实验结果好坏的主要标志。分析测定工作的最终要求是测定准确，首先要精密度好。一个人重复做了多次测量，结果测量值很分散，即精密度很差，其平均值可能很接近真实值，但其结果仍是不可靠的，毫无准确性可言。但是精密度高也不一定准确，这是由于可能存在系统误差。如果控制了偶然误差，则可以提高精密度，只有同时校正了系统误差，才能得到即精密又准确的实验分析结果。从某种意义上说，精密度比准确度更重要。

## 二、有效数字及运算规则

### 1. 有效数字

有效数字就是实际能测到的数字，数值的最后一位是可疑的（不确定的）。有效数字的位数大致反映测量值的相对误差。有效数字由准确数字与一位可疑数字组成。有效数字的有效位数是从左边第一个不为零的数字起到最后一个数字的数字个数。到底采用几位有效数字，要根据测量仪器和观察的精确程度来决定。对于有效数字的确定，要注意以下几点。

①“0”在数字中是否是有效数字，与“0”在数字中的位置有关。“0”在数字后或在数字中间，都表示一定的数值，是有效数字；“0”在数字之前，只表示小数点的位置。如 2.004 和 2.400 都是四位有效数字，而 0.024 只有两位有效数字。

② 对于很大或很小的数字，如 24000 或 0.00024，采用指数表示法是 $2.4\times10^{4}$、$2.4\times10^{-4}$，“10”不包含在有效数字中。

③ 对于 pH、$\lg K^{\ominus}$等对数数值，有效数字仅由小数部分的数字位数决定，整数部分只起定位作用，不是有效数字。如 pH=5.39 的有效数字为两位。

④ 不是测量所得到的数据，如化学反应倍数关系，可视为无误差数据或认为其有效数字位数无限多。

### 2. 有效数字的运算规则

① 记录和计算结果的数值，只保留一位可疑数字。

② 数字修约规则：现在一般采用的是“四舍六入五成双”的修约规则，即：当尾数≤4时，弃去；≥6 时，进位；尾数=5 且其后还有不为“0”的数字时，进位；尾数=5 且其后为“0”或无数字时，如进位后得偶数，则进位，如弃去后得偶数，则弃去。如下列数字修约为四位有效数字时，4.4135 修约为 4.414，4.4105 修约为 4.410，4.412501 修约为 4.413。应一次修约到所需位数，不能分次修约。如 4.41349 修约为 4.413；不能先修约为 4.4135，再修约为 4.414。

③ 加减法运算规则：进行加减法运算时，所得和或差的小数点后面的有效数字位数，应与各加、减数中的小数点后面位数最少者相同。如：

$$23.456+0.000124+3.12+1.6874=28.263524，应取 28.26$$

④ 乘除法运算规则：进行乘除法运算时，所得积或商的有效数字的位数应与各数中有效数字位数最少的数相同，而与小数点后的位数无关。如：

$$2.35\times3.642\times3.3576=28.73669112，应取 28.7$$

在乘除法运算中，常会遇到第一位有效数字为 8 或 9 的数据，可将其有效数字的位数多加一位。如 8.87、0.953 等，通常将它们当作四位有效数字的数字来处理。

⑤ 加减乘除的混合运算：每步先以相应的规则修约后运算，然后进行下一步的修约及运算，最后结果按最后一步的修约规则确定位数。中间各步结果可暂时多保留一位数字，最

后结果应取运算规则所允许的位数。

⑥ 将其乘方或开方时，幂或根的有效数字的位数与原数相同。若乘方或开方后还要继续进行数学运算，则幂或根的有效数字的位数可多保留一位。

⑦ 对数运算：对数值的有效数字位数仅由尾数的位数决定，首数只起定位作用，不是有效数字。对数尾数的位数应与相应的真数的有效数字的位数相同，反之，尾数有几位，则真数就取几位。如：$c(H^+)=1.8\times10^{-5}\ mol\cdot L^{-1}$，它有两位有效数字，所以，$pH=-\lg c(H^+)=4.74$，其中首数“4”不是有效数字，尾数74是两位有效数字，与$c(H^+)$的有效数字位数相同。又如，由pH计算时，当$pH=2.72$时，则$c(H^+)=1.9\times10^{-3}\ mol\cdot L^{-1}$，不能写成$c(H^+)=1.91\times10^{-3}\ mol\cdot L^{-1}$。

⑧ 一些常数π、e的值及某些因子$\sqrt{2}$、$\frac{1}{2}$的有效数值的位数，在计算中需要几位就可以写几位。一些国际定义值，如摄氏温标的零度值为热力学温标的273.15K，气体摩尔常数$R=8.314J\cdot K^{-1}\cdot mol^{-1}$，及各元素的相对原子质量等，视具体情况取适当的位数。

⑨ 误差一般只取一位有效数字，最多取两位有效数字。

## 三、实验数据的表达和处理

### 1. 数据的计算处理步骤

① 整理数据。

② 算出算术平均值$\overline{x}$。

③ 算出各数与平均值的偏差$\Delta x_i$。

④ 算出平均绝对偏差$\Delta\overline{x}$，由此评价每次测量的质量，若每次测得的值都落在$(\overline{x}\pm\Delta\overline{x})$区间（实验重复次数≥15），则所得实验值为合格值，若其中有某值落在上述区间之外，则实验值应予以剔除。

⑤ 求出剔除后剩下数值的$\overline{x}$、$\Delta\overline{x}$，按上述方法检查，看还有没有再要剔除的数，如果有还要剔除，直到剩下的数值都落在相应的区间为止，然后求出剩下数据的样本标准偏差（$s$）。

⑥ 由样本标准偏差算出算术平均值样本的标准偏差$s_{\overline{x}}$。

⑦ 算出算术平均值的极限误差（$\delta_{\overline{x}}$）：$\delta_{\overline{x}}=3s_{\overline{x}}$。

⑧ 真实值可近似地表示为：$x=\overline{x}\pm3s_{\overline{x}}$。

### 2. 其他方法处理实验数据

（1）列表法　它是最常用的表示方法，一张完整的表格应包含表格的顺序号、名称、项目、说明及数据来源等内容。制作表格时要注意以下几点。

① 应将表的序号、名称写在表的上方，名称要简明完整。

② 每个变量占表中一行，一般先列自变量，后列因变量，最后列数据统计数字（如平均值、误差、偏差等）。每行的第一列应写明变量的名称和量纲，表示为：名称/单位。

③ 每一行所记数据，应注意其有效数字位数，同一列数据的小数点要对齐，若为函数表，数据应按自变量递增或递减的顺序排列，以明确显示出规律。如果用指数表示数据，为简便起见，可将指数放在行名旁。

④ 实验测得的数据（原始数据）与处理后的数据列在同一个表中时，应把处理方法、计算公式及某些特别需要说明的事项在表下方注明。

（2）作图法　对于变量具有一定函数关系或某种规律性的实验数据，可用作图法来表示实验结果。作图法有以下优点：可更直观地显示各数据间的关系、数据的特点和变化规律；

可以利用图形作一步处理，如直线斜率、截距、内插值、外推值等，求曲线的极大值、极小值、所包围的面积、作切线求微商等；根据图形的变化规律，可以剔除一些偏差较大的实验数据。

作图的步骤简略介绍如下。

① 准备材料。作图需要应用坐标纸、铅笔（以 1H 的硬铅为好）、透明直角三角板、曲线尺等。

② 选取合适的坐标纸和坐标轴。习惯上以横坐标作为自变量，纵坐标表示因变量。坐标轴比例尺的选择一般遵循以下原则。

a. 要尽可能地使图上读出的各种量的准确度和测量得到的准确度一致，即坐标轴上的最小分度与仪器的最小分度一致，要能表示出全部有效数值。通常采用读数的绝对误差在图纸上相当于 0.5～1 小格（最小分度），即 0.5～1mm。

b. 要尽可能地使图形充满图纸，这就要先算出横、纵坐标的取值范围。取值不一定从“0”开始（除外推法外），但始点应略小于测量数据的最小值，末点应略大于测量数据的最大值。

c. 要尽量使坐标轴的表达值便于作图、读数和计算。在坐标轴旁标上变量的名称及单位，两者之间用斜线隔开。并在轴旁每间隔一定的格数均匀地写上变量的相应数值，但不得写上实验测得值。

d. 坐标纸的大小要合适。在图形充满坐标纸的情况下，一般取 10cm×10cm 左右的坐标纸，也可适当加大，但不宜大于 20cm×20cm。直线图不易绘成长方条，应尽量使直线与横坐标成 45°左右的夹角。

③ 正确选好代表点。把所测得的数值画到图上，就是代表点。代表点要选用小型符号（如⊙、○、△、□、×等）表示，符号的重心即表示读数值，符号的大小应能粗略地表示出测量误差的范围。若在同一幅图纸上画几条直（曲）线，则每条线的代表点需用不同的符号表示。

④ 正确画出图线。在图纸上画好代表点后，根据代表点的分布情况，作出直线或曲线，这些直线或曲线描述了代表点的变化情况，不必要求它们通过全部代表点，但应通过尽可能多的代表点，不通过线的点应数量均等地分布在线的两侧附近，这些点与线的距离应可能小，且一侧点和线间的距离总和应与另一侧相近。

对于个别远离的点，如不能判断被测物理量在此区域会发生什么突变，就要分析一下测量过程中是否有偶然性的过失误差，如果属过失误差所致，描线时可不考虑这一点，但最好能重测该点数据加以验证，如重复实验仍有此点，说明曲线在此区间有新的变化规律。

线要作得平滑均匀，细而清晰。曲线的具体画法是：先用笔轻轻地按代表点的变化趋势手描一条曲线，然后再用曲线板逐段平滑地吻合整条手描曲线，作出光滑的曲线。

若在同一图上表示几组不同的测量值，可以用不同的线（虚线、实线、点线、粗线、细线、不同颜色的线等）来表示，并在图上表明。

⑤ 写好图名、图注。一般在图的右下方正中写清楚完整的图序号和图名，以及注明实验条件（温度、压力、浓度等）和各种符号所代表的意义等。

⑥ 求某些相关的数值。

a. 求直线的截距和斜率。对于线性函数 $y=mx+b$ 来说，$y$ 对于 $x$ 作图是一条直线，$m$ 是直线的斜率，$b$ 是直线的截距，在直线上找两点：点（$x_1$，$y_1$）、点（$x_2$，$y_2$）（两点不宜相距太近，且必须是线上的点数据，而不是实验测得的数据)。则 $m=\frac{y_2-y_1}{x_2-x_1}$，直线延长线与纵坐标（$y$ 轴）相交（$x=0$）时的值为截距 $b$。

在化学基本原理中，有不少函数关系是线性的，其截距或斜率都含有特定的物理常数，因此可以用实验作图法求得这些常数。如一级反应速率公式的 $\lg c=\lg c_0-\frac{k}{2.303}t$，作 $\lg c$-$t$ 直线，从斜率可以求得速率常数 $k$；又如电极电势与浓度和温度间的关系可用能斯特方程表示：$E=E^{\ominus}+\frac{RT}{nF}\ln\frac{\text{氧化型}}{\text{还原型}}$，从直线关系的截距可以求得电极的标准电极电位 $E^{\ominus}$，从斜率可求出反应的电子转移数 $n$。

有的测量数据间的函数关系不符合线性关系，可经线性转换后变成线性函数。如反应速率常数 $k$ 与活化能 $E_a$ 的关系为 $k=Ae^{-\frac{E_a}{RT}}$，取对数后为 $\lg k=\lg A-\frac{E_a}{2.303RT}$，由直线斜率可以求得反应的活化能 $E_a$。

b. 求外推值。对于一些不能或不易直接测定的数据，在适当的条件下，可用作图外推法取得。外推法就是将测量数据间的函数关系外推至测量范围以外，以求得测量以外的数值。外推范围不能与测定的范围相距太远，且在此范围内被测变量间的函数关系应呈线性，或可认为是线性。外推值与已有的正确经验不能相抵触。如测定化学反应的反应热，两种溶液刚混合时的最高温度不易直接测得，但可以测得混合后随时间变化的温度值，通过作温度随时间的变化曲线，外推至时间为零时的温度即为最高温度。

## 第七节　实验数据的记录和实验报告

### 一、实验数据的记录

学生要有专门的实验报告本，标上页数，不得撕去任何一页。实验数据应按要求记在实验记录本或实验报告本上。绝不允许将数据记在单页纸上、小纸片上，或随意记在其他地方。

实验过程中的各种测量数据及有关现象，应及时准确而清楚地记录下来，记录实验数据时，要有严谨的科学态度，要实事求是，切忌夹杂主观因素，绝不能随意拼凑和伪造数据。

实验过程中涉及的各种特殊仪器的型号和标准溶液浓度等，也应及时准确地记录下来。记录实验数据时，应注意其有效数字的位数。用分析天平时，要求记录至 0.0001g；滴定管及移液管的读数，应记录至 0.01mL；用分光光度计测量溶液的吸光度时，如吸光度在 0.6 以下，读数应记录至 0.001，大于 0.6 时，则要求读数记录至 0.01。

实验中的每一个数据都是测量结果，所以，重复测量时，即使数据完全相同，也应记录下来。在实验过程中，如果发现数据算错、测错或读错而需要改动时，可将数据用一横线划去，并在其上方写出正确的数字。

### 二、实验报告

实验完毕后，要及时而认真地写出实验报告。并在离开实验室前或指定时间交给老师。实验报告一般包括以下内容。

① 实验名称和日期。

② 实验目的。

③ 方法原理：简要地用文字和化学反应说明。

④ 实验步骤：简明扼要地写出实验步骤。

⑤ 实验记录。

⑥ 实验数据处理：应用文字、表格、图形将数据表示出来，根据实验要求计算出分析结果、实验误差大小。

⑦ 问题讨论：对实验教材中的思考题和实验中观察到的现象，以及产生误差的原因应进行讨论及分析，以提高自己分析问题和解决问题的能力。

实验报告示例

上述各项内容的繁简取舍，应根据各个实验的具体情况而定，以清楚、简练、整齐为原则。实验报告中的有些内容，如原理、表格、计算公式等，要求在实验预习时准备好，其他内容则可在实验过程中以及实验完成后填写、计算和撰写。

实验报告示例如下。

## 无机化学实验基本理论及常数测定实验报告

实验名称：实验一 摩尔气体常数的测定 室温______ 气压______

姓名______ 班级______ 组______ 实验室______ 指导老师______ 日期______

一、实验目的

二、实验原理（简述）

三、实验装置图（要画上）

四、实验步骤（准确而重点突出）

五、数据记录和结果处理

**表 1 摩尔气体常数实验记录**

| 数据记录 | 第一次实验 | 第二次实验 | 第三次实验 |
|---|---|---|---|
| 镁条质量/g $(m)$ | | | |
| 反应前量气管液面读数/mL $(V_1)$ | | | |
| 反应后量气管液面读数/mL $(V_2)$ | | | |
| 室温/℃ $(T)$ | | | |
| 大气压/Pa $(p)$ | | | |
| 室温时水的饱和蒸气压/Pa $[p(H_2O)]$ | | | |

**表 2 摩尔气体常数实验数据处理结果**

| 数据处理 | 第一次实验 | 第二次实验 | 第三次实验 |
|---|---|---|---|
| 氢气的分压/Pa $p(H_2)=p-p(H_2O)$ | | | |
| 氢气的物质的量/mol $n(H_2)$ | | | |
| 摩尔气体常数 $R$ 的数值 $R=\frac{p(H_2)V(H_2)}{n(H_2)T}$ | | | |
| 相对误差/% $\frac{\lvert R_{通用值}-R_{实验值}\rvert}{R_{通用值}}\times 100\%$ | | | |

六、问题和讨论（必须有）

# 无机化学实验化合物的提纯与制备实验报告模板

实验名称：　实验二十　氯化钠的提纯＿＿＿＿＿＿＿＿室温＿＿＿＿＿气压＿＿＿＿＿

姓名＿＿＿＿＿班级＿＿＿＿＿组＿＿＿＿＿实验室＿＿＿＿＿指导老师＿＿＿＿＿日期＿＿＿＿＿

一、实验目的

二、实验原理(简述)

三、实验简单流程(记下主要现象和反应式)

称取 5g 粗食盐于小烧杯中 → 加入约 30mL 水，加热搅拌，溶解 → 趁热过滤 → 滤液加热煮沸 →

逐滴加入 $1mol \cdot L^{-1}$ $BaCl_2$ 溶液 → $BaSO_4$ 沉淀完全后继续加热 → 过滤留滤液 → 加入 1mL $2mol \cdot L^{-1}$ NaOH 溶液和 3mL $2mol \cdot L^{-1}$ $Na_2CO_3$ 溶液 →

加热使 $Ca^{2+}$、$Mg^{2+}$、$Ba^{2+}$ 沉淀完全 → 趁热过滤保留滤液 → 加 $2mol \cdot L^{-1}$ HCl 溶液调节溶液 $pH=4\sim5$ → 蒸发 →

结晶 → 减压过滤 → 称量 → 计算收率

四、实验结果

产品外观：

产量：

产率：

五、问题和讨论(必须有)

# 无机化学实验元素与化合物性质实验报告模版

实验名称：＿实验十八　铬锰铁钴镍＿＿＿＿＿＿＿＿室温＿＿＿＿＿气压＿＿＿＿＿

姓名＿＿＿＿＿班级＿＿＿＿＿组＿＿＿＿＿实验室＿＿＿＿＿指导老师＿＿＿＿＿日期＿＿＿＿＿

一、实验目的

二、实验原理(简述)

三、实验内容

| 实验步骤 | 实验现象 | 解释和反应方程式 |
| --- | --- | --- |
| ⋮<br>3. $CrO_4^{2-}$ 和 $Cr_2O_7^{2-}$ 的相互转化<br>⋮ | | |
| 4. $Cr_2O_7^{2-}$、$MnO_4^-$、$Fe^{3+}$ 的氧化性与 $Fe^{2+}$ 的还原性<br>⋮<br>②0.01mol·L$^{-1}$ $KMnO_4$ + 2mol·L$^{-1}$ $H_2SO_4$ + 0.1mol·L$^{-1}$ $FeSO_4$<br>③0.1mol·L$^{-1}$ $FeCl_3$ + 0.1mol·L$^{-1}$ $SnCl_2$<br>④0.01mol·L$^{-1}$ $KMnO_4$ + 0.5mol·L$^{-1}$ $MnSO_4$<br>⑤ 0.01mol·L$^{-1}$ $KMnO_4$ + 40% NaOH + $MnO_2$(s)，加热 | 黄色溶液<br>绿色溶液<br>黑色沉淀<br>深蓝色溶液 | $2KMnO_4 + 10FeSO_4 + 8H_2SO_4 = K_2SO_4 + 2MnSO_4 + 5Fe_2(SO_4)_3$(黄色)$+ 8H_2O$<br>$2FeCl_3 + SnCl_2 = 2FeCl_2$(绿色)$+ SnCl_4$<br>$2KMnO_4 + 3MnSO_4 + 2H_2O = 5MnO_2(s)$(黑色)$+ K_2SO_4 + 2H_2SO_4$<br>$2KMnO_4 + MnO_2(s) + 4NaOH = K_2MnO_4$(深蓝色)$+ 2Na_2MnO_4 + 2H_2O$ |
| 5. 铬、锰、铁、钴、镍的硫化物的性质<br>⋮ | | |
| | | |

四、实验结论

五、问题和讨论(必须有)

# 第二章　基本理论及常数测定实验

## 实验一　摩尔气体常数的测定

**【实验目的】**

1. 了解分析天平的基本构造、性能及使用规则。

2. 练习测量气体体积的操作和大气压力计的使用。

3. 掌握理想气体状态方程和分压定律的应用。

**【预习与思考】**

1. 检查实验装置是否漏气的原理是什么？

2. 在读取量气管中水面的读数时，为什么要使漏斗中的水面与量气管中的水面相平？

3. 造成本实验误差的原因是什么？哪几步是关键操作？

4. 讨论下列情况对实验结果有何影响：①反应过程中实验装置漏气；②镁片表面有氧化膜；③反应过程中，如果从量气管中压入漏斗的水过多而使水从漏斗中溢出。

**【基本原理】**

由理想气体状态方程 $pV=nRT$，可知摩尔气体常数 $R=\frac{pV}{nT}$。因此对一定量的气体，若在一定温度、压力条件下测出其体积就可求出 $R$，本实验是根据测定金属镁与盐酸反应产生的氢气的体积来确定 $R$ 的数值。其反应方程式为：

$$Mg(s)+2HCl \xlongequal{} MgCl_2(aq)+H_2(g)$$

准确称取一定质量（$m_{Mg}$）的金属镁片与过量的 HCl 反应，在一定的温度与压力条件下，测出被置换的湿氢气的体积 $V(H_2)$，而氢气的物质的量可由镁片的质量算出。实验时的温度和压力可以分别由温度计和大气压力计测得。由于氢气是采用排水集气法收集的，氢气中混有水蒸气，若查出实验温度下水的饱和蒸气压，就可由分压定律算出氢气的分压：

$$p(H_2)=p-p(H_2O)$$

将以上各项数据代入理想气体状态方程中，就可利用公式 $R=\frac{pV}{nT}$求出 $R$。

本实验也可选用铝或锌与盐酸反应来测定 $R$ 值。

**【实验用品】**

仪器：量气管（或 50mL 碱式滴定管），大试管，漏斗，乳胶管，铁架台，砂纸。

药品：$HCl(6mol \cdot L^{-1})$，镁条。

**【实验步骤】**

**1. 试样的称取**

准确称量 3 片已擦去表面氧化膜的镁条，每份质量为 0.0200～0.0400g。

如果用铝片，则每份称取 0.0200～0.0300g。

如果用锌片，则每份称取 0.0800～0.1000g。

**2. 仪器的安装**

按图 2-1 所示装好仪器。打开试管的塞子由漏斗往量气管内装水至略低于刻度“0”，上下移动漏斗以赶净乳胶管和量气管气壁上的气泡，然后固定漏斗。

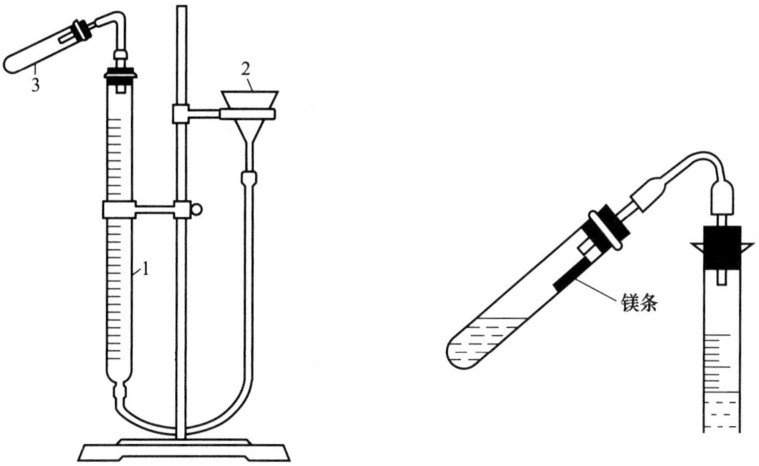


图 2-1　摩尔气体常数测定装置

1—量气管；2—漏斗；3—试管

**3. 检查装置是否漏气**

塞紧试管的橡皮塞，将漏斗向下（或向上）移动一段距离，使漏斗中水面低于（或高于）量气管中的水面。若量气管中的水面始终不停移动至与漏斗内液面相平，则表示装置漏气，应检查各连接处是否接好，重复操作直至不漏气为止。

**4. 测定**

取下试管，调整漏斗高度，使量气管水面略低于刻度 0。小心向试管中加入 3mL 6mol·$L^{-1}$ HCl 溶液，注意不要使盐酸沾湿试管壁。将已称量的金属片沾少许水，贴在试管内壁上（勿与酸接触）。固定试管，塞紧橡皮塞，再次检漏。

调整漏斗位置，使量气管内水面与漏斗内水面保持在同一水平面，准确读出量气管内液面的位置 $V_1$。

轻轻振荡试管，使镁条落入 HCl 溶液中，镁条与 HCl 反应放出 $H_2$，此时量气管内水面开始下降。为了避免量气管中压力过大而造成漏气，在量气管内水平面下降的同时，慢慢下移漏斗，使漏斗中的水面和量气管中的液面基本保持相同水平，反应停止后，固定漏斗。待试管冷却至室温（5～10min），再次移动漏斗，使其水面与量气管水面相平，读出反应后量气管内水面的精确读数 $V_2$。

记录实验时的室温 $t$ 与大气压 $p$。

从附录五中查出室温时水的饱和蒸气压 $p(H_2O)$。

用另外两个镁条重复上述操作。

**【数据记录和结果处理】**

见表 2-1 和表 2-2。

温度计的使用

**表 2-1 摩尔气体常数实验记录**

| 数据记录 | | 第一次实验 | 第二次实验 | 第三次实验 |
|---|---|---|---|---|
| 镁条质量/g | ($m$) | | | |
| 反应前量气管液面读数/mL | ($V_1$) | | | |
| 反应后量气管液面读数/mL | ($V_2$) | | | |
| 室温/℃ | ($T$) | | | |
| 大气压/Pa | ($p$) | | | |
| 室温时水的饱和蒸气压/Pa | [$p(H_2O)$] | | | |

**表 2-2 摩尔气体常数实验数据处理结果**

| 数据处理 | | 第一次实验 | 第二次实验 | 第三次实验 |
|---|---|---|---|---|
| 氢气的分压/Pa | $p(H_2)=p-p(H_2O)$ | | | |
| 氢气的物质的量/mol | $n(H_2)$ | | | |
| 摩尔气体常数 $R$ 的数值 | $R=\dfrac{p(H_2)V(H_2)}{n(H_2)T}$ | | | |
| 相对误差/% | $\dfrac{\lvert R_{通用值}-R_{实验值}\rvert}{R_{通用值}}\times100\%$ | | | |

# 实验二 氯化铵生成焓的测定

**【实验目的】**

1. 学习用量热计测定物质生成焓的简单方法。

2. 加深对有关热化学基本知识的理解。

**【预习与思考】**

1. 实验产生误差的可能原因是什么?

2. 为什么放热反应的温度-时间曲线的后半段逐渐下降，而吸热反应则相反?

3. $NH_3$(aq) 与 HCl(aq) 反应的中和热和 $NH_4Cl$(s) 的溶解热之差，是哪一个反应的热效应?

4. 如果实验中有少量 HCl 溶液或 $NH_4Cl$ 固体黏附在量热计器壁上，对实验结果有何影响?

**【基本原理】**

化学反应中常伴随有能量的变化。一个恒温化学反应所吸收或放出的热量称为该反应的热效应。一般把恒温恒压下的热效应又称为焓变（$\Delta H$）。同一个化学反应，若反应温度或压力不同，则热效应也不一样。在温度 $T$ 下，由参考状态的单质生成物质 B($\nu_B=+1$) 反应的标准摩尔焓变称为物质 B 的标准摩尔生成焓。标准摩尔生成焓可以通过测定有关反应的焓变并应用 Hess 定律间接求得。本实验用量热计分别测定 $NH_4Cl$(s) 的溶解热和 $NH_3$(aq)与 HCl(aq) 反应的中和热，再利用 $NH_3$(aq) 与 HCl(aq) 的标准摩尔生成焓数据，通过 Hess 定律计算出 $NH_4Cl$(s) 的标准摩尔生成焓。

量热计是用来测定反应热的装置。本实验采用保温杯式简易量热计（见图 2-2）测定反应热。化学反应在量热计中进行时，放出(或吸收）的热量会引起量热计和反应物质的温度升高（或降低）。对于放热反应:

$$\Delta_r H=-(mc\Delta T+C_p\Delta T)$$

式中，$\Delta_r H$ 为反应热，J；$m$ 为物质的质量，g；$c$ 为物质的比热容，$J\cdot g^{-1}\cdot K^{-1}$；$\Delta T$ 为反应终了温度与起始温度之差，K；$C_p$ 为量热计的热容，$J\cdot K^{-1}$。

由于反应后的温度需要一段时间才能升到最高值，而实验所用简易量热计不是严格的绝热系统，在这段时间，量热计不可避免地会与周围环境发生热交换。为了校正由此带来的温度偏差，需用图解法确定系统温度变化的最大值，即以测得的温度为纵坐标，时间为横坐标绘图（见图 2-3)，按虚线外推到开始混合的时间（$t=0$)，求出温度变化最大值（$\Delta T$)，这个外推的 $\Delta T$ 值能较客观地反映出由反应热所引起的真实温度变化。

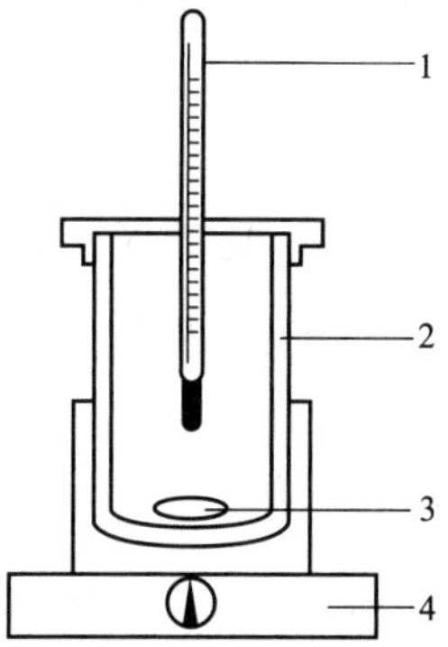


图 2-2 量热计示意图

1—温度计；2—保温杯；3—磁搅拌子；4—电磁搅拌器

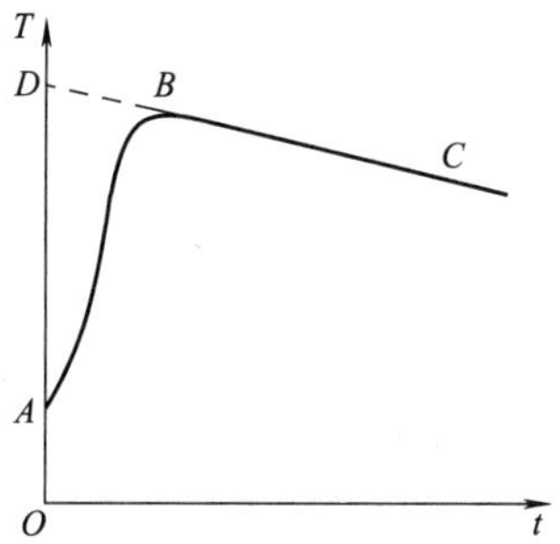


图 2-3 温度-时间曲线

量热计的热容是使量热计温度升高 1K 所需要的热量。确定量热计热容的方法是：在量热计中加入一定质量 $m$（如 50g）、温度 $T_1$ 的冷水，再加入相同质量温度为 $T_2$ 的热水，测定混合后水的最高温度 $T_3$。已知水的比热容为 $4.184\text{J}\cdot\text{g}^{-1}\cdot\text{K}^{-1}$，设量热计的热容为 $C_\text{p}$，则：

$$\text{热水失热}=4.184m(T_2-T_3)$$

$$\text{冷水得热}=4.184m(T_3-T_1)$$

$$\text{量热计得热}=C_\text{p}(T_3-T_1)$$

因为热水失热与冷水得热之差等于量热计得热，所以，量热计的热容为：

$$C_\text{p}=\frac{4.184m[(T_2-T_3)-(T_3-T_1)]}{T_3-T_1}$$

**【实验用品】**

仪器：保温杯，0.1K 温度计，电磁搅拌器，台秤，秒表，烧杯（100mL），量筒（100mL）。

药品：$HCl(1.5\text{mol}\cdot\text{L}^{-1})$，$NH_3\cdot H_2O(1.5\text{mol}\cdot\text{L}^{-1})$，$NH_4Cl(s)$。

**【实验步骤】**

**1. 量热计热容的测定**

① 用量筒量取 50.0mL 去离子水，倒入量热计中，盖好杯盖后开动电磁搅拌器缓慢地搅拌，待系统达到热平衡后（约 5～10min），记录温度 $T_1$（精确到 0.1K）。

磁力搅拌器的使用

② 在 100mL 烧杯中加入 50.0mL 去离子水，加热到高于 $T_1$ 30K 左右，静置 1～2min，待热水系统温度均匀时，迅速测量温度 $T_2$（精确到 0.1K），尽快将热水倒入量热计中，盖好杯盖后开动电磁搅拌器缓慢地搅拌，并立即计时和记录水温。每隔 30s 记录一次温度，直至温度上升到最高点，再继续测定 3min。

③ 将上述实验重复一次，取两次实验所得结果的平均值，作温度-时间图，用外推法求最高温度 $T_3$，并计算量热计的热容 $C_\text{p}$。

**2. 盐酸与氨水的中和热及氯化铵溶解热的测定**

① 用量筒量取 50.0mL $1.5\text{mol}\cdot\text{L}^{-1}$ HCl 溶液，倒入烧杯中备用。洗净量筒，再量取 50.0mL $1.5\text{mol}\cdot\text{L}^{-1}NH_3\cdot H_2O$，倒入量热计中，在酸碱混合前，先记录氨水的温度 5min（间隔 30s，温度精确到 0.1K，以下相同）。将烧杯中的盐酸加入量热计，立刻盖上保温杯顶盖，测量并记录温度-时间数据，同时开动电磁搅拌器缓慢地搅拌，直至温度上升到最高点，再继续测量 3min。依据温度-时间数据作图，用外推法求 $\Delta T$。

② 称取 4.0g $NH_4Cl(s)$ 备用。量取 100mL 去离子水，倒入量热计中，测量并记录水温 5min。然后加入 $NH_4Cl(s)$ 并立刻盖上保温杯顶盖，测量并记录温度-时间数据，同时开动电磁搅拌器缓慢地搅拌，促使固体溶解，直至温度下降到最低点，再继续测量 3min。最后依据温度-时间数据作图，用外推法求 $\Delta T$。

注：保温杯盖和隔热材料，可采用聚氨酯泡沫塑料或聚苯乙烯塑料。

**【数据记录和结果处理】**

实验中的 $NH_4Cl$ 溶液浓度很小，为作近似处理可以假定：①溶液的体积为 100mL；②中和反应热只能使水和量热计的温度升高；③$NH_4Cl(s)$ 溶解时吸热，只能使水和量热计的温度下降。

由相应的温差（$\Delta T$）和水的质量（$m$）、比热容（$c$）及量热计的热容（$C_p$），即可分别计算出盐酸与氨水的中和反应热和氯化铵的溶解热。

已知 $NH_3$(aq) 和 HCl(aq) 的标准摩尔生成焓分别为 $-80.29kJ\cdot mol^{-1}$ 和 $-167.159 kJ\cdot mol^{-1}$，根据 Hess 定律计算 $NH_4Cl$(s) 的标准摩尔生成焓，并对照附录中的数据计算实验误差（如操作与计算正确，所得结果的误差可小于 3%）。

# 实验三　化学反应速率和活化能的测定

**【实验目的】**

1. 测定化学反应速率，求反应级数、反应速率常数和活化能。
2. 掌握浓度、温度、催化剂对化学反应速率的影响。

**【预习与思考】**

1. 影响化学反应速率的因素有哪些？它们是如何影响的？
2. 在实验中，向碘化钾、淀粉、硫代硫酸钠混合溶液中加入 $(NH_4)_2S_2O_8$ 时，为什么必须迅速倒入？为什么必须是 $(NH_4)_2S_2O_8$ 最后加入？
3. 实验中当蓝色出现后，反应是否终止了？
4. 取用 KI 和 $(NH_4)_2S_2O_8$ 的量筒没分开或者溶液混合后搅拌不均匀对实验结果有什么影响？
5. KI 溶液为无色透明，若变黄还能不能使用？
6. 用 $I^-$ 的浓度变化来表示该反应的速率和用 $S_2O_8^{2-}$ 的浓度变化表示的 $v$ 和 $k$ 是否相同？

**【基本原理】**

**1. 浓度对化学反应速率的影响**

在水溶液中过二硫酸铵与碘化钾发生如下反应：

$$(NH_4)_2S_2O_8+3KI \xlongequal{} (NH_4)_2SO_4+K_2SO_4+KI_3$$

离子反应方程式为：

$$S_2O_8^{2-}+3I^- \xlongequal{} 2SO_4^{2-}+I_3^- \tag{1}$$

此反应的反应速率 $v$ 与反应物浓度的关系可用下式表示：

$$v=-\frac{\Delta[S_2O_8^{2-}]}{\Delta t}=k[S_2O_8^{2-}]^{\alpha}\cdot[I^-]^{\beta}$$

式中，$\Delta[S_2O_8^{2-}]$ 为 $S_2O_8^{2-}$ 在 $\Delta t$ 时间内摩尔浓度的改变值，$[S_2O_8^{2-}]$、$[I^-]$ 分别为两种离子测定时的摩尔浓度，$k$ 为反应速率常数。

为了能够测出在一定时间（$\Delta t$）内 $S_2O_8^{2-}$ 浓度的改变量，先向 KI 溶液中加入一定体积的已知浓度并含有淀粉指示剂的 $Na_2S_2O_3$ 溶液，然后与 $(NH_4)_2S_2O_8$ 溶液混合。这样在反应（1）进行的同时，也发生如下反应：

$$2S_2O_3^{2-}+I_3^- \xlongequal{} S_4O_6^{2-}+3I^- \tag{2}$$

反应（2）进行得非常快，几乎瞬间就完成了。而反应（1）却慢得多，由反应（1）生成的 $I_3^-$ 或 $I_2$（$I_3^-$ 即 $I_2\cdot I^-$）立刻与 $S_2O_3^{2-}$ 作用，生成了无色的 $S_4O_6^{2-}$ 和 $I^-$。因此在开始一段时间内，看不到碘与淀粉作用所显示的特有的蓝色。但一旦 $Na_2S_2O_3$ 耗尽，由反应（1）继续生成的微量碘，就很快与淀粉作用，使溶液显出蓝色。从反应（1）和（2）的关系可以看出，$S_2O_8^{2-}$ 浓度减少的量等于 $S_2O_3^{2-}$ 减少量的一半，即

$$[S_2O_8^{2-}]=\frac{\Delta[S_2O_3^{2-}]}{2}$$

由于在 $\Delta t$ 时间内 $S_2O_3^{2-}$ 全部耗尽，所以 $\Delta[S_2O_3^{2-}]$ 实际上可认为是 $Na_2S_2O_3$ 的起始（测定）浓度。这样，只要记下从反应开始到出现蓝色所需时间 $\Delta t$ 就可算出反应速率：

$$v=-\frac{\Delta[S_2O_8^{2-}]}{\Delta t}=\frac{[Na_2S_2O_3]}{2\Delta t}$$

本反应速率方程式的 $\alpha$、$\beta$ 数值可由实验测得的反应速率按照初始速率法求出，进而求出总反应级数，再由 $k=\frac{v}{[S_2O_8^{2-}]^{\alpha}\cdot[I^-]^{\beta}}$ 求出反应速率系数 $k$。

**2. 温度对化学反应速率的影响**

温度升高，化学反应速率增大，反应所需时间 $\Delta t$ 减少。由 Arrhenius 方程可得 $\lg k=A-\frac{E_a}{2.303RT}$，求出不同温度时的反应速率常数后，用 $\lg k$ 对 $\frac{1}{T}$ 作图可得一直线，由直线斜率可求得反应的活化能 $E_a$。

**3. 催化剂对化学反应速率的影响**

催化剂能使化学反应速率增大，反应所需时间 $\Delta t$ 减少。$Cu(NO_3)_2$ 可用作 $(NH_4)_2S_2O_8$ 与 KI 反应的催化剂。

**【实验用品】**

仪器：恒温水浴锅，烧杯（50mL，干燥）8 只，量筒（10mL 4 只，50mL 2 只），玻璃棒或者电磁搅拌器。

药品：KI（0.2mol·$L^{-1}$），$(NH_4)_2S_2O_8$（0.2mol·$L^{-1}$），$Na_2S_2O_3$（0.05mol·$L^{-1}$），$KNO_3$（0.2mol·$L^{-1}$），$(NH_4)_2SO_4$（0.2mol·$L^{-1}$），$Cu(NO_3)_2$（0.02mol·$L^{-1}$），淀粉溶液（0.2%）。

其他：坐标纸，秒表。

**【实验步骤】**

**1. 浓度对化学反应速率的影响**

将 5 只干燥的 50mL 烧杯编成 1～5 号。

在室温下，用量筒分别量取 10mL 0.20mol·$L^{-1}$ KI 溶液、1mL 0.2%淀粉溶液、3mL 0.05mol·$L^{-1}$ $Na_2S_2O_3$ 溶液，倒入标号为 1 号的 50mL 烧杯中，用玻璃棒搅拌或放到电磁搅拌器上搅拌，然后用另一支量筒再准确量取 10mL 0.20mol·$L^{-1}$ $(NH_4)_2S_2O_8$ 溶液，迅速倒入烧杯中，立即计时。到溶液刚出现蓝色时，立即停止计时，将反应时间记录在表 2-3 中。

用上述方法按照表 2-3 中实验标号 2～5 的试剂用量进行实验，为使每次实验中的溶液离子强度和总体积不变，不足的量分别用 $KNO_3$（0.2mol·$L^{-1}$）和 $(NH_4)_2SO_4$（0.2mol·$L^{-1}$）溶液补足。

**表 2-3　浓度对化学反应速率的影响**

| 实验序号 | 1 | 2 | 3 | 4 | 5 |
|---|---|---|---|---|---|
| KI/mL | 10 | 10 | 10 | 5 | 2.5 |
| $(NH_4)_2S_2O_8$/mL | 10 | 5 | 2.5 | 10 | 10 |
| $Na_2S_2O_3$/mL | 3 | 3 | 3 | 3 | 3 |
| 淀粉溶液/mL | 1 | 1 | 1 | 1 | 1 |
| $KNO_3$/mL | | | | 5 | 7.5 |
| $(NH_4)_2SO_4$/mL | | 5 | 7.5 | | |
| 反应时间/s | | | | | |

**2. 温度对化学反应速率的影响**

按表 2-3 中实验序号 1 的用量，向 6 号烧杯中加入 KI 溶液、0.2%淀粉、$Na_2S_2O_3$ 溶液。向另一支试管中加入 $(NH_4)_2S_2O_8$ 溶液，同时放入比室温高 10℃的恒温水浴锅中，待烧杯和试管中溶液温度均比室温高10℃时，将小试管中的$(NH_4)_2S_2O_8$溶液迅速倒入烧杯中，立即记录时间，不断搅拌，到溶液开始出现蓝色时，立即停表，同时记录温度。

在高于室温20℃、30℃的温度条件下重复上述实验，将所得结果填入表2-4中。

**表2-4 温度对化学反应速率的影响**

| 实验序号 | 1 | 6 | 7 | 8 |
|---|---|---|---|---|
| 反应温度/℃ | | | | |
| 反应时间/s | | | | |

### 3. 催化剂对化学反应速率的影响

按照表2-3中序号1的用量，在混合液中加1滴、5滴、10滴$0.02mol \cdot L^{-1} Cu(NO_3)_2$溶液，混匀，然后迅速加入$(NH_4)_2S_2O_8$溶液，记录反应时间于表2-5中。与实验标号1的结果比较，作出结论。

**表2-5 催化剂对化学反应速率的影响**

| 实验序号 | 1 | 9 | 10 | 11 |
|---|---|---|---|---|
| 加入$0.02mol \cdot L^{-1}$ $Cu(NO_3)_2$溶液的滴数 | | | | |
| 反应时间/s | | | | |

## 【数据记录和结果处理】

### 1. 求反应速率常数 $k$

见表2-6。

**表2-6 实验数据处理**

| 实验序号 | 1 | 2 | 3 | 4 | 5 |
|---|---|---|---|---|---|
| $-\Delta[S_2O_3^{2-}]/mol \cdot L^{-1}$ | | | | | |
| $-\Delta[S_2O_8^{2-}]/mol \cdot L^{-1}$ | | | | | |
| 反应时间$\Delta t$ | | | | | |
| 反应速率$v$ | | | | | |
| $[I^-]/mol \cdot L^{-1}$ | | | | | |
| $[S_2O_8^{2-}]/mol \cdot L^{-1}$ | | | | | |
| 反应级数 | $\alpha=$ | | | $\beta=$ | |
| 反应速率常数$k$ | | | | | |
| $k$平均值 | | | | | |

### 2. 求反应活化能

见表2-7。

**表2-7 实验数据处理**

| 实验序号 | 1 | 6 | 7 | 8 |
|---|---|---|---|---|
| 反应温度/K | | | | |
| $(\frac{1}{T}) \times 10^3$ | | | | |
| 不同温度下的反应速率常数$k$ | | | | |
| 活化能$E_a$ | | | | |

**3. 催化剂对化学反应速率的影响**

见表2-8。

**表2-8　实验数据处理**

| 实 验 序 号 | 1 | 9 | 10 | 11 |
|---|---|---|---|---|
| 加入 0.02mol·$L^{-1}$ $Cu(NO_3)_2$ 溶液的滴数 | | | | |
| 反应速率 $v$ | | | | |

# 实验四　化学平衡常数的测定

**【实验目的】**

1. 了解比色法测定化学平衡常数的方法。

2. 学习分光光度计的使用方法。

**【预习与思考】**

1. 配制溶液时，试剂用量应用吸量管量取，为什么各支吸量管应严格区分，不得混用？

2. 在配制 $Fe^{3+}$ 溶液时，用纯水和用 $HNO_3$ 溶液来配有何不同？本实验中 $Fe^{3+}$ 溶液为何要维持较强的酸性？

3. 如何正确使用分光光度计？

4. 为什么计算所得的 $K_c$ 为近似值？怎样求得精确的 $K_c$？

**【基本原理】**

有色物质溶液颜色的深浅与浓度有关，浓度越大，颜色越深。因而可通过比较溶液颜色的深浅来测定溶液中该种有色物质的浓度，这种测定方法叫做比色分析法。用分光光度计进行比色分析的方法称为分光光度法。分光光度法原理参见本书第一章“分光光度计”一节。

若同一种有色物质的两种不同浓度的溶液厚度相同，则可得：

$$\frac{A_1}{A_2}=\frac{c_1}{c_2},\ c_2=\frac{A_2}{A_1}c_1$$

如果已知标准溶液中有色物质的浓度为 $c_1$，并测得标准溶液的吸光度为 $A_1$，未知溶液的吸光度为 $A_2$，则从上式就可求出未知溶液中有色物质的浓度 $c_2$。

本实验通过分光光度法测定下列化学反应的平衡常数。

$$Fe^{3+}+HNCS \rightleftharpoons [Fe(NCS)]^{2+}+H^+$$

$$K_c=\frac{c[Fe(NCS)^{2+}]\cdot c(H^+)}{c(Fe^{3+})\cdot c(HNCS)}$$

由于反应中 $Fe^{3+}$、HNCS 和 $H^+$ 都是无色的，而 $[Fe(NCS)]^{2+}$ 呈红色，所以平衡时溶液中 $[Fe(NCS)]^{2+}$ 的浓度可以用已知浓度的 $[Fe(NCS)]^{2+}$ 标准溶液通过比色测得。然后根据反应方程式和 $Fe^{3+}$、HNCS、$H^+$ 的初始浓度，求出平衡时各物质的浓度，即可根据上式算出化学平衡常数 $K_c$。

在本实验中，已知浓度 $[Fe(NCS)]^{2+}$ 标准溶液可以根据下面的假设配制：当 $c(Fe^{3+})\gg c(HNCS)$ 时，反应中 HNCS 可以假设全部转化为 $[Fe(NCS)]^{2+}$。因此 $[Fe(NCS)]^{2+}$ 的标准浓度就是所用 HNCS 的初始浓度。实验中作为标准溶液的初始浓度为：

$$c(Fe^{3+})=0.200mol\cdot L^{-1},c(HNCS)=0.000200mol\cdot L^{-1}$$

由于 $Fe^{3+}$ 的水解会产生一系列有色离子，例如棕色的 $[Fe(OH)]^{2+}$，因此溶液必须保持较大的 $c(H^+)$ 以阻止 $Fe^{3+}$ 的水解。较大的 $c(H^+)$ 还可以使 HNCS 基本上保持未电离状态。本实验中的溶液用 $HNO_3$ 保持 $c(H^+)=0.5mol\cdot L^{-1}$。

**【实验用品】**

仪器：分光光度计，吸量管（10mL）4 支，烧杯（50mL，洁净、干燥）5 只，洗耳球。

药品：$Fe^{3+}$ 溶液 [$0.200mol\cdot L^{-1}$，$0.00200mol\cdot L^{-1}$；用 $Fe(NO_3)_3\cdot 9H_2O$ 溶液在 $1mol\cdot L^{-1}$ $HNO_3$ 中配成，$HNO_3$ 的浓度必须标定]，KNCS($0.00200mol\cdot L^{-1}$)。

【实验步骤】

**1. $[Fe(NCS)]^{2+}$标准溶液的配制**

在洁净干燥的1号烧杯中加入10.0mL 0.200mol·$L^{-1}$ $Fe^{3+}$溶液（用1mol·$L^{-1}$ $HNO_3$溶液配制）、2.00mL 0.00200mol·$L^{-1}$ KNCS溶液和8.00mL $H_2O$，得到$[Fe(NCS)]^{2+}$浓度为0.0002mol·$L^{-1}$的溶液。

**2. 待测溶液的配制**

见表2-9。

**表2-9　化学平衡常数测定的待测溶液**

| 烧杯编号 | $c(Fe^{3+})=0.00200mol\cdot L^{-1}$ | $c(KNCS)=0.00200mol\cdot L^{-1}$ | $H_2O$ |
|---|---|---|---|
| 2 | 5.00mL | 5.00mL | 0.00mL |
| 3 | 5.00mL | 4.00mL | 1.00mL |
| 4 | 5.00mL | 3.00mL | 2.00mL |
| 5 | 5.00mL | 2.00mL | 3.00mL |

在2～5号洁净干燥的烧杯中分别按表2-9中的剂量配制待测溶液，混合均匀。

**3. 比色**

用分光光度计，在波长447nm下，以蒸馏水作参比溶液，测定1～5号待测溶液的吸光度。

【数据记录和处理】

将溶液的吸光度、初始浓度、计算得到的各平衡浓度和$K_c$值记录在表2-10中。

**表2-10　化学平衡常数测定实验数据及结果处理**

| 烧杯编号 | | 1 | 2 | 3 | 4 | 5 |
|---|---|---|---|---|---|---|
| 吸光度$A$ | | | | | | |
| 初始浓度/mol·$L^{-1}$ | $c_{起始}(Fe^{3+})$ | | | | | |
| | $c_{起始}(KNCS)$ | | | | | |
| 平衡浓度/mol·$L^{-1}$ | $c_{平衡}(H^+)$ | | | | | |
| | $c_{平衡}\{[Fe(NCS)]^{2+}\}$ | | | | | |
| | $c_{平衡}(HNCS)$ | | | | | |
| | $c_{平衡}(Fe^{3+})$ | | | | | |
| $K_c$ | | | | | | |
| $K_c$平均值 | | | | | | |

由下列式子计算各物质的平衡浓度和平衡常数。

$$c_{平衡}(H^+)=\frac{1}{2}c_{平衡}(HNO_3)$$

$$c_{平衡}\{[Fe(NCS)]^{2+}\}=\frac{A_2}{A_1}c_{标准}\{[Fe(NCS)]^{2+}\}$$

$$c_{平衡}(HNCS)=c_{起始}(HNCS)-c_{平衡}\{[Fe(NCS)]^{2+}\}$$

$$c_{平衡}(Fe^{3+})=c_{起始}(Fe^{3+})-c_{平衡}\{[Fe(NCS)]^{2+}\}$$

将上面求得的各平衡浓度代入平衡常数的表达式中，求出：

$$K_c=\frac{c\{[Fe(NCS)]^{2+}\}c(H^+)}{c(Fe^{3+})c(HNCS)}$$

# 实验五　酸碱反应与缓冲溶液

**【实验目的】**

1. 进一步理解和巩固酸碱反应的有关概念和原理（如同离子效应和盐类的水解及其影响因素）。

2. 学习缓冲溶液的配制及其 pH 的测定，了解缓冲溶液的缓冲性能。

3. 学习酸度计的使用方法。

**【预习与思考】**

1. 如何配制 $SnCl_2$ 溶液、$SbCl_3$ 溶液和 $Bi(NO_3)_3$ 溶液？写出它们水解反应的离子方程式。

2. 缓冲溶液的 pH 由哪些因素决定？其主要的决定因素是什么？

3. $NaHCO_3$ 溶液是否具有缓冲作用，为什么？

4. 影响盐类水解的因素有哪些？

**【基本原理】**

**1. 同离子效应**

在一定温度下，弱电解质在水中部分解离，其解离平衡如下：

$$HA(aq)+H_2O(l) \rightleftharpoons H_3O^+(aq)+A^-(aq)$$

$$B(aq)+H_2O(l) \rightleftharpoons BH^+(aq)+OH^-(aq)$$

向弱电解质溶液中加入与弱电解质含有相同离子的易溶强电解质，解离平衡向生成弱电解质的方向移动，使弱电解质的解离度下降。这种现象称为同离子效应。

**2. 缓冲溶液**

能抵抗外来少量强酸、强碱或适当稀释而保持 pH 基本不变的溶液叫做缓冲溶液。缓冲溶液一般是由弱酸及其盐、弱碱及其盐、多元弱酸的酸式盐及其次级盐组成的（如 HAc-NaAc、$NH_3 \cdot H_2O$-$NH_4Cl$、$H_3PO_4$-$NaH_2PO_4$、$NaH_2PO_4$-$Na_2HPO_4$、$Na_2HPO_4$-$Na_3PO_4$ 等）。

由弱酸-弱酸盐组成的缓冲溶液的 pH 可由下列公式来计算：

$$pH=pK_a^{\ominus}(HA)-\lg\frac{c(HA)}{c(A^-)}$$

由弱碱-弱碱盐组成的缓冲溶液的 pH 可用下式来计算：

$$pH=14-pK_b^{\ominus}(BOH)+\lg\frac{c(B^+)}{c(BOH)}$$

缓冲溶液的 pH 可以用 pH 试纸或酸度计来测定。缓冲溶液的缓冲能力与组成缓冲溶液的弱酸（或弱碱）及其盐的浓度有关，当弱酸（或弱碱）与它的盐的浓度较大时，其缓冲能力较强。此外，缓冲能力还与$\frac{c(HA)}{c(A^-)}$或$\frac{c(B^+)}{c(BOH)}$有关，当比值为 1 时，缓冲能力最强。此比值通常选在 0.1～10 之间。

**3. 盐的水解**

强酸强碱盐在水中不水解。强酸弱碱盐（如 $NH_4Cl$）水解，溶液显酸性；强碱弱酸盐（如 NaAc）水解，溶液显碱性；弱酸弱碱盐（如 $NH_4Ac$）水解，溶液的酸碱性取决于相应弱酸及弱碱的相对强弱。例如：

$$Ac^-(aq)+H_2O(l) \rightleftharpoons HAc(aq)+OH^-(aq)$$

$$NH_4^+(aq)+H_2O(l)\rightleftharpoons NH_3\cdot H_2O(aq)+H^+(aq)$$

$$NH_4^+(aq)+Ac^-(aq)+H_2O(l)\rightleftharpoons NH_3\cdot H_2O(aq)+HAc(aq)$$

水解反应是酸碱中和反应的逆反应。中和反应是放热反应，水解反应是吸热反应，因此，升高温度有利于盐类的水解。

**【实验用品】**

仪器：酸度计，量筒（10mL）5只，烧杯（50mL 4只），试管，试管架，试管夹，煤气灯。

药品：HCl(0.1mol·$L^{-1}$，2mol·$L^{-1}$)，HAc(0.1mol·$L^{-1}$，1mol·$L^{-1}$)，NaOH(0.1 mol·$L^{-1}$)，$NH_3\cdot H_2O$(0.1mol·$L^{-1}$，1mol·$L^{-1}$)，NaCl(0.1mol·$L^{-1}$)，$Na_2CO_3$(0.1mol·$L^{-1}$)，$NH_4Cl$(0.1mol·$L^{-1}$，1mol·$L^{-1}$)，NaAc(1mol·$L^{-1}$)，$NH_4Ac$(s)，$BiCl_3$(0.1mol·$L^{-1}$)，$CrCl_3$(0.1mol·$L^{-1}$)，$Fe(NO_3)_3$(0.5mol·$L^{-1}$)，未知液A、B、C。

其他：pH试纸，酚酞，甲基橙。

**【实验步骤】**

**1. 同离子效应**

① 用pH试纸、酚酞试剂测定和检查0.1mol·$L^{-1}$ $NH_3\cdot H_2O$的pH及其酸碱性；再加入少量$NH_4Ac$(s)，观察现象，写出反应方程式，并简要解释之。

② 用pH试纸、甲基橙试剂测定和检查0.1mol·$L^{-1}$ HAc的pH及其酸碱性；再加入少量$NH_4Ac$(s)，观察现象，写出反应方程式，并简要解释之。

**2. 缓冲溶液**

① 按表2-11中的试剂用量配制4种缓冲溶液，并用酸度计分别测定其pH，与计算值进行比较。

**表2-11　4种缓冲溶液的pH**

| 编号 | 配制缓冲溶液 | pH计算值 | pH测定值 |
|---|---|---|---|
| 1 | 10.0mL 1mol·$L^{-1}$HAc+10.0mL 1mol·$L^{-1}$NaAc | | |
| 2 | 10.0mL 0.1mol·$L^{-1}$HAc+10.0mL 1mol·$L^{-1}$NaAc | | |
| 3 | 10.0mL 0.1mol·$L^{-1}$HAc中加入2滴酚酞，滴加0.1mol·$L^{-1}$ NaOH溶液至酚酞变红，半分钟不消失，再加入10.0mL 0.1mol·$L^{-1}$HAc | | |
| 4 | 10.0mL 1mol·$L^{-1}$$NH_3\cdot H_2O$+10.0mL 1mol·$L^{-1}$$NH_4Cl$ | | |

② 在1号缓冲溶液中加入0.5mL（约10滴）0.1mol·$L^{-1}$HCl溶液摇匀，用酸度计测其pH；再加入1mL（约20滴）0.1mol·$L^{-1}$NaOH溶液，摇匀，测定其pH，并与计算值比较。

**3. 盐类的水解**

① A、B、C是三种失去标签的盐溶液，只知它们是0.1mol·$L^{-1}$的NaCl、NaAc、$NH_4Cl$溶液，试通过测定其pH并结合理论计算确定A、B、C各为何物。

② 在常温和加热情况下试验0.5mol·$L^{-1}$$Fe(NO_3)_3$的水解情况，观察现象。

③ 在3mL $H_2O$中加1滴0.1mol·$L^{-1}$$BiCl_3$溶液，观察现象。再滴加2mol·$L^{-1}$HCl溶液，观察有何变化，写出离子反应方程式。

④ 在试管中加入2滴0.1mol·$L^{-1}$$CrCl_3$溶液和3滴0.1mol·$L^{-1}$$Na_2CO_3$溶液，观察现象，写出离子反应方程式。

# 实验六　醋酸解离常数的测定

## （一）缓冲溶液法

**【实验目的】**

1. 利用测缓冲溶液的 pH 方法测定弱酸 HAc 的 $pK_a^{\ominus}$ 值。

2. 学习移液管和容量瓶的使用方法，并练习配制溶液。

3. 学习酸度计的使用方法。

**【预习与思考】**

由测定等浓度的 HAc 和 NaAc 混合溶液的 pH 来确定 HAc 的解离常数的基本原理是什么？

**【基本原理】**

在 HAc 和 NaAc 组成的缓冲溶液中，由于同离子效应，当达到解离平衡时，$c(HAc) \approx c_0(HAc)$，$c(Ac^-) \approx c_0(NaAc)$。酸性缓冲溶液 pH 的计算公式为：

$$pH = pK_a^{\ominus}(HAc) - \lg\frac{c(HAc)}{c(Ac^-)} = pK_a^{\ominus}(HAc) - \lg\frac{c_0(HAc)}{c_0(NaAc)}$$

对于由相同浓度 HAc 和 NaAc 组成的缓冲溶液，则有：

$$pH = pK_a^{\ominus}(HAc)$$

本实验中，量取两份相同体积、相同浓度的 HAc 溶液，在其中一份中滴加 NaOH 溶液至恰好中和（以酚酞为指示剂），然后加入另一份 HAc 溶液，即得到等浓度的 HAc-NaAc 缓冲溶液，测其 pH 即可得到 $pK_a^{\ominus}(HAc)$ 及 $K_a^{\ominus}(HAc)$。

**【实验用品】**

仪器：酸度计，复合电极（玻璃电极或甘汞电极）烧杯（50mL 4 只，100mL 2 只），容量瓶（50mL 3 只），移液管（25mL），吸量管（10mL），量筒（10mL 4 只），玻璃棒，洗耳球。

药品：HAc(0.10mol·L$^{-1}$)，NaOH(0.10mol·L$^{-1}$)。

其他：酚酞（1%）。

**【实验步骤】**

用酸度计测定等浓度的 HAc 和 NaAc 混合溶液的 pH。

**1. 配制不同浓度的 HAc 溶液**

实验室备有已标编号的小烧杯和容量瓶。用 4 号烧杯盛已知准确浓度的 HAc 溶液。用吸量管（10mL）从烧杯中吸取 0.10mol·L$^{-1}$ HAc 溶液 5.00mL、10.00mL 分别放入 1 号、2 号容量瓶中，用移液管（25mL）从烧杯中吸取 25.00mL 0.10mol·L$^{-1}$ HAc 溶液放入 3 号容量瓶中，分别用蒸馏水稀释到刻度，摇匀。连同未稀释的 HAc 溶液可得到 4 种浓度不同的溶液，由稀到浓依次编号为 1、2、3、4。计算每份 HAc 溶液的准确浓度。

**2. 制备等浓度的 HAc 和 NaAc 混合溶液**

从 1 号容量瓶中用 10mL 量筒量取 10mL HAc 溶液于 1 号烧杯中，加入 1 滴酚酞溶液后用滴管滴入 NaOH 溶液（0.10mol·L$^{-1}$）至酚酞变色，半分钟内不褪色为止。再从 1 号容量瓶中取出 10mL HAc 溶液加入到 1 号烧杯中，混合均匀。以 2 号、3 号容量瓶中的已知浓度的 HAc 溶液和实验室中准备的 HAc 溶液（0.10mol·L$^{-1}$）（作为 4 号溶液），重复上述实验。

**3. 测定 pH 值**

分别测定 1～4 号烧杯中混合溶液的 pH 值，这一数值就是 HAc 的 $pK_a^{\ominus}(HAc)$。

**【数据记录和结果处理】**

将实验中测得的有关数据填入表 2-12 中，计算出 4 个 $pK_a^{\ominus}$（HAc）值并求 $pK_{a,平均}^{\ominus}$（HAc）和样本标准偏差 $s$。

**表 2-12　缓冲溶液法测定醋酸解离常数实验数据及结果处理**　　温度____℃

| HAc 溶液编号 | $c(HAc)/mol \cdot L^{-1}$ | pH | $c(H^+)/mol \cdot L^{-1}$ | $K_a^{\ominus}(HAc)$ | |
|---|---|---|---|---|---|
| | | | | 测定值 | 平均值 |
| | | | | | |
| | | | | | |
| | | | | | |
| | | | | | |

## （二）pH　法

**【实验目的】**

1. 掌握用 pH 法测定 HAc 解离度和解离常数的原理和方法。
2. 加深对弱电解质解离平衡的理解。
3. 学习酸度计、滴定管和容量瓶的使用。

**【预习与思考】**

1. 实验中所用的烧杯和吸量管分别用哪种 HAc 溶液润洗？容量瓶是否要用 HAc 溶液润洗？

2. 若改变所测 HAc 溶液的浓度和温度，HAc 的解离度和解离常数有无变化？

**【基本原理】**

醋酸（HAc）是弱电解质，在水溶液中存在下列解离平衡：

$$HAc \rightleftharpoons H^+ + Ac^-$$

平衡常数表达式为：

$$K_a^{\ominus} = \frac{[H^+][Ac^-]}{[HAc]}$$

若 $c$ 为 HAc 的起始浓度，$[H^+]$、$[Ac^-]$、$[HAc]$ 分别为氢离子、醋酸根、醋酸的平衡浓度，$K_a^{\ominus}$ 为解离平衡常数，则在纯水中 $[H^+]=[Ac^-]$，$[HAc]=c-[H^+]$。当解离度 $\alpha<5\%$ 时，可以近似处理为 $[HAc]\approx c$。

实验中用酸度计测出已知浓度 HAc 溶液的 pH，即可求出 HAc 的解离常数和解离度。这种方法称为 pH 法。

**【实验用品】**

仪器：酸度计，容量瓶（50mL）3 只，烧杯（50mL）4 只，酸式滴定管 1 支，洗耳球 1 个。

药品：HAc（$0.1mol \cdot L^{-1}$，实验室标定浓度）标准溶液。

**【实验步骤】**

**1. 配制不同浓度的 HAc 溶液**

用酸式滴定管分别放出 5.00mL、10.00mL、25.00mL 已知浓度的 HAc 溶液于 3 只 50mL 容量瓶中，用蒸馏水稀释到刻度，摇匀。连同未稀释的 HAc 溶液可得到 4 种浓度不同的溶液，由稀到浓依次编号为 1、2、3、4。计算每份 HAc 溶液的准确浓度。

**2. HAc 溶液 pH 的测定。**

用 4 只洁净干燥的 50mL 烧杯，分别取 20mL 左右上述 4 种浓度的 HAc 溶液（若烧杯不干燥，可用所盛的 HAc 溶液淋洗 2～3 遍，然后再倒入溶液）。按照由稀到浓的顺序分别测定它们的 pH，记录各份溶液的 pH 和实验温度，并将 pH 换算成 $c(H^+)$。

**【数据记录和结果处理】**

将实验中测得的有关数据填入表 2-13 中，计算出 $K_a^\ominus$(HAc) 值并求 $pK_{a,平均}^\ominus$(HAc) 和样本标准偏差 $s$。

**表 2-13 pH 法测定醋酸解离常数和解离度实验数据及结果处理** 温度____℃

| HAc 溶液编号 | $c$(HAc)/mol·L$^{-1}$ | pH | $c(H^+)$/mol·L$^{-1}$ | 解离度 $\alpha$ | $K_a^\ominus$(HAc) | |
|---|---|---|---|---|---|---|
| | | | | | 测定值 | 平均值 |
| | | | | | | |
| | | | | | | |
| | | | | | | |
| | | | | | | |

## （三）电导率法

**【实验目的】**

1. 学习用电导率仪测定解离常数的原理和方法。
2. 了解电导率仪的使用方法。

**【预习与思考】**

1. 电解质溶液导电的特点是什么？
2. 什么叫电导、电导率和摩尔电导率？
3. 弱电解质的解离度与哪些因素有关？
4. 测定 HAc 溶液的电导时，溶液为什么要由稀到浓进行？

**【基本原理】**

电解质溶液是离子电导体，在一定温度时，电解质溶液的电导（电阻的倒数）$G$ 为：

$$G=\kappa\frac{A}{l}$$

式中，$\kappa$ 为电导率，表示长度 $l$ 为 1m、截面积 $A$ 为 1m$^2$ 导体的电导；单位为 S·m$^{-1}$。电导的单位为 S［西（门子）］。

在一定温度下，电解质溶液的电导与溶质的性质及其浓度 $c$ 有关。为了便于比较不同溶质的溶液的电导，常采用摩尔电导率 $\Lambda_m$。它表示在相距 1cm 的两平行电极间，放置含有 1 单位物质的量的电解质的电导，其数值等于电导率 $\kappa$ 乘以此溶液的全部体积。若溶液的浓度为 $c$(mol·L$^{-1}$)，则含有 1 单位物质的量的电解质的溶液体积 $V=\frac{10^{-3}}{c}$(m$^3$·mol$^{-1}$)，于是溶液的摩尔电导为：

$$\Lambda_m=\kappa V=\frac{10^{-3}\kappa}{c}$$

式中，$\Lambda_m$ 的单位为 S·m$^2$·mol$^{-1}$。

根据稀释定律，弱电解质溶液的浓度 $c$ 越小，弱电解质的解离度 $\alpha$ 越大；无限稀释时，弱电解质也可看作是完全解离的，即此时的 $\alpha=100\%$。从而可知，一定温度下，某浓度 $c$ 的摩尔电导率 $\Lambda_m$ 与无限稀释时的摩尔电导率 $\Lambda_\infty$ 之比，即为该弱电解质的解离度：

$$\alpha=\frac{\Lambda_m}{\Lambda_\infty}$$

不同温度时，HAc 的 $\Lambda_\infty$ 值如表 2-14 所列。

**表 2-14　不同温度下 HAc 无限稀释时的摩尔电导率 $\Lambda_\infty$**

| 温度 $T$/K | 273 | 291 | 298 | 303 |
|---|---|---|---|---|
| $\Lambda_\infty$/$S\cdot m^2\cdot mol^{-1}$ | 0.0245 | 0.0349 | 0.0391 | 0.0428 |

用电导率仪测定一系列已知起始浓度的 HAc 溶液的 $\kappa$ 值，根据上面的公式，即可求得所对应的解离度 $\alpha$，也可得：

$$K_a^{\ominus}=c_0\frac{\Lambda_m^2}{\Lambda_\infty(\Lambda_\infty-\Lambda_m)}$$

根据上式，可求得 HAc 的解离常数 $K_a^{\ominus}$。

**【实验用品】**

仪器：电导率仪，滴定管（酸式）2 支，烧杯（50mL）5 只，铁架台。

药品：HAc（$0.1mol\cdot L^{-1}$，实验室标定浓度）标准溶液。

其他：滤纸片。

**【实验步骤】**

**1. 配制不同浓度的 HAc 溶液**

将 5 只烘干的 50mL 烧杯编成 1～5 号。

在 1 号烧杯中，用滴定管准确放入 24.00mL 已标定的 $0.1mol\cdot L^{-1}$ HAc 标准溶液。

在 2 号烧杯中，用滴定管准确放入 12.00mL 已标定的 $0.1mol\cdot L^{-1}$ HAc 标准溶液，再利用另一根滴定管准确放入 12.00mL 去离子水。

用同样的方法，按照表 2-15 中的烧杯编号配制不同浓度的醋酸溶液。

**表 2-15　不同浓度醋酸的电导率**

| 烧杯编号 | $V$(HAc)/mL | $V(H_2O)$/mL | $c$(HAc)/$mol\cdot L^{-1}$ | $\kappa$/$S\cdot m^{-1}$ |
|---|---|---|---|---|
| 1 | 24.00 | 0 | | |
| 2 | 12.00 | 12.00 | | |
| 3 | 6.00 | 18.00 | | |
| 4 | 3.00 | 21.00 | | |
| 5 | 1.50 | 22.50 | | |

**2. 测定不同浓度 HAc 溶液的电导率**

按照电导率仪的操作步骤，由稀到浓测定 5 号～1 号溶液的电导率，将数据记录在表 2-15中。

**【数据记录和结果处理】**

见表 2-16。

电极常数____________________；室温____________________℃；

在此温度下，由表 2-14 查得 HAc 的极限摩尔电导率 $\Lambda_\infty$＝____________ $S\cdot m^2\cdot mol^{-1}$。

**表 2-16 电导率法测定醋酸解离常数实验数据及结果处理**

| 编 号 | 1 | 2 | 3 | 4 | 5 |
|---|---|---|---|---|---|
| $c(HAc)/mol\cdot L^{-1}$ | | | | | |
| $\kappa/S\cdot m^{-1}$ | | | | | |
| $\Lambda_m=\frac{10^{-3}\kappa}{c}/S\cdot m^2\cdot mol^{-1}$ | | | | | |
| $\alpha=\frac{\Lambda_m}{\Lambda_\infty}$ | | | | | |
| $c\alpha^2$ | | | | | |
| $1-\alpha$ | | | | | |
| $K_a^\ominus(HAc)=\frac{c\alpha^2}{1-\alpha}$ | | | | | |

注：1. 若室温不同于表中所列温度，极限摩尔电导率 $\lambda_\infty$ 可由内插法求得。

2. 电导率的单位为 $S\cdot m^{-1}$，而在 DDS-11A 型电导率仪上读出的 $\kappa$ 的单位为 $\mu S\cdot cm^{-1}$，在计算时应该进行换算。

# 实验七　碘化铅溶度积常数的测定

**【实验目的】**

1. 了解用分光光度计测定难溶盐溶度积常数的原理和方法。
2. 学习分光光度计的使用方法。

**【预习与思考】**

1. 配制 $PbI_2$ 饱和溶液时为什么要充分摇荡？
2. 如果使用湿的小烧杯配制比色溶液，对实验结果将产生什么影响？
3. 使用分光光度计应注意什么？
4. 请查出溶度积常数测定的其他方法。

**【基本原理】**

$PbI_2$ 是难溶电解质，其饱和溶液中存在如下沉淀-溶解平衡：

$$PbI_2(s) \rightleftharpoons Pb^{2+}(aq) + 2I^-(aq) \tag{1}$$

其溶度积常数表示式为：

$$K_{sp}^{\ominus}(PbI_2) = \frac{c(Pb^{2+})}{c^{\ominus}} \cdot \left[\frac{c(I^-)}{c^{\ominus}}\right]^2 \tag{2}$$

在一定温度下，测得溶液中的 $c(Pb^{2+})$ 和 $c^2(I^-)$，即可求得 $K_{sp}^{\ominus}(PbI_2)$。

若将已知浓度的 $Pb(NO_3)_2$ 溶液和 KI 溶液按不同体积比混合，当生成的 $PbI_2$ 沉淀与溶液达到平衡时，测定溶液中的 $c(I^-)$，再根据体系的原始组成及沉淀-溶解平衡反应方程式（1）中 $Pb^{2+}$ 与 $I^-$ 的化学计量关系，计算出溶液中的 $c(Pb^{2+})$，最终可求得 $K_{sp}^{\ominus}(PbI_2)$。

本实验通过分光光度法测得体系中的 $c(I^-)$。由于 $I^-$ 是无色的，利用 $I^-$ 的还原性，以 $KNO_2$ 作氧化剂在微酸性条件下将 $I^-$ 氧化成 $I_2$，$I_2$ 在水溶液中呈棕黄色，用分光光度计在 525nm 波长下测定一系列样品中 $I_2$ 溶液的吸光度 $A$，然后从标准吸收曲线查出相对应的 $c(I^-)$，则可计算出饱和溶液中的 $c(I^-)$。

**【实验用品】**

仪器：分光光度计，比色皿（1cm×1cm）4 个，试管（12mm×150mm，干净干燥）11 支，烧杯（50mL，干净干燥）4 只，吸量管（5mL）7 支，漏斗 3 只，洗耳球，试管架。

药品：HCl(6.0mol·L$^{-1}$)，KI(0.0350mol·L$^{-1}$，0.0035mol·L$^{-1}$)，$KNO_2$(0.0200 mol·L$^{-1}$，0.0100mol·L$^{-1}$)，$Pb(NO_3)_2$(0.0150mol·L$^{-1}$)。

其他：滤纸，镜头纸，橡皮塞。

**【实验步骤】**

**1. 绘制 $A$-$c(I^-)$ 标准曲线**

用吸量管向 5 只干净、干燥的大试管中分别移取 1.00mL、1.50mL、2.00mL、2.50mL、3.00mL 0.0035mol·L$^{-1}$ KI 溶液，再向其中分别移取 2.00mL 0.0200mol·L$^{-1}$ $KNO_2$ 溶液和 3.00mL 去离子水，再各加入 1 滴 6.0mol·L$^{-1}$ HCl 溶液。摇匀后，分别倒入比色皿中。以去离子水作参比溶液，在 525nm 波长下测定吸光度 $A$。以测得的吸光度 $A$ 为纵坐标，以相应的 $I^-$ 浓度为横坐标，绘制出 $A$-$c(I^-)$ 标准曲线图。

注意，氧化后得到的 $I_2$ 浓度应小于室温下 $I_2$ 的溶解度。不同温度下，$I_2$ 的溶解度如表

2-17 所列。

表 2-17 不同温度下 $I_2$ 的溶解度

| 温度/℃ | 20 | 30 | 40 |
|---|---|---|---|
| 溶解度/g·(100g $H_2O$)$^{-1}$ | 0.029 | 0.056 | 0.078 |

**2. 制备 $PbI_2$ 饱和溶液**

① 取 3 支干净、干燥的大试管，按表 2-18 的用量，用吸量管加入 0.0150mol·L$^{-1}$ $Pb(NO_3)_2$溶液、0.0350mol·L$^{-1}$KI 溶液和去离子水，使每个试管中的总体积为 10.00mL。

表 2-18 $PbI_2$ 饱和溶液的制备

| 烧杯编号 | $Pb(NO_3)_2$ 溶液体积/mL | KI 溶液体积/mL | $H_2O$ 体积/mL |
|---|---|---|---|
| 1 | 5.00 | 3.00 | 2.00 |
| 2 | 5.00 | 4.00 | 1.00 |
| 3 | 5.00 | 5.00 | 0.00 |

② 用橡皮塞塞紧试管，充分摇荡试管，大约摇 20min 后，将试管放在试管架上静置 3～5min。

③ 在装有干燥滤纸的干燥漏斗上，将制得的含有 $PbI_2$ 固体的饱和溶液过滤，同时用干燥的试管接取滤液。弃去沉淀，保留滤液。

④ 在 3 只干净、干燥的小烧杯中用吸量管分别注入 1 号、2 号、3 号 $PbI_2$ 的饱和溶液 2mL，再分别注入 0.0100mol·L$^{-1}$$KNO_2$ 溶液 4mL 及 1 滴 6.0mol·L$^{-1}$HCl 溶液。摇匀后，分别倒入比色皿（2cm）中，以水作参比溶液，在 525nm 波长下测定溶液的吸光度。

**【数据记录和结果处理】**

将实验测得的吸光度值记录在表 2-19 中，并利用关系式，计算出 $PbI_2$ 的溶度积常数。

表 2-19 $PbI_2$ 溶度积常数测定实验数据及结果处理

| 试管编号 | 1 | 2 | 3 |
|---|---|---|---|
| $V[Pb(NO_3)_2]$/mL | | | |
| $V(KI)$/mL | | | |
| $V(H_2O)$/mL | | | |
| $V_{总}$/mL | | | |
| 稀释后溶液的吸光度 $A$ | | | |
| 由标准曲线查得 $c(I^-)$/mol·L$^{-1}$ | | | |
| 平衡时 $c(I^-)$/mol·L$^{-1}$ | | | |
| 平衡时溶液中 $I^-$ 物质的量/mol | | | |
| 初始 $Pb^{2+}$ 物质的量/mol | | | |
| 初始 $I^-$ 物质的量/mol | | | |
| 沉淀中 $I^-$ 物质的量/mol | | | |
| 沉淀中 $Pb^{2+}$ 物质的量/mol | | | |
| 平衡时溶液中 $Pb^{2+}$ 物质的量/mol | | | |
| 平衡量 $c(Pb^{2+})$/mol·L$^{-1}$ | | | |
| $K_{sp}^{\ominus}(PbI_2)$ | | | |
| $K_{sp}^{\ominus}(PbI_2)$平均值 | | | |

# 实验八　氧化还原反应

**【实验目的】**

1. 加深理解电极电势与氧化还原反应的关系。
2. 加深理解温度、反应物浓度对氧化还原反应的影响。
3. 了解介质的酸碱性对氧化还原反应方向和产物的影响。
4. 掌握物质浓度对电极电势的影响。
5. 学会用酸度计测量原电池电动势的方法。

**【预习与思考】**

1. 为什么 $H_2O_2$ 既有氧化性又有还原性？在何种情况下作氧化剂？在何种情况下作还原剂？
2. 介质的酸碱性对哪些氧化还原反应有影响？
3. 如何用实验证明 $KClO_3$、$K_2Cr_2O_7$ 等溶液在酸性介质中才有氧化性。
4. 怎样从标准电极电势判断金属的置换反应能否进行？
5. 温度和浓度对氧化还原反应的速率有何影响？

**【基本原理】**

参加反应的物质之间有电子转移或偏移的化学反应称为氧化还原反应。在氧化还原反应中，还原剂失去电子被氧化，元素的氧化数增大；氧化剂得到电子被还原，元素的氧化数减小。物质的氧化还原能力的大小可以根据相应电对电极电势的大小来判断。电极电势愈大，电对中的氧化型物质的氧化能力愈强。电极电势愈小，电对中的还原型物质的还原能力愈强。

根据电极电势的大小可以判断氧化还原反应的方向。当氧化剂电对的电极电势大于还原剂电对的电极电势时，即 $E_{MF}=E(\text{氧化剂})-E(\text{还原剂})>0$ 时，反应能正向自发进行。当氧化剂电对和还原剂电对的标准电池电动势相差较大时（如 $|E_{MF}^{\ominus}|>0.2V$），通常可以用标准电池电动势判断反应的方向。

由电极反应的能斯特方程式可以看出浓度对电极电势的影响，298.15K 时，则：

$$E=E^{\ominus}+\frac{0.0592V}{z}\lg\frac{c(\text{氧化型})}{c(\text{还原型})}$$

溶液的 pH 会影响某些电对的电极电势或氧化还原反应的方向。介质的酸碱性也会影响某些氧化还原反应的产物。例如，在酸性、中性和强碱性溶液中，$MnO_4^-$ 的还原产物分别为 $Mn^{2+}$、$MnO_2$ 和 $MnO_4^{2-}$。

原电池是利用氧化还原反应将化学能转变为电能的装置。以饱和甘汞电极为参比电极，与待测电极组成原电池，用电位差计（或酸度计）可以测定原电池的电动势，然后计算出待测电极的电极电势。同样，也可以用酸度计测定铜-锌原电池的电池电动势。当有沉淀或配合物等生成时，会引起电极电势和电池电动势的改变。

本实验采用酸度计的 mV 部分测量原电池的电动势。原电池电动势的精确测量常用电位差计，而不能用一般的伏特计。因为伏特计与原电池接通后，有电流通过伏特计，引起原电池发生氧化还原反应。另外，由于原电池本身有内阻，放电时产生内压降，伏特计所测得的端电压，仅是外电路的电压，而不是原电池的电动势。当用酸度计与原电池接通后，由于酸度计的 mV 部分具有高阻抗，使测量回路中通过的电流很小，原电池的内压降近似为零，所测得的外电路的电压降可近似地作为原电池的电动势。因此，可用酸度计的 mV 部分粗略地测量原电池的电动势。

**【实验用品】**

仪器：酸度计，酒精灯，水浴锅，锌电极，铜电极，饱和甘汞电极，饱和 KCl 盐桥，烧杯（50mL）3 只，试管 12 支，试管架，锌片，点滴板。

药品：$H_2SO_4$(2mol·$L^{-1}$)，$H_2C_2O_4$(0.1mol·$L^{-1}$)，HAc(1mol·$L^{-1}$)，NaOH(2mol·$L^{-1}$)，$NH_3·H_2O$(2mol·$L^{-1}$)，KI(0.02mol·$L^{-1}$)，$FeCl_3$(0.1mol·$L^{-1}$)，KBr(0.1mol·$L^{-1}$)，$KMnO_4$(0.01mol·$L^{-1}$)，$K_2Cr_2O_7$(0.1mol·$L^{-1}$)，$Na_2SO_3$(0.1mol·$L^{-1}$)，$FeSO_4$(0.1mol·$L^{-1}$)，$KIO_3$(0.1mol·$L^{-1}$)，KI(0.1mol·$L^{-1}$)，$Pb(NO_3)_2$(0.5mol·$L^{-1}$，1mol·$L^{-1}$)，$Na_2SiO_3$(0.5mol·$L^{-1}$)，$ZnSO_4$(1mol·$L^{-1}$)，$ZnSO_4$(0.1mol·$L^{-1}$)，$CuSO_4$(0.005mol·$L^{-1}$)，$NaNO_2$(0.1mol·$L^{-1}$)，$H_2O_2$(3%)。

其他：淀粉溶液，蓝色石蕊试纸，温度计。

**【实验步骤】**

**1. 比较电对 $E^{\ominus}$ 值的相对大小**

① 在试管中加入 0.02mol·$L^{-1}$ KI 溶液 0.5mL 和 0.1mol·$L^{-1}$ $FeCl_3$ 溶液 2～3 滴，观察现象。

② 在试管中加入 0.1mol·$L^{-1}$ KBr 溶液 0.5mL 和 0.1mol·$L^{-1}$ $FeCl_3$ 溶液 2～3 滴，观察现象。

根据①、②实验结果，查出有关的标准电极电势，比较 $E^{\ominus}(I_2/I^-)$、$E^{\ominus}(Fe^{3+}/Fe^{2+})$、$E^{\ominus}(Br_2/Br^-)$ 三个电对电极电势的大小，并指出哪个电对的氧化型物质是最强的氧化剂，哪个电对的还原型物质是最强的还原剂。

③ 在一支试管中加入 0.02mol·$L^{-1}$ KI 溶液，在另一支试管中加入 0.01mol·$L^{-1}$ $KMnO_4$ 溶液，均调整至酸性，分别加入 3% $H_2O_2$ 溶液，观察现象，指出 $H_2O_2$ 在这两个实验中的作用。

④ 在酸性介质中，0.1mol·$L^{-1}$ $K_2Cr_2O_7$ 溶液与 0.1mol·$L^{-1}$ $Na_2SO_3$ 溶液反应。写出反应方程式。

⑤ 在酸性介质中，0.1mol·$L^{-1}$ $K_2Cr_2O_7$ 溶液与 0.1mol·$L^{-1}$ $FeSO_4$ 溶液反应。写出反应方程式。

**2. 温度、浓度对氧化还原反应速率的影响**

(1) 温度对氧化还原反应速率的影响　在 A、B 两支试管中各加入 1mL 0.01mol·$L^{-1}$ $KMnO_4$ 溶液和 3 滴 2mol·$L^{-1}$ $H_2SO_4$ 溶液，在 C、D 两支试管各加入 1mL 0.1mol·$L^{-1}$ $H_2C_2O_4$ 溶液。将 A、C 试管放在水浴中加热几分钟后取出，立即将 A 中溶液倒入 C 中混合，同时，将 B 中溶液倒入 D 试管中混合。比较 C、D 两试管中的溶液哪一个先褪色，并作出解释。

(2) 浓度对氧化还原反应速率的影响　在两支试管中，分别盛有 0.5mol·$L^{-1}$ 和 1mol·$L^{-1}$ 的 $Pb(NO_3)_2$ 溶液各 3 滴，都加入 1mol·$L^{-1}$ HAc 溶液 30 滴，混匀后，再逐滴加入26～28 滴 0.5mol·$L^{-1}$ $Na_2SiO_3$ 溶液，摇匀，用蓝色石蕊试纸检查溶液仍呈弱酸性，在 90℃水浴中加热（切记：温度不可超过 90℃），此时，两试管中均出现乳白色透明凝胶。取出试管，冷至室温，同时往两支试管中插入表面积相同的锌片，观察两支试管中“铅树”生长的速度，并作出解释。

**3. 介质的酸、碱性对氧化还原反应方向及反应产物的影响**

(1) 溶液的 pH 对氧化还原反应方向的影响　在试管中将 0.1mol·$L^{-1}$ KI 溶液和

$0.1mol \cdot L^{-1} KIO_3$ 溶液混合，观察有无变化。再加入几滴 $2mol \cdot L^{-1} H_2SO_4$ 溶液，观察有无变化。再逐滴加入 $2.0mol \cdot L^{-1}$ NaOH 溶液使溶液呈碱性，观察有无变化。对以上现象写出反应方程式，并作出解释。

（2）介质的酸、碱性对氧化还原反应的反应产物的影响　在点滴板的三个孔穴中各加入 1 滴 $0.01mol \cdot L^{-1} KMnO_4$ 溶液；然后向第一个孔穴中加入 1 滴 $2mol \cdot L^{-1} H_2SO_4$ 溶液，向第二个孔穴中加入 1 滴 $H_2O$，向第三个孔穴中加入 1 滴 $2mol \cdot L^{-1}$ NaOH 溶液，然后往三个孔穴中各加入 $0.1mol \cdot L^{-1}$的 $Na_2SO_3$ 溶液 1～2 滴。观察实验现象，并写出离子反应方程式。

点滴板的使用

**4. 浓度对电极电势的影响**

① 在 50mL 烧杯中，加入 25mL $1mol \cdot L^{-1} ZnSO_4$ 溶液，插入饱和甘汞电极和用砂纸打磨过的锌电极，组成原电池。将甘汞电极与酸度计的“＋”极相连，锌电极与酸度计“－”极相连。将酸度计的 pH～mV 开关扳向“mV”挡，屏幕上显示数值即为该原电池的电动势 $E_{MF}(1)$。已知饱和甘汞电极的 $E = 0.2415V$，计算 $E(Zn^{2+}/Zn)$（注意：虽然本实验所用的 $ZnSO_4$ 溶液浓度为 $1mol \cdot L^{-1}$，但由于温度、活度因子等因素的影响，所测得数值并不是 $-0.763V$）。

② 用 $0.1mol \cdot L^{-1} ZnSO_4$ 代替 $1.0mol \cdot L^{-1} ZnSO_4$，再测得原电池的电动势 $E_{MF}(2)$，并计算 $E(Zn^{2+}/Zn)$。

比较实验①、②测得的甘汞-锌原电池的电池电动势和锌电极的电极电势的大小，你能得出什么结论？

③ 在两只 50mL 烧杯中，分别加入 25mL $1mol \cdot L^{-1} ZnSO_4$ 溶液和 $0.005mol \cdot L^{-1} CuSO_4$溶液。在 $CuSO_4$ 溶液中插入 Cu 电极，在 $ZnSO_4$ 溶液中插入 Zn 电极，组成原电池，将铜电极接“＋”极，锌电极接“－”极，溶液之间用饱和 KCl 盐桥相连。又测得原电池的电动势 $E_{MF}(3)$，计算 $E(Cu^{2+}/Cu)$ 和 $E^{\ominus}(Cu^{2+}/Cu)$。

④ 向 $0.005mol \cdot L^{-1} CuSO_4$ 溶液中滴入过量 $2mol \cdot L^{-1} NH_3 \cdot H_2O$ 至生成深蓝色透明溶液，再测得原电池的电动势 $E_{MF}(4)$，并计算 $E\{[Cu(NH_3)_4]^{2+}/Cu\}$。

比较实验③、④测得的铜-锌原电池的电池电动势和铜电极的电极电势的大小，你能得出什么结论？

**5. 设计实验**

用 $0.01mol \cdot L^{-1} KMnO_4$、$0.1mol \cdot L^{-1} NaNO_2$、$2mol \cdot L^{-1} H_2SO_4$、$0.1mol \cdot L^{-1}$ KI 及淀粉溶液设计实验，验证 $NaNO_2$ 既有氧化性又有还原性。

# 实验九　配位化合物的生成和性质

**【实验目的】**

1. 了解有关配合物的生成及配离子和简单离子的区别。
2. 加深对配合物特性的理解，比较并解释配离子的稳定性。
3. 了解螯合物的形成及应用。

**【预习与思考】**

1. 怎样根据实验来推测配合物的结构？
2. 影响配合平衡的因素有哪些？
3. 衣服上沾有铁锈时，常用草酸去洗，试说明原理。
4. 可用哪些不同类型的反应，使 $[FeSCN]^{2+}$ 配离子的红色褪去？

**【基本原理】**

配位化合物一般可分为内界和外界两部分，中心离子和配位体组成配合物的内界，其余离子处于外界。例如在 $[Co(NH_3)_6]Cl_3$ 中，$Co^{3+}$ 与 $NH_3$ 组成内界，3 个 $Cl^-$ 处于外界。在水溶液中主要以 $Cl^-$ 和 $[Co(NH_3)_6]^{3+}$ 两种离子存在。又例如在 $[Co(NH_3)_5Cl]Cl_2$ 水溶液中，主要以 $Cl^-$ 和 $[Co(NH_3)_5Cl]^{2+}$ 两种离子存在。在这两种配合物水溶液中，用一般方法都检查不出 $Co^{3+}$ 和 $NH_3$，而且加入 $AgNO_3$ 时，前者的 3 个 $Cl^-$ 可以全部以 AgCl 形式沉淀出来，后者却只有 2/3 的 $Cl^-$ 以 AgCl 形式沉淀出来。

一个金属离子形成配合物后，一系列性质都会发生改变，例如氧化性、还原性、颜色、溶解度等会有所不同。

配离子，如 $[Co(NH_3)_6]Cl_3$、$[Fe(CN)_6]^{3-}$、$[Ag(NH_3)_2]^+$ 等，在水溶液中也都会发生解离，也就是说配离子在溶液中同时存在着配位过程和解离过程，即存在着配位平衡。如：

$$Ag^+ + 2NH_3 \rightleftharpoons [Ag(NH_3)_2]^+$$

$$K_f^{\ominus} = \frac{c\{[Ag(NH_3)_2]^+\}}{c(Ag^+) \cdot c^2(NH_3)}$$

$K_f^{\ominus}$ 称为稳定常数。不同的配离子具有不同的稳定常数。对于同种类型的配离子，$K_f^{\ominus}$ 值越大，表示配离子越稳定。

**【实验用品】**

仪器：烧杯（50mL，100mL），量筒（10mL）。

药品：$H_2SO_4$($1mol \cdot L^{-1}$)，氨水($2mol \cdot L^{-1}$，$6mol \cdot L^{-1}$)，NaOH($0.1mol \cdot L^{-1}$，$2mol \cdot L^{-1}$)，$NH_4F$($2mol \cdot L^{-1}$)，$NH_4SCN$($2mol \cdot L^{-1}$)，$NH_4Ac$($3mol \cdot L^{-1}$)，NaCl($0.1mol \cdot L^{-1}$)，$Na_2S_2O_3$($0.1mol \cdot L^{-1}$)，KBr($0.1mol \cdot L^{-1}$)，$K_3[Fe(CN)_6]$($0.1mol \cdot L^{-1}$)，KI($0.1mol \cdot L^{-1}$)，$BaCl_2$($0.1mol \cdot L^{-1}$)，$CoCl_2$($0.1mol \cdot L^{-1}$，$1mol \cdot L^{-1}$)，$CuSO_4$($1mol \cdot L^{-1}$)，$FeCl_3$($0.1mol \cdot L^{-1}$)，$NiSO_4$($0.2mol \cdot L^{-1}$)，$AgNO_3$($0.1mol \cdot L^{-1}$)，EDTA。

其他：戊醇，无水乙醇，丁二酮肟（1%）的乙醇溶液。

**【实验步骤】**

**1. 配离子的生成和组成**

① 在试管中加入 1mL $1mol \cdot L^{-1}$ $CuSO_4$ 溶液，再逐滴加入 $2mol \cdot L^{-1}$ 氨水，观察有无

沉淀生成。继续加入过量氨水至沉淀溶解，写出反应方程式。取出 1mL 上述溶液加入 1mL 无水乙醇，观察现象，并加以解释。

② 取两支试管分别加入上述溶液 10 滴，再加入 4mL 2mol·$L^{-1}$ $NH_3 \cdot H_2O$。一份加 0.1mol·$L^{-1}$ $BaCl_2$，另一份加 0.1mol·$L^{-1}$ NaOH，观察现象。

根据实验结果，分析说明此配合物的内界和外界的组成。

**2. 简单离子和配离子的区别**

① 在试管中加入 0.1mol·$L^{-1}$ $FeCl_3$ 溶液两滴，观察溶液的颜色，在此溶液中逐渐加入 2mol·$L^{-1}$ $NH_4SCN$ 溶液，观察溶液颜色的变化，解释此现象。

② 在试管中加入 0.1mol·$L^{-1}$ $FeCl_3$ 溶液，然后逐渐加入少量 2mol·$L^{-1}$ NaOH 溶液，观察现象。以 0.1mol·$L^{-1}$ $K_3[Fe(CN)_6]$ 溶液代替 $FeCl_3$，做同样实验，观察现象有何不同，并解释原因。

**3. 配离子稳定性比较**

在盛有 5 滴 0.1mol·$L^{-1}$ $AgNO_3$ 溶液的试管中，加入 5 滴 0.1mol·$L^{-1}$ NaCl 溶液，观察白色沉淀生成，边滴加 6mol·$L^{-1}$ $NH_3 \cdot H_2O$ 边振摇至沉淀刚好溶解，再加 5 滴 0.1 mol·$L^{-1}$ KBr 溶液，观察浅黄色沉淀生成。再滴加 0.1mol·$L^{-1}$ $Na_2S_2O_3$ 溶液，边加边摇，直到刚好溶解。滴加 0.1mol·$L^{-1}$ KI 溶液，又有何沉淀生成？

通过以上实验，比较各配合物稳定性的大小，同时比较各沉淀溶度积的大小，写出有关反应方程式。

**4. 螯合物的形成**

分别在 10 滴硫氰酸铁溶液和 10 滴铜氨配离子溶液（自己制备）中滴加 0.1mol·$L^{-1}$ EDTA 溶液，各有何现象产生？解释发生的现象。

**5. 配合物的某些应用**

（1）利用生成有色配合物鉴定某些离子　在试管中，加几滴 0.2mol·$L^{-1}$ $Ni^{2+}$ 溶液和两滴 3mol·$L^{-1}$ $NH_4Ac$ 溶液，混合后，再加入两滴丁二酮肟（又名乙二酰二肟）的乙醇溶液，生成鲜红色沉淀。

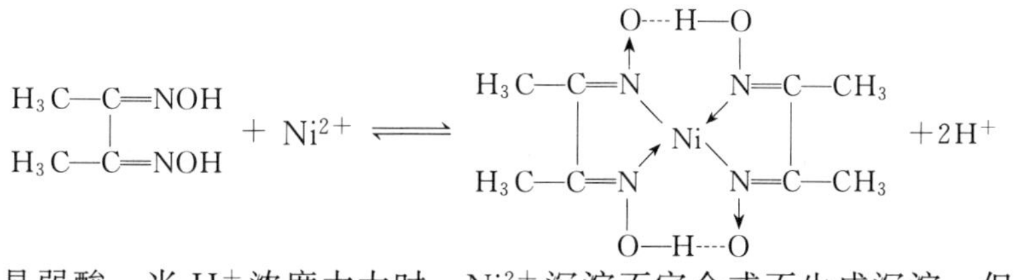

丁二酮肟是弱酸，当 $H^+$ 浓度太大时，$Ni^{2+}$ 沉淀不完全或不生成沉淀，但 $OH^-$ 浓度也不宜太大，否则会生成 $Ni(OH)_2$。合适的酸度是 pH＝5～10。

（2）利用生成配合物掩蔽某些干扰离子　在试管中加 0.1mol·$L^{-1}$ $CoCl_2$ 和 0.1mol·$L^{-1}$ $FeCl_3$ 溶液各两滴，然后滴加饱和 $NH_4SCN$ 溶液 8～10 滴，观察现象，边逐渐加入 2mol·$L^{-1}$ $NH_4F$ 溶液边振摇，有何现象？最后加 0.5mL 戊醇，振荡试管观察戊醇层颜色。$[Co(SCN)_4]^{2-}$ 易溶于有机溶剂戊醇呈现蓝绿色，若有 $Fe^{3+}$ 存在，蓝色会被 $[Fe(SCN)]^{2+}$ 的血红色掩蔽，这时可加入 $NH_4F$，使 $Fe^{3+}$ 生成无色的 $[FeF_6]^{3-}$，以消除 $Fe^{3+}$ 的干扰。

# 实验十　银氨配离子配位数及稳定常数的测定

**【实验目的】**

应用配位平衡和溶度积原理测定银氨配离子 $[Ag(NH_3)_n]^+$ 的配位数 $n$ 及其稳定常数。

**【预习与思考】**

1. 测定银氨配离子配位数的理论依据是什么？如何利用作图法处理实验数据？

2. 在滴定时，以产生 AgBr 混浊不再消失为终点，怎样避免 KBr 过量？若已发现 KBr 少量过量，能否在此实验基础上设法补救？

3. 实验中所用的锥形瓶开始时是否必须是干燥的？在滴定过程中，是否需用蒸馏水洗锥形瓶内壁？为什么？

**【基本原理】**

在 $AgNO_3$ 溶液中加入过量氨水，即生成稳定的 $[Ag(NH_3)_n]^+$：

$$Ag^+ + nNH_3 \rightleftharpoons [Ag(NH_3)_n]^+ \tag{1}$$

$$K_f^{\ominus} = \frac{c\{[Ag(NH_3)_n]^+\}}{c(Ag^+) \cdot c^n(NH_3)}$$

再往溶液中加入 KBr 溶液，直到刚刚出现 AgBr 沉淀（浑浊）为止，这时混合液中还存在如下平衡：

$$Ag^+ + Br^- \rightleftharpoons AgBr(s) \tag{2}$$

$$c(Ag^+) \cdot c(Br^-) = K_{sp}^{\ominus}$$

反应（1）－反应（2）得

$$AgBr(s) + nNH_3 \rightleftharpoons [Ag(NH_3)_n]^+ + Br^-$$

$$\frac{c\{[Ag(NH_3)_n]^+\}c(Br^-)}{c^n(NH_3)} = K_{sp}^{\ominus}K_f^{\ominus} \tag{3}$$

$$c(Br^-) = \frac{K_{sp}^{\ominus}K_f^{\ominus} \cdot c^n(NH_3)}{c\{[Ag(NH_3)_n]^+\}} \tag{4}$$

式中，$c(Br^-)$、$c(NH_3)$、$c\{[Ag(NH_3)_n]^+\}$ 都是相应物质平衡时的浓度（单位：$mol \cdot L^{-1}$），它们可以近似地按以下方法计算。

设每份混合溶液最初取用的 $AgNO_3$ 溶液的体积为 $V(Ag^+)$（各份相同），浓度分别为 $c_0(Ag^+)$，每份中所加入过量氨水和 KBr 溶液的体积分别为 $V(NH_3)$ 和 $V(Br^-)$，其浓度分别为 $c_0(NH_3)$ 和 $c_0(Br^-)$，混合液总体积为 $V_{总}$，则混合后并达到平衡时：

$$c(Br^-) = c_0(Br^-)\frac{V(Br^-)}{V_{总}} \tag{5}$$

$$c\{[Ag(NH_3)_n]^+\} = c_0(Ag^+)\frac{V(Ag^+)}{V_{总}} \tag{6}$$

$$c(NH_3) = c_0(NH_3)\frac{V(NH_3)}{V_{总}} \tag{7}$$

将式（5）～（7）代入式（4）并整理得

$$V(\mathrm{Br}^-)=\frac{V_{总}\cdot c(\mathrm{Br}^-)}{c_0(\mathrm{Br}^-)}=\frac{V_{总}}{c_0(\mathrm{Br}^-)}\cdot\frac{K_{\mathrm{sp}}^{\ominus}K_{\mathrm{f}}^{\ominus}\cdot c^n(\mathrm{NH_3})}{c\{[\mathrm{Ag(NH_3)}_n]^+\}}=\frac{V_{总}K_{\mathrm{sp}}^{\ominus}K_{\mathrm{f}}^{\ominus}\left[\dfrac{c_0(\mathrm{NH_3})V(\mathrm{NH_3})}{V_{总}}\right]^n}{c_0(\mathrm{Br}^-)\dfrac{c_0(\mathrm{Ag}^+)\cdot V(\mathrm{Ag}^+)}{V_{总}}} \tag{8}$$

由于式（8）等号右边除 $V(\mathrm{NH_3})^n$ 外，其他各量在实验过程中均保持不变，故式（8）可写为

$$V(\mathrm{Br}^-)=V(\mathrm{NH_3})^n K' \tag{9}$$

将式（9）两边取对数，得直线方程

$$\lg V(\mathrm{Br}^-)=n\lg V(\mathrm{NH_3})+\lg K'$$

以 $\lg V(\mathrm{Br}^-)$ 为纵坐标，$\lg V(\mathrm{NH_3})$ 为横坐标作图，所得直线斜率即为 $[\mathrm{Ag(NH_3)}_n]^+$ 的配位数 $n$。截距为 $\lg K'$，由截距可求得 $K'$，再由 $K'$ 和 AgBr 的 $K_{\mathrm{sp}}^{\ominus}$ 可计算 $[\mathrm{Ag(NH_3)}_n]^+$ 的 $K_{\mathrm{f}}^{\ominus}$。

**【实验用品】**

仪器：量筒（5mL，10mL，25mL），酸式滴定管（25mL），锥形瓶（150mL）7 只，铁架台。

药品：$\mathrm{AgNO_3}$(0.01mol·L$^{-1}$)，$\mathrm{NH_3\cdot H_2O}$(2mol·L$^{-1}$)，KBr(0.01mol·L$^{-1}$)。

其他：坐标纸。

**【实验步骤】**

锥形瓶的使用

按照表 2-20 中各实验编号所列数量依次加入 $\mathrm{AgNO_3}$ 溶液、$\mathrm{NH_3\cdot H_2O}$ 和蒸馏水于锥形瓶中，在不断地缓慢摇荡下，从酸式滴定管中逐滴加入 KBr 溶液，直到刚产生的 AgBr 浑浊不再消失为止，记下所用的 KBr 溶液的体积 $V(\mathrm{Br}^-)$。在实验 1～7 中，由于 $V(\mathrm{NH_3})$ 是变化的，因此要加入 $V_1(\mathrm{H_2O})$，以保持初始溶液体积不变。由于 $V(\mathrm{NH_3})$ 是变化的，实验 1～7 中所消耗的 $V(\mathrm{Br}^-)$ 也是变化的，为使实验 1～7 中体系总体积保持不变，因此要加入 $V_2(\mathrm{H_2O})$

**【数据记录和结果处理】**

见表 2-20。

以 $\lg V(\mathrm{Br}^-)$ 为纵坐标、$\lg V(\mathrm{NH_3})$ 为横坐标作图，求出直线的斜率，从而求得 $[\mathrm{Ag(NH_3)}_n]^+$ 的配位数 $n$（取最接近的整数）。由截距 $\lg K'$ 可求得 $K'$，进而求出 $K_{\mathrm{f}}^{\ominus}$。

**表 2-20　银氨配离子稳定常数测定实验数据及结果处理**

| 编号 | $V(\mathrm{Ag}^+)$/mL | $V(\mathrm{NH_3})$/mL | $V_1(\mathrm{H_2O})$/mL | $V(\mathrm{Br}^-)$/mL | $V_2(\mathrm{H_2O})$/mL | $V_{总}$/mL | $\lg V(\mathrm{NH_3})$/mL | $\lg V(\mathrm{Br}^-)$ |
|---|---|---|---|---|---|---|---|---|
| 1 | 4.0 | 8.0 | 8.0 | | | | | |
| 2 | 4.0 | 7.0 | 9.0 | | | | | |
| 3 | 4.0 | 6.0 | 10.0 | | | | | |
| 4 | 4.0 | 5.0 | 11.0 | | | | | |
| 5 | 4.0 | 4.0 | 12.0 | | | | | |
| 6 | 4.0 | 3.0 | 13.0 | | | | | |
| 7 | 4.0 | 2.0 | 14.0 | | | | | |

# 实验十一　配合物与沉淀-溶解平衡

**【实验目的】**

1. 了解配合物的组成和稳定性。
2. 了解配位平衡与沉淀反应。
3. 掌握利用沉淀反应和配位溶解的方法分离常见混合阳离子。

**【预习与思考】**

1. 有哪些因素影响配位平衡？
2. 如何判断沉淀的先后顺序？

**【基本原理】**

**1. 配位化合物与配位平衡**

配合物是由形成体（又称中心离子或原子）与一定数目的配位体（负离子或中性分子）以配位键结合而形成的复杂化合物。配合物的内界与外界之间以离子键结合，在水溶液中完全解离。内界中的中心离子与配位体会发生部分解离，在一定条件下，达到配位平衡，例如：

$$Cu^{2+}+4NH_3 \rightleftharpoons [Cu(NH_3)_4]^{2+}$$

反应的标准平衡常数称为配合物的稳定常数 $K_f^{\ominus}$。对于相同类型的配合物，稳定常数越大，配合物就越稳定。

在水溶液中形成配合物的同时往往伴随溶液颜色、酸碱性、难溶电解质溶解度、中心离子氧化还原性的改变等特征。

**2. 沉淀-溶解平衡**

难溶电解质的沉淀-溶解平衡为：

$$A_mB_n(s) \rightleftharpoons mA^{n+}(aq)+nB^{m-}(aq)$$

其溶度积常数表示式为：

$$K_{sp}^{\ominus}(A_mB_n)=[c(A^{n+})/c^{\ominus}]^m \cdot [c(B^{m-})/c^{\ominus}]^n$$

沉淀的生成和溶解可以根据溶度积规则来判断：

$J>K_{sp}^{\ominus}$　有沉淀析出，平衡向右移动；

$J=K_{sp}^{\ominus}$　处于平衡状态，溶液为饱和溶液；

$J<K_{sp}^{\ominus}$　无沉淀析出，或平衡向左移动，原来的沉淀溶解。

溶液 pH 的改变、配合物的形成或发生氧化还原反应，往往会引起难溶电解质溶解度的改变。

对于相同类型的难溶电解质，可以根据其 $K_{sp}^{\ominus}$ 的大小判断沉淀的先后顺序；对于不同类型的难溶电解质，则要根据计算所需沉淀试剂浓度的大小来判断沉淀的先后顺序。

两种沉淀间相互转化的难易程度要根据沉淀转化反应的标准平衡常数确定。利用沉淀反应和配位溶解可以分离溶液中的某些离子。

**【实验用品】**

仪器：离心机，点滴板，试管 10 支，离心试管 6 支，试管架，玻璃棒。

药品：$FeCl_3$(0.1mol·$L^{-1}$)，KSCN(0.1mol·$L^{-1}$)，NaF(0.1mol·$L^{-1}$)，$K_3[Fe(CN)_6]$

(0.1mol·$L^{-1}$)，$NH_4Fe(SO_4)_2$(0.1mol·$L^{-1}$)，$CuSO_4$(0.1mol·$L^{-1}$)，$NH_3·H_2O$(6mol·$L^{-1}$，2mol·$L^{-1}$，0.1mol·$L^{-1}$)，NaOH(2mol·$L^{-1}$)，$BaCl_2$(0.1mol·$L^{-1}$)，$NiSO_4$(0.1mol·$L^{-1}$)，NaCl(0.1mol·$L^{-1}$)，KBr(0.1mol·$L^{-1}$)，KI(2mol·$L^{-1}$，0.1mol·$L^{-1}$，0.02mol·$L^{-1}$)，$AgNO_3$(0.1mol·$L^{-1}$)，$Na_2S_2O_3$(0.1mol·$L^{-1}$)，$CaCl_2$(0.1mol·$L^{-1}$)，$Na_2H_2Y$(0.1mol·$L^{-1}$)，$CoCl_2$(0.1mol·$L^{-1}$)，$NH_4Cl$(0.1mol·$L^{-1}$)，$Pb(Ac)_2$(0.01mol·$L^{-1}$)，$Pb(NO_3)_2$(0.1mol·$L^{-1}$)，HCl(6mol·$L^{-1}$，2mol·$L^{-1}$)，$HNO_3$(6mol·$L^{-1}$)，$MgCl_2$(0.1mol·$L^{-1}$)，$Na_2S$(0.1mol·$L^{-1}$)，$K_2CrO_4$(0.1mol·$L^{-1}$)，$NaNO_3$(s)，丁二酮肟，浓硫酸，3%$H_2O_2$。

其他：pH 试纸。

**【实验步骤】**

**1. 配合物的形成与颜色变化**

① 在 2 滴 0.1mol·$L^{-1}$$FeCl_3$ 溶液中，加 1 滴 0.1mol·$L^{-1}$KSCN 溶液，观察现象。再加几滴 0.1mol·$L^{-1}$NaF 溶液，观察有什么变化。写出反应方程式。

② 在 0.1mol·$L^{-1}$$K_3[Fe(CN)_6]$ 溶液和 0.1mol·$L^{-1}$$NH_4Fe(SO_4)_2$ 溶液中分别滴加 0.1mol·$L^{-1}$KSCN 溶液，观察是否有变化。

③ 在 0.10mol·$L^{-1}$$CuSO_4$ 溶液中滴加 6mol·$L^{-1}$$NH_3·H_2O$ 至过量，然后将溶液分为两份，分别加入 2mol·$L^{-1}$NaOH 溶液和 0.1mol·$L^{-1}$$BaCl_2$ 溶液，观察现象，写出反应方程式。

④ 在 2 滴 0.1mol·$L^{-1}$$NiSO_4$ 溶液中，逐滴加入 6mol·$L^{-1}$$NH_3·H_2O$，观察现象。然后加入 2 滴丁二酮肟试剂，观察现象。

**2. 配合物形成时难溶电解质溶解度的改变**

在 3 支试管中分别加入 3 滴 0.1mol·$L^{-1}$NaCl 溶液，3 滴 0.1mol·$L^{-1}$KBr 溶液，3 滴 0.1mol·$L^{-1}$KI 溶液，再各加入 3 滴 0.1mol·$L^{-1}$$AgNO_3$ 溶液，观察沉淀的颜色。离心分离，弃去清液，在沉淀中再分别加入 2mol·$L^{-1}$$NH_3·H_2O$，0.1mol·$L^{-1}$$Na_2S_2O_3$ 溶液，2mol·$L^{-1}$KI 溶液，振荡试管，观察沉淀的溶解。写出反应方程式。

**3. 配合物形成时溶液 pH 的改变**

取一条完整的 pH 试纸，在它的一端滴上半滴 0.1mol·$L^{-1}$$CaCl_2$ 溶液，记下 $CaCl_2$ 溶液浸润处的 pH，待 $CaCl_2$ 溶液不再扩散时，在距离 $CaCl_2$ 溶液扩散边缘 0.5～1.0cm 干试纸处，滴上半滴 0.1mol·$L^{-1}$$Na_2H_2Y$ 溶液，待 $Na_2H_2Y$ 溶液扩散到 $CaCl_2$ 溶液区形成重叠时，记下重叠与未重叠处的 pH。说明 pH 变化的原因，写出反应方程式。

**4. 配合物形成时中心离子氧化还原性的改变**

① 在 0.1mol·$L^{-1}$$CoCl_2$ 溶液中滴加 3%$H_2O_2$，观察有无变化。

② 在 0.1mol·$L^{-1}$$CoCl_2$ 溶液中加几滴 1mol·$L^{-1}$$NH_4Cl$ 溶液，再滴加 6mol·$L^{-1}$$NH_3·H_2O$，观察现象。然后再滴加 3%$H_2O_2$，观察溶液颜色的变化。写出有关的反应方程式。

由上述①和②两个实验可以得出什么结论？

**5. 沉淀的生成与溶解**

① 在 3 支试管中均加入 2 滴 0.01mol·$L^{-1}$$Pb(Ac)_2$ 溶液和 2 滴 0.02mol·$L^{-1}$KI 溶液。摇动试管，观察现象。在第 1 支试管中加入 5mL 去离子水，摇荡，观察现象，在第 2 支试管中加入少量 $NaNO_3$(s)，摇荡，观察现象；在第 3 支试管中加入过量的 2mol·$L^{-1}$KI 溶液，观察现象，分别加以解释。

② 在 2 支试管中各加入 1 滴 0.1mol·$L^{-1}$$Na_2S$ 溶液和 1 滴 0.1mol·$L^{-1}$$Pb(NO_3)_2$ 溶

液，观察现象。在1支试管中加入 $6mol\cdot L^{-1}$ HCl 溶液，另1支试管中加入 $6mol\cdot L^{-1}$ $HNO_3$，摇荡试管，观察现象。写出反应方程式。

③ 在2支试管中各加入0.5mL $0.1mol\cdot L^{-1}$ $MgCl_2$ 溶液和数滴 $2mol\cdot L^{-1}$ $NH_3\cdot H_2O$ 至沉淀生成。在1支试管中加几滴 $2mol\cdot L^{-1}$ HCl 溶液，观察沉淀是否溶解；在另1支试管中加入数滴 $1mol\cdot L^{-1}$ $NH_4Cl$ 溶液，观察沉淀是否溶解。写出有关反应方程式，并解释每步实验现象。

**6. 分步沉淀**

① 在试管中滴加1滴 $0.1mol\cdot L^{-1}$ $Na_2S$ 溶液和1滴 $0.1mol\cdot L^{-1}$ $K_2CrO_4$ 溶液。用去离子水稀释至5mL，摇匀。先加入1滴 $0.1mol\cdot L^{-1}$ $Pb(NO_3)_2$ 溶液，摇匀，观察沉淀的颜色，离心分离；然后再向清液中继续滴加 $Pb(NO_3)_2$ 溶液，观察此时生成的沉淀的颜色，写出反应方程式，并说明判断两种沉淀先后析出的理由。

② 在试管中加入2滴 $0.1mol\cdot L^{-1}$ $AgNO_3$ 溶液和1滴 $0.1mol\cdot L^{-1}$ $Pb(NO_3)_2$ 溶液。用去离子水稀释至5mL，摇匀。加入 $0.1mol\cdot L^{-1}$ $K_2CrO_4$ 溶液（注意，每加1滴，都要充分摇荡），观察现象。写出有关反应方程式，并解释之。

**7. 沉淀的转化**

在6滴 $0.1mol\cdot L^{-1}$ $AgNO_3$ 溶液中加3滴 $0.1mol\cdot L^{-1}$ $K_2CrO_4$ 溶液，观察现象。再逐滴加入 $0.1mol\cdot L^{-1}$ NaCl 溶液，充分振荡，观察有什么变化，写出反应方程式。并计算沉淀转化的标准平衡常数 $K^{\ominus}$。

# 实验十二　分光光度法测定配合物 $[Ti(H_2O)_6]^{3+}$ 的分裂能

**【实验目的】**

1. 了解配合物的吸收光谱。
2. 了解用分光光度法测定配合物分裂能的原理和方法。
3. 学习分光光度计的使用方法。

**【预习与思考】**

1. 配合物的分裂能受哪些因素的影响？
2. 本实验测定吸收曲线时，溶液浓度的高低对测定分裂能值是否有影响？

**【基本原理】**

配离子 $[Ti(H_2O)_6]^{3+}$ 的中心离子 $Ti^{3+}$ 仅有一个 3d 电子，当吸收一定波长的可见光时，3d 电子由能级较低的 $t_{2g}$ 轨道跃迁至能级较高的 $e_g$ 轨道，称为 d-d 跃迁。其吸收的光子的能量等于（$E_{e_g}-E_{t_{2g}}$），与 $[Ti(H_2O)_6]^{3+}$ 的分裂能 $\Delta_o$ 相等，即：

$$E_{光}=h\nu=E_{e_g}-E_{t_{2g}}=\Delta_o$$

因为

$$h\nu=\frac{hc}{\lambda}=hc\sigma（\sigma\ 称为波数）$$

所以

$$\sigma=\frac{\Delta_o}{hc}$$

而

$$\begin{aligned}hc&=6.626\times10^{-34}\,J\cdot s\times3\times10^{10}\,cm\cdot s^{-1}\\&=6.626\times10^{-34}\times3\times10^{10}\,J\cdot cm\\&=6.626\times10^{-34}\times3\times10^{10}\times5.034\times10^{22}=1（1J=5.034\times10^{22}\,cm^{-1}）\end{aligned}$$

故：

$$\sigma=\Delta_o$$

亦即：

$$\Delta_o=\sigma=\frac{1}{\lambda}nm^{-1}=\frac{1}{\lambda}\times10^7\,cm^{-1}$$

$\lambda$ 值可通过吸收光谱求得，先取一定浓度的 $[Ti(H_2O)_6]^{3+}$ 溶液，用分光光度法测出不同波长下的光密度 $D$，以 $D$ 为纵坐标，$\lambda$ 为横坐标作图可得吸收曲线，曲线最高峰所对应的 $\lambda_{max}$ 为 $[Ti(H_2O)_6]^{3+}$ 的最大吸收波长，即：

$$\Delta_o=\frac{1}{\lambda_{max}}\times10^7\,cm^{-1}\quad（\lambda_{max}的单位为\ nm）$$

**【实验用品】**

仪器：分光光度计，容量瓶（50mL）1 只，比色皿 4 个，吸量管（5mL）1 支，洗耳球 1 个。

药品：$TiCl_3$（15%～20%）。

其他：镜头纸。

**【实验步骤】**

① 用吸量管取 5mL 15%～20%的 $TiCl_3$ 溶液于 50mL 容量瓶中，加去离子水稀释至刻度。

② 吸光度 $A$ 的测定：以去离子水作为参比液，用分光光度计在波长为 460～550nm 范围内，每隔 10nm 测一次 $[Ti(H_2O)_6]^{3+}$ 的吸光度 $A$，在接近峰值附近，每间隔 5nm 测一

次数据。

**【数据记录和结果处理】**

① 吸光度测定数据记录于表 2-21 中。

**表 2-21 配合物 $[Ti(H_2O)_6]^{3+}$ 在不同波长时的吸光度**

| $\lambda$/nm | $A$ | $\lambda$/nm | $A$ |
|---|---|---|---|
| 460 | | 505 | |
| 470 | | 510 | |
| 480 | | 520 | |
| 490 | | 530 | |
| 495 | | 540 | |
| 500 | | 550 | |

② 作图。以 $A$ 为纵坐标，$\lambda$ 为横坐标作 $[Ti(H_2O)_6]^{3+}$ 的吸收曲线图。

③ 计算 $\Delta_o$。在吸收曲线上找出最高峰所对应的 $\lambda_{max}$，计算 $[Ti(H_2O)_6]^{3+}$ 的分裂能 $\Delta_o$=(　　) $cm^{-1}$。

# 第三章　元素化合物的性质

## 实验十三　碱金属与碱土金属

**【实验目的】**

1. 理解掌握金属钠、钾和镁的性质。

2. 了解某些钠盐和钾盐的难溶性。

3. 比较镁、钙、钡的氢氧化物、硫酸盐、草酸盐、碳酸盐的溶解性。

4. 观察焰色反应。

5. 掌握钾、钠的安全操作。

**【预习与思考】**

1. 比较金属钠和镁在空气中的燃烧反应有何不同，试设法加以证明。

2. 在试验生成碳酸盐沉淀时，所用的碳酸铵溶液［$NH_3$-$(NH_4)_2CO_3$］中必须有 $NH_3$ 的存在，这是为什么？

3. 钙、钡氢氧化物的生成和溶解度的比较中，为什么要加入等量的新配制的 $2mol \cdot L^{-1}$ NaOH 溶液？

**【基本原理】**

碱金属和碱土金属是很活泼的主族金属元素。钠、钾、镁能和水作用生成氢气。钠、钾与水作用很剧烈，而镁与水作用很缓慢，这是因为它的表面会形成一层难溶于水的氢氧化镁，阻碍了金属镁与水的进一步作用。

碱金属的盐类一般都易溶于水，仅有极少数的盐较为难溶。

碱土金属的盐类中，有不少是难溶的，这是区别于碱金属盐类的方法之一。

碱金属和碱土金属及其挥发性化合物，在高温火焰中电子被激发。当电子从较高的能级回到较低能级时，便可放出一定波长的光，使火焰呈现特征的颜色。这种利用火焰鉴别金属的方法称为“焰色反应”。

**【实验用品】**

仪器：镊子，坩埚，水槽。

药品：$H_2SO_4$($3mol \cdot L^{-1}$)，$KMnO_4$($0.01mol \cdot L^{-1}$)，KCl($1mol \cdot L^{-1}$)，$NaHC_4H_4O_6$(饱和)，NaCl($1mol \cdot L^{-1}$)，$MgCl_2$($0.5mol \cdot L^{-1}$)，NaOH($2mol \cdot L^{-1}$)，$NH_4Cl$(饱和)，HCl(浓，$1mol \cdot L^{-1}$)，$CaCl_2$(饱和)，$BaCl_2$($0.5mol \cdot L^{-1}$)，$Na_2SO_4$($0.5mol \cdot L^{-1}$)，$HNO_3$（浓），$Na_2CO_3$($0.5mol \cdot L^{-1}$)，HAc($2mol \cdot L^{-1}$，$6mol \cdot L^{-1}$)，$(NH_4)_2C_2O_4$（饱和），氨-碳酸铵混合溶液，$CaSO_4$(饱和)，$SrCl_2$($0.5mol \cdot L^{-1}$)，LiCl($1mol \cdot L^{-1}$)，六羟基锑（Ⅴ）酸钾［$KSb(OH)_6$］(饱和)，Na(s)，K(s)，Mg(s)。

其他：酚酞，滤纸，红色石蕊试纸，小刀，镍铬丝，砂纸。

**【实验步骤】**

**1. 金属钠、钾和镁的性质**

(1) 钠、镁与氧的作用

① 用镊子取一小块金属钠（绿豆大），迅速用滤纸吸干其表面的煤油，观察新鲜表面的颜色及变化，置于坩埚中加热，当燃烧开始时，停止加热，观察反应情况和产物的颜色状态。冷却后，将产物放入试管，加少量水，检验管口有无氧气放出（反应放热，必须将试管放入冷水中）。检验溶液是否呈碱性（加几滴酚酞试之）。检验溶液是否有 $H_2O_2$ 生成（将溶液用 $3mol \cdot L^{-1}$ $H_2SO_4$ 酸化，加入 2 滴 $0.01mol \cdot L^{-1} KMnO_4$，观察紫色是否褪去），写出反应方程式。

② 取一根镁条，用砂纸除去表面的氧化层，点燃，观察燃烧情况、产物的颜色和状态，写出反应方程式。

（2）钾、钠、镁与水的作用

① 分别取一小块金属钠和钾（绿豆大），用滤纸吸干其表面的煤油，分别放入盛有水的玻璃水槽中，观察它们的反应情况，再分别加几滴酚酞指示剂，有什么变化？比较二者的异同，写出反应方程式。

② 取一小段镁条（约 2cm），先放在试管中与冷水作用，观察反应情况；然后与沸水作用，观察又有何现象，检验溶液的酸碱性，写出反应方程式。

**2. 钾、钠的微溶盐**

（1）微溶性钾盐的生成　在一支试管中，加入 1mL $1mol \cdot L^{-1} KCl$ 溶液，再加入 1mL 饱和的酒石酸氢钠（$NaHC_4H_4O_6$）溶液，如无晶体析出，再用玻璃棒摩擦试管内壁，观察产物的颜色和状态，写出反应方程式。

（2）微溶性钠盐的生成　在试管中加入 1mL $1mol \cdot L^{-1} NaCl$ 溶液，再加入 1mL 饱和的 $KSb(OH)_6$ 溶液，如无晶体析出，可用玻璃棒摩擦试管内壁，观察产物的颜色和状态，写出反应方程式。

**3. 镁、钙、钡氢氧化物的生成和性质**

（1）氢氧化镁的生成和性质　在三支小试管中，各加入 0.5mL（约 10 滴）$0.5mol \cdot L^{-1}$ $MgCl_2$ 溶液，再各滴加 $2mol \cdot L^{-1} NaOH$ 溶液，观察生成的氢氧化镁的颜色和状态，然后分别观察它与饱和 $NH_4Cl$、$1mol \cdot L^{-1} HCl$ 和 $2mol \cdot L^{-1} NaOH$ 溶液反应，写出反应方程式，并作出解释。

（2）钙、钡氢氧化物的生成和溶解度的比较　在两支试管中，分别加入 0.5mL 饱和 $CaCl_2$ 溶液和 0.5mL $0.5mol \cdot L^{-1} BaCl_2$ 溶液，然后加入等量的新配制的 $2mol \cdot L^{-1} NaOH$ 溶液，观察反应产物的颜色和状态。比较两支试管中生成沉淀的量，写出反应方程式。

**4. 难溶盐的生成和性质**

（1）硫酸盐溶解度的比较　在三支试管中，分别加入 1mL $0.5mol \cdot L^{-1} MgCl_2$、饱和 $CaCl_2$、$0.5mol \cdot L^{-1} BaCl_2$ 溶液，然后各加入 1mL $0.5mol \cdot L^{-1} Na_2SO_4$ 溶液，观察反应产物的颜色和状态，分别试验沉淀与浓 $HNO_3$ 的作用，写出反应方程式。

另取两支试管，分别加入 1mL $0.5mol \cdot L^{-1} BaCl_2$ 和饱和 $CaCl_2$ 溶液，然后各加入 3 滴饱和 $CaSO_4$ 溶液，观察现象（如无沉淀，可用玻璃棒摩擦试管内壁），写出反应方程式。

比较 $MgSO_4$、$CaSO_4$ 和 $BaSO_4$ 的溶解度大小。

（2）镁、钙、钡碳酸盐的生成和性质　取三支试管，分别加入 0.5mL $0.5mol \cdot L^{-1}$ $MgCl_2$、$0.5mol \cdot L^{-1} BaCl_2$ 和饱和 $CaCl_2$ 溶液，再各加 0.5mL $0.5mol \cdot L^{-1} Na_2CO_3$ 溶液，观察现象，试验产物对 $2mol \cdot L^{-1} HAc$ 溶液的作用，写出反应方程式。

用 2 滴氨-碳酸铵混合溶液［含 $1mol \cdot L^{-1} NH_3$ 和 $0.5mol \cdot L^{-1} (NH_4)_2CO_3$ 溶液］代替上面的 $Na_2CO_3$ 溶液，按上述步骤重复实验观察现象。

(3) 草酸钙的生成和性质　取一支试管加入 1mL 饱和 $CaCl_2$ 溶液，再加入 1mL 饱和 $(NH_4)_2C_2O_2$ 溶液，观察反应产物的颜色和状态，然后把沉淀分成两份，分别试验其与 $1mol \cdot L^{-1}$ HCl 和 $6mol \cdot L^{-1}$ HAc 的作用，写出反应方程式。

**5. 焰色反应**

取一顶端弯成小圈的镍丝，蘸以浓 HCl，在氧化焰中灼烧至无色，然后分别蘸以 $1mol \cdot L^{-1}$ LiCl 溶液、$1mol \cdot L^{-1}$ NaCl 溶液、$1mol \cdot L^{-1}$ KCl 溶液、$0.5mol \cdot L^{-1}$ $SrCl_2$、$0.5mol \cdot L^{-1}$ $BaCl_2$ 溶液，在氧化焰中灼烧，观察和比较它们的焰色有何不同。

# 实验十四 氧硫氮磷

**【实验目的】**

1. 掌握过氧化氢的主要性质。

2. 掌握硫化氢的还原性、亚硫酸及其盐的性质、硫代硫酸及其盐的性质和过二硫酸盐的氧化性。

3. 掌握铵盐、亚硝酸及其盐、硝酸及其盐的主要性质。

4. 了解磷酸盐的主要性质。

5. 学会 $H_2O_2$、$S^{2-}$、$S_2O_3^{2-}$、$NH_4^+$、$NO_2^-$、$NO_3^-$、$PO_4^{3-}$ 的鉴定方法。

**【预习与思考】**

1. 实验室长期放置的 $H_2S$ 溶液、$Na_2S$ 溶液和 $Na_2SO_3$ 溶液会发生什么变化?

2. 鉴定 $S_2O_3^{2-}$ 时，$AgNO_3$ 溶液应过量，否则会出现什么现象？为什么？

3. 怎样检验亚硫酸中的 $SO_4^{2-}$？怎样检验硫酸盐中的 $SO_3^{2-}$？

4. 今有 $NaNO_3$ 和 $NaNO_2$ 两瓶溶液，试设计区别它们的方案。

5. 试用最简单的方法鉴别以下固体：$Na_2SO_4$、$NaHSO_4$、$Na_2CO_3$、$NaHCO_3$、$Na_3PO_4$、$Na_2HPO_4$、$NaH_2PO_4$。

**【基本原理】**

**1. 氧和硫及其化合物**

① $H_2O_2$ 中氧呈－1价氧化态，故 $H_2O_2$ 既有氧化性又有还原性。酸性溶液中，$H_2O_2$ 与 $Cr_2O_7^{2-}$ 反应生成蓝色的过氧化铬，化学式为 $CrO(O)_2$，这一反应可用于鉴定 $H_2O_2$。热、光照或有催化剂时会促使其分解，分别生成 $H_2O$ 和 $O_2$。

② $H_2S$ 中 S 的氧化数为－2，为强还原剂，是具有恶臭的剧毒气体。在含有 $S^{2-}$ 的溶液中加入稀盐酸，生成的 $H_2S$ 气体能使湿润的 $Pb(Ac)_2$ 试纸变黑。在碱性溶液中，$S^{2-}$ 与 $[Fe(CN)_5NO]^{2-}$ 反应生成紫色配合物：

$$S^{2-} + [Fe(CN)_5NO]^{2-} \longrightarrow [Fe(CN)_5NOS]^{4-}$$

这两种方法都可鉴定 $S^{2-}$。

③ $SO_2$ 溶于水生成不稳定的亚硫酸 $H_2SO_3$。亚硫酸及其盐常用作还原剂，但遇到强还原剂时也起氧化作用。$H_2SO_3$ 可与某些有机物发生加成反应生成无色加成物，所以具有漂白性，而加成物受热时往往容易分解。$SO_3^{2-}$ 与 $[Fe(CN)_5NO]^{2-}$ 反应生成红色配合物，加入饱和 $ZnSO_4$ 溶液和 $K_4[Fe(CN)_6]$ 溶液，会使红色明显加深。这种方法可用于鉴定 $SO_3^{2-}$。

④ 硫代硫酸不稳定，因此硫代硫酸盐遇酸容易分解，硫代硫酸盐中硫的平均氧化数为＋2，是一种中等强度的还原剂：与碘反应时，它被氧化为连四硫酸盐；与氯、溴等反应时被氧化成硫酸盐。$Na_2S_2O_3$ 常用作还原剂，还能与某些金属离子形成配合物。$S_2O_3^{2-}$ 与 $Ag^+$ 反应能生成白色的 $Ag_2S_2O_3$ 沉淀：

$$2Ag^+ + S_2O_3^{2-} \longrightarrow Ag_2S_2O_3(s)$$

$Ag_2S_2O_3(s)$ 能迅速分解为 $Ag_2S$ 和 $H_2SO_4$：

$$Ag_2S_2O_3(s) + H_2O \longrightarrow Ag_2S(s) + H_2SO_4$$

这一过程的颜色变化为：白色→黄色→棕色→黑色，这一方法可用于鉴定 $S_2O_3^{2-}$。

⑤ 过二硫酸盐是强氧化剂，在酸性条件下能将 $Mn^{2+}$ 氧化为 $MnO_4^-$，有 $Ag^+$（作催化剂）存在时，此反应速率增大。

**2. 氮和磷及其化合物**

① 铵盐是 $NH_3$ 与酸所生成的化合物。在热稳定性方面，由于 $NH_3$ 的挥发性和还原性，与其他金属离子盐相比要不稳定得多。根据对应酸的性质，分解产物不同。若对应酸无氧化性，则分解释放出 $NH_3$，如 $NH_4Cl$、$(NH_4)_2SO_4$、$(NH_4)_2HPO_4$、$(NH_4)_2MoO_4$ 等；若对应酸有氧化性，则分解氧化，一般放出 $N_2$、$N_2O$，如 $NH_4NO_2$、$NH_4NO_3$、$(NH_4)_2Cr_2O_7$、$NH_4ClO_4$ 等。铵盐的溶解与钾盐类似，易溶于水（酸式酒石酸盐、高氯酸盐除外）。由于 $NH_3 \cdot H_2O$ 是弱碱，故铵盐的水解一般呈酸性。

② 氮与氧生成的氧化物有 $N_2O$、$N_2O_3$、$NO_2$、$N_2O_5$ 等，其中 $N_2O$、NO 是中性氧化物，$N_2O_3$、$NO_2$、$N_2O_5$ 则是酸性氧化物，对应的酸是 $HNO_2$、$HNO_3$。

$HNO_2$ 不稳定，常温下即会歧化分解：

$$2HNO_2 \longrightarrow NO(g) + NO_2(g) + H_2O$$

$HNO_3$ 比 $HNO_2$ 要稳定得多，分解需加热或光照：

$$4HNO_3 \longrightarrow 4NO_2(g) + O_2(g) + 2H_2O$$

$HNO_2$ 既有氧化性又有还原性。$HNO_3$ 只有氧化性，其还原产物与 $HNO_3$ 的浓度和还原剂的强弱等有关。一般来说，对于非金属还原剂如 C、S、P、$I_2$ 等，$HNO_3$ 的还原产物是 NO；对金属还原剂，浓 $HNO_3$ 的还原产物是 $NO_2$，稀 $HNO_3$ 的还原产物是 NO。随着 $HNO_3$ 浓度的降低和金属还原性的增强，还原产物中 N 的氧化态降低而得到 $N_2O$、$N_2$，甚至 $NH_4^+$（锌与极稀 $HNO_3$ 作用生成 $NH_4^+$）。

③ 磷可形成+3、+5 两种氧化态的含氧化合物。单质磷燃烧得 $P_4O_{10}$，与冷水作用得偏磷酸，与热水作用（在 $HNO_3$ 存在下）得正磷酸。正磷酸可形成三种盐，由于水解和电离作用的不同，在水溶液中的酸碱性不同，溶解性也不相同。另外由于 P—O—P 键十分稳定，使得磷酸和磷酸盐很容易聚合而形成各种类型的多磷酸及多磷酸盐，如偏磷酸 [$(HPO_3)_n$]、焦磷酸（$H_4P_2O_7$）、三磷酸钠（$Na_5P_3O_{10}$）、格氏盐 [$(NaPO_3)_n$] 等。由于它们与 $Ag^+$ 及蛋白质溶液作用的情形不同，因此可区别偏磷酸根、磷酸根和焦磷酸根离子。

磷酸盐与过量的钼酸铵在浓硝酸溶液中反应有淡黄色的磷钼酸铵晶体析出，这是鉴定 $PO_4^{3-}$ 的特征反应。与镁铵试剂作用生成白色的磷酸镁铵沉淀，此法也可以鉴定 $PO_4^{3-}$ 的存在。

**【实验用品】**

仪器：离心机，水浴锅，点滴板，天平，铁架台，铁夹，表面皿。

药品：$H_2SO_4$(1mol·$L^{-1}$,浓)，$HNO_3$(2mol·$L^{-1}$,6mol·$L^{-1}$,浓)，HCl(2mol·$L^{-1}$)，HAc(6mol·$L^{-1}$)，$H_3PO_4$（0.1mol·$L^{-1}$），NaOH（40%），$Pb(NO_3)_2$（0.1mol·$L^{-1}$），$Na_2[Fe(CN)_5NO]$(1%)，$K_2Cr_2O_7$（0.1mol·$L^{-1}$），$KMnO_4$（0.01mol·$L^{-1}$，0.1mol·$L^{-1}$），$Na_2SO_3$(0.1mol·$L^{-1}$)，$Na_2S_2O_3$（0.1mol·$L^{-1}$），$BaCl_2$（1mol·$L^{-1}$），$K_4[Fe(CN)_6]$(0.1mol·$L^{-1}$)，$MnSO_4$(0.1mol·$L^{-1}$)，$AgNO_3$(0.1mol·$L^{-1}$)，$Na_2S$(0.1mol·$L^{-1}$)，$FeCl_3$(0.1mol·$L^{-1}$)，$ZnSO_4$(饱和)，KI(0.1mol·$L^{-1}$)，$NH_4Cl$(0.1mol·$L^{-1}$,s)，$NaNO_2$(饱和,0.5mol·$L^{-1}$，2mol·$L^{-1}$)，$FeSO_4$(0.5 mol·$L^{-1}$)，$Na_3PO_4$(0.1mol·$L^{-1}$)，$NaH_2PO_4$(0.1mol·$L^{-1}$)，$Na_2HPO_4$(0.1mol·$L^{-1}$)，$(NH_4)_2MoO_4$(0.1mol·$L^{-1}$)，$(NH_4)_2S_2O_8$(s)，$NH_4NO_3$(s)，$(NH_4)_2SO_4$(s)，锌粒，硫粉，铜片，$SO_2$ 溶液(饱和)，$H_2S$ 溶液(饱和)，$H_2O_2$(3%)，碘水(0.01mol·$L^{-1}$，饱和)，氯水(饱和)。

其他：品红溶液，戊醇，淀粉试液，奈斯勒试剂，对氨基苯磺酸，α-萘胺，pH 试纸，$Pb(Ac)_2$ 试纸，蓝色石蕊试纸，红色石蕊试纸（或酚酞试纸）。

**【实验步骤】**

**1. 过氧化氢的性质**

① 制备少量 PbS 沉淀，离心分离，弃去清液，水洗沉淀后，加入 3% $H_2O_2$ 溶液，观察现象。写出相关的反应方程式。

② 在试管中加入 3% $H_2O_2$ 溶液和戊醇各 0.5mL，再滴加 2 滴 $1mol \cdot L^{-1}$ $H_2SO_4$ 溶液和 1 滴 $0.1mol \cdot L^{-1}$ $K_2Cr_2O_7$ 溶液，充分振荡后观察现象。写出反应方程式。

**2. 硫化氢的还原性和 $S^{2-}$ 的鉴定**

① 取几滴 $0.01mol \cdot L^{-1}$ $KMnO_4$ 溶液，用稀 $H_2SO_4$ 酸化后，再滴加饱和 $H_2S$ 溶液，观察现象，写出反应方程式。

② 观察 $0.1mol \cdot L^{-1}$ $FeCl_3$ 溶液与饱和 $H_2S$ 溶液的反应现象，写出反应方程式。

③ 在点滴板上加 1 滴 $0.1mol \cdot L^{-1}$ $Na_2S$ 溶液，再加 1 滴 1% $Na_2[Fe(CN)_5NO]$ 溶液，观察现象，写出离子反应方程式。

④ 在试管中加入几滴 $0.1mol \cdot L^{-1}$ $Na_2S$ 溶液和 $2mol \cdot L^{-1}$ HCl 溶液，用湿润的 $Pb(Ac)_2$ 试纸检查逸出的气体。写出相关的反应方程式。

**3. 多硫化物的生成和性质**

在试管中加入几滴 $0.1mol \cdot L^{-1}$ $Na_2S$ 溶液和少量硫粉，加热数分钟，观察溶液颜色的变化。吸取清液移至另一试管中，再向此试管中加入 $2mol \cdot L^{-1}$ HCl 溶液，观察现象，并用湿润的 $Pb(Ac)_2$ 试纸检查逸出的气体。写出有关的反应方程式。

**4. 亚硫酸的性质和 $SO_3^{2-}$ 的鉴定**

① 取几滴饱和碘水，加 1 滴淀粉试液，再加数滴饱和 $SO_2$ 溶液，观察现象，写出反应方程式。

② 取几滴饱和 $H_2S$ 溶液，滴加饱和 $SO_2$ 溶液，观察现象，写出反应方程式。

③ 取 1mL 品红溶液，加入 1～2 滴饱和 $SO_2$ 溶液，充分振荡后静止片刻，观察溶液颜色的变化。

④ 在点滴板上加饱和 $ZnSO_4$ 溶液和 $0.1mol \cdot L^{-1}$ $K_4[Fe(CN)_6]$ 溶液各 1 滴，再加 1 滴 1% $Na_2[Fe(CN)_5NO]$ 溶液，最后加 1 滴 $0.1mol \cdot L^{-1}$ $Na_2SO_3$ 溶液，用玻璃棒搅拌，观察现象。

**5. 硫代硫酸及其盐的性质**

① 在试管中滴加 $0.1mol \cdot L^{-1}$ $Na_2S_2O_3$ 溶液和 $2mol \cdot L^{-1}$ HCl 溶液，充分振荡片刻，观察现象，并用湿润的蓝色石蕊试纸检验逸出的气体，写出反应方程式。

② 取几滴 $0.01mol \cdot L^{-1}$ 碘水，加 1 滴淀粉试液，逐滴加入 $0.1mol \cdot L^{-1}$ $Na_2S_2O_3$ 溶液，观察现象，写出反应方程式。

③ 取几滴饱和氯水，滴加 $0.1mol \cdot L^{-1}$ $Na_2S_2O_3$ 溶液，观察现象并检验是否有 $SO_4^{2-}$ 生成。

④ 在点滴板上加 1 滴 $0.1mol \cdot L^{-1}$ $Na_2S_2O_3$ 溶液，再滴加 $0.1mol \cdot L^{-1}$ $AgNO_3$ 溶液至生成白色沉淀，观察颜色的变化并写出有关的反应方程式。

**6. 过硫酸盐的性质**

取几滴 $0.1mol \cdot L^{-1}$ $MnSO_4$ 溶液，加入 2.0mL $1mol \cdot L^{-1}$ $H_2SO_4$ 溶液和 1 滴 $0.1mol \cdot L^{-1}$

$AgNO_3$ 溶液，再加入少量 $(NH_4)_2S_2O_8$ 固体，在水浴中加热片刻。观察溶液颜色的变化，写出反应方程式。

**7. 铵盐的性质**

（1）铵盐的热分解

① 称取 0.5g $NH_4Cl$ 固体置入干燥的试管中，将试管固定在铁架台的铁夹上，用润湿的 pH 试纸横放在管口（管口要干净）。加热，检验逸出的气体，观察试纸颜色的变化；继续加热，pH 试纸又有何变化？（如果试纸颜色不改变，可用玻璃棒把试纸送进试管内一段距离，再观察。）同时观察试管壁上发生的现象，解释原因并写出反应方程式。

② 取少量 $NH_4NO_3$ 固体放在干燥试管内，加热，观察现象。

③ 用少量 $(NH_4)_2SO_4$ 固体进行同样实验。

通过上述实验，总结铵盐热分解的规律。

（2）$NH_4^+$ 的鉴定

① 气室法　将 2～3 滴 0.1mol·L$^{-1}$ $NH_4Cl$ 溶液滴入表面皿中心，再加入 3 滴 40% NaOH 溶液，混匀。在另一个较小的表面皿中心黏附一条湿的红色石蕊试纸（或酚酞试纸），把它盖在大的表面皿上做成气室。将此气室放在水浴上微热 2min，若石蕊试纸变蓝色（或酚酞试纸变红色），则表示有 $NH_4^+$ 存在。

② 奈氏法　将 1 滴 0.1mol·L$^{-1}$ $NH_4Cl$ 溶液滴入点滴板中，然后滴入 2 滴奈斯勒试剂，即生成红棕色沉淀，其反应灵敏度约为 0.1μg·mL$^{-1}$。写出其反应方程式。

**8. 亚硝酸和亚硝酸盐（注意：亚硝酸及其盐有毒，实验中切勿引入口中。）**

（1）亚硝酸的生成和分解　在试管中加入 10 滴饱和 $NaNO_2$ 溶液，放在冰水中冷却，然后滴加 10 滴 1mol·L$^{-1}$ $H_2SO_4$，使之混合均匀，观察反应现象。将试管从冰水中取出，放置片刻，观察又有何现象发生（现象不明显时可微热）。解释现象，写出反应方程式。

（2）亚硝酸的氧化性　向 10 滴饱和 $NaNO_2$ 溶液中滴入 2 滴 0.1mol·L$^{-1}$ KI 溶液，观察现象。再滴入 5 滴 1mol·L$^{-1}$ $H_2SO_4$ 溶液，又有何现象（现象不明显时可微热）？如何检验反应产物？写出反应方程式。

（3）亚硝酸的还原性　向 10 滴饱和 $NaNO_2$ 溶液中滴入 2 滴 0.1mol·L$^{-1}$ $KMnO_4$ 溶液，观察现象。再滴入 5 滴 1mol·L$^{-1}$ $H_2SO_4$ 溶液，又有何现象？写出反应方程式。

（4）$NO_2^-$ 的鉴定　取 1 滴 0.5mol·L$^{-1}$ $NaNO_2$ 溶液于试管中，滴入 9 滴蒸馏水，再滴入 2 滴 6mol·L$^{-1}$ HAc 酸化，然后加入 3～4 滴对氨基苯磺酸和 1 滴 α-萘胺，溶液即显红色。此法的灵敏度高，选择性也好。

**9. 硝酸和硝酸盐**

（1）硝酸的氧化性

① 取两支试管，各放入 1 粒锌粒，然后分别加入 1mL 2mol·L$^{-1}$ $HNO_3$ 溶液和 1mL 浓 $HNO_3$，观察两支试管中反应产物和反应速率的差别。分别写出化学反应方程式，并检验锌与稀 $HNO_3$ 的反应产物中是否有 $NH_4^+$ 生成。

② 用铜片代替锌粒分别与浓 $HNO_3$ 和 2mol·L$^{-1}$ $HNO_3$ 溶液反应，观察并记录实验结果。

比较活泼金属和不活泼金属与稀 $HNO_3$ 反应产物的差异。

（2）$NO_3^-$ 的鉴定——棕色环试验　在小试管中注入 10 滴新配制的 0.5mol·L$^{-1}$ $FeSO_4$ 溶液，再加入 5 滴 2mol·L$^{-1}$ $NaNO_2$ 溶液，摇匀，然后斜持试管，沿着管壁注入 1 滴管的

浓 $H_2SO_4$（注意：注入时要使液流成线并连续加入，不要摇动试管）。由于浓 $H_2SO_4$ 的密度较上述液体大，流入试管底部形成两层，这时两层液体界面上有一个棕色环。写出相关反应方程式。

**10. 磷酸盐**

检验磷酸盐的酸碱性：取 3 支试管，各加入 10 滴 0.1mol·$L^{-1}$的 $Na_3PO_4$、$NaH_2PO_4$、$Na_2HPO_4$ 溶液，用 pH 试纸试验其酸碱性。然后向 3 支试管中各滴入 10 滴 0.1mol·$L^{-1}$ $AgNO_3$，观察现象，再用 pH 试纸检验各溶液的 pH，然后将实验结果填入表 3-1 中。

**表 3-1　磷酸盐的性质**

| 磷酸盐(0.1mol·$L^{-1}$) | pH | 加 $AgNO_3$ | |
|---|---|---|---|
| | | 现象 | pH |
| $Na_3PO_4$<br>$NaH_2PO_4$<br>$Na_2HPO_4$ | | | |

**11. $PO_4^{3-}$ 的鉴定——磷钼酸铵沉淀法**

取 3 滴溶液（可以是 $Na_3PO_4$、$Na_2HPO_4$、$NaH_2PO_4$、$H_3PO_4$），滴入 3～4 滴 6mol·$L^{-1}$ $HNO_3$ 和 8～10 滴 0.1mol·$L^{-1}$$(NH_4)_2MoO_4$ 溶液，微热至 313～323K，必要时用玻璃棒摩擦管壁，即有黄色沉淀产生，写出反应方程式。

注意：由于磷钼酸铵可溶于过量的磷酸盐生成可溶性配阴离子，因此必须加入过量的沉淀剂。

# 实验十五　锡 铅 锑 铋

**【实验目的】**

1. 掌握锡、铅、锑、铋氢氧化物的酸碱性。
2. 掌握锡(Ⅱ)、锑(Ⅲ)、铋(Ⅲ)盐的水解性。
3. 掌握锡(Ⅱ)的还原性和铅(Ⅳ)、铋(Ⅴ)的氧化性。
4. 掌握锡、铅、锑、铋硫化物的溶解性。
5. 掌握 $Sn^{2+}$、$Pb^{2+}$、$Sb^{3+}$、$Bi^{3+}$ 的鉴定方法。

**【预习与思考】**

1. 检验 $Pb(OH)_2$ 的碱性时，应该用什么酸？为什么不能用稀盐酸或稀硫酸？
2. 怎样制取亚锡酸钠溶液？
3. $PbO_2$ 和 $MnSO_4$ 溶液反应时，为什么用硝酸酸化而不用盐酸酸化？
4. 配制 $SnCl_2$ 溶液时，为什么要加入盐酸和锡粒？

**【基本原理】**

锡、铅是周期表第ⅣA 族元素，其原子的价层电子结构为 $ns^2np^2$，它们能形成氧化值为+2 和+4 的化合物。

锑、铋是周期表第ⅤA 族元素，其原子的价层电子构型为 $ns^2np^3$，它们能形成氧化值为+3 和+5 的化合物。

$Sn(OH)_2$、$Pb(OH)_2$、$Sb(OH)_3$ 都是两性氢氧化物，溶于碱的反应是：

$$Sn(OH)_2 + 2OH^- \longrightarrow [Sn(OH)_4]^{2-}$$

$$Pb(OH)_2 + OH^- \longrightarrow [Pb(OH)_3]^-$$

$$Sb(OH)_3 + 3OH^- \longrightarrow [Sn(OH)_6]^{3-}$$

$Bi(OH)_3$ 呈碱性，$\alpha$-$H_2SnO_3$ 既能溶于酸，也能溶于碱，而 $\beta$-$H_2SnO_3$ 既不溶于酸，也不溶于碱。

$Sn^{2+}$、$Sb^{3+}$、$Bi^{3+}$ 在水溶液中发生显著的水解反应，例如：

$$SnCl_2 + H_2O \longrightarrow Sn(OH)Cl\downarrow(白) + HCl$$

$$BiCl_3 + H_2O \longrightarrow BiOCl\downarrow(白) + 2HCl$$

加入相应的酸可以抑制它们的水解。

Sn(Ⅱ)的化合物具有较强的还原性。$Sn^{2+}$ 与 $HgCl_2$ 反应可用于鉴定 $Sn^{2+}$ 或 $Hg^{2+}$：

$$SnCl_2 + 2HgCl_2 \longrightarrow SnCl_4 + Hg_2Cl_2\downarrow\ (白)$$

$$SnCl_2 + Hg_2Cl_2 \longrightarrow SnCl_4 + 2Hg\downarrow\ (黑)$$

碱性溶液中 $[Sn(OH)_4]^{2-}$ 与 $Bi^{3+}$ 反应可用于鉴定 $Bi^{3+}$。Pb(Ⅳ)和 Bi(Ⅴ)的化合物都具有强氧化性。$PbO_2$ 和 $NaBiO_3$ 都是强氧化剂，在酸性溶液中它们都能与 $Mn^{2+}$、$Cl^-$ 等弱还原剂发生反应：

$$5PbO_2 + 2Mn^{2+} + 5SO_4^{2-} + 4H^+ \longrightarrow 5PbSO_4 + 2MnO_4^- + 2H_2O$$

$$5NaBiO_3 + 2Mn^{2+} + 14H^+ \longrightarrow 2MnO_4^- + 5Bi^{3+} + 5Na^+ + 7H_2O$$

$Sb^{3+}$ 可以被 Sn 还原为单质 Sb，这一反应可用于鉴定 $Sb^{3+}$。

SnS、$SnS_2$、PbS、$Sb_2S_3$、$Bi_2S_3$ 都有颜色，它们都难溶于水和稀盐酸，但能溶于较浓

的盐酸和稀 $HNO_3$ 中。例如：

$$PbS+4HCl(浓) = H_2[PbCl_4]+H_2S$$

$$3PbS+8HNO_3(稀) = 3Pb(NO_3)_2+2NO\uparrow+3S\downarrow+4H_2O$$

$SnS_2$ 和 $Sb_2S_3$ 还能溶于 NaOH 溶液或 $Na_2S$ 溶液。Sn(Ⅳ) 和 Sb(Ⅲ) 的硫代硫酸盐遇酸分解为 $H_2S$ 和相应的硫化物沉淀。

铅的许多盐难溶于水。$PbCl_2$ 能溶于热水中。利用 $Pb^{2+}$ 和 $CrO_4^{2-}$ 的反应可以鉴定 $Pb^{2+}$。

**【实验用品】**

仪器：离心机，点滴板。

药品：HCl($2mol\cdot L^{-1}$，$6mol\cdot L^{-1}$)，$HNO_3$($2mol\cdot L^{-1}$，$6mol\cdot L^{-1}$，浓)，浓 $H_2SO_4$，$H_2S$(饱和)，NaOH($2mol\cdot L^{-1}$，$6mol\cdot L^{-1}$)，$SnCl_2$($0.1mol\cdot L^{-1}$)，$SnCl_4$ ($0.2mol\cdot L^{-1}$)，$Pb(NO_3)_2$($0.1mol\cdot L^{-1}$)，$SbCl_3$($0.1mol\cdot L^{-1}$，$0.5mol\cdot L^{-1}$)，$Bi(NO_3)_3$($0.1mol\cdot L^{-1}$)，$BiCl_3$($0.1mol\cdot L^{-1}$)，$HgCl_2$($0.1mol\cdot L^{-1}$)，$MnSO_4$($0.1mol\cdot L^{-1}$)，$AgNO_3$($0.1mol\cdot L^{-1}$)，$Na_2S_x$($0.1mol\cdot L^{-1}$)，$NH_4Ac$(饱和)，$K_2CrO_4$($0.1mol\cdot L^{-1}$)，$Na_2S$($0.1mol\cdot L^{-1}$，$0.5mol\cdot L^{-1}$)，KI($0.1mol\cdot L^{-1}$)，$SnCl_2\cdot 6H_2O(s)$，$PbO_2(s)$，$NaBiO_3(s)$，锡粒，锡片，$NH_3\cdot H_2O$。

**【实验步骤】**

**1. 锡、铅、锑、铋氢氧化物酸碱性**

① 制取少量 $Sn(OH)_2$、$\alpha$-$H_2SnO_3$、$Pb(OH)_2$、$Sb(OH)_3$ 和 $Bi(OH)_3$ 沉淀，观察其颜色，并选择适当的试剂分别检验它们的酸碱性。写出有关的反应方程式。

② 在两支试管中各加入一粒金属锡，再各加几滴浓 $HNO_3$，微热（在通风橱中进行），观察现象，写出反应方程式。将反应产物用去离子水洗涤两次，在沉淀中加入 $2mol\cdot L^{-1}$ HCl 溶液和 $2mol\cdot L^{-1}$ NaOH 溶液，观察沉淀是否溶解。

**2. Sn(Ⅱ)、Sb(Ⅲ) 和 Bi(Ⅲ) 盐的水解性**

① 取少量 $SnCl_2\cdot 2H_2O$ 晶体放入试管中，加 1～2mL 去离子水，观察现象。再加入 $6mol\cdot L^{-1}$ HCl 溶液，观察有何变化。写出有关的反应方程式。

② 取少量 $0.1mol\cdot L^{-1}$ $SbCl_3$ 溶液和 $0.1mol\cdot L^{-1}$ $BiCl_3$ 溶液，分别加水稀释，观察现象，再分别加入 $6mol\cdot L^{-1}$ HCl 溶液，观察试管内有何变化。写出有关的反应方程式。

**3. 锡、铅、锑、铋化合物的氧化还原性**

(1) Sn(Ⅱ) 的还原性

① 取 $0.1mol\cdot L^{-1}$ $HgCl_2$ 溶液 1～2 滴，然后逐滴加入 $0.1mol\cdot L^{-1}$ $SnCl_2$ 溶液，观察现象。写出反应方程式。

② 自制少量 $Na_2[Sn(OH)_4]$ 溶液，然后滴加 $0.1mol\cdot L^{-1}$ $BiCl_3$ 溶液，观察现象。写出反应方程式。

(2) $PbO_2$ 的氧化性　取少量 $PbO_2$ 固体，加入 1mL $6mol\cdot L^{-1}$ $HNO_3$ 溶液和 1 滴 $0.1mol\cdot L^{-1}$ $MnSO_4$ 溶液，微热后静置片刻，观察现象。写出反应方程式。

(3) Sb(Ⅲ) 的氧化还原性

① 在点滴板上放一小块光亮的锡片，然后滴 1 滴 $0.1mol\cdot L^{-1}$ $SbCl_3$ 溶液，观察锡片表面的变化。写出反应方程式。

② 分别制取少量 $[Ag(NH_3)_2]^+$ 溶液和 $[Sb(OH)_4]^-$ 溶液，然后将两种溶液混合，观察现象，写出有关的离子反应方程式。

(4) $NaBiO_3$ 的氧化性　取 $0.1mol\cdot L^{-1}$ $MnSO_4$ 溶液 1 滴，加入 1mL $6mol\cdot L^{-1}$ $HNO_3$

溶液后再加入少量固体 $NaBiO_3$，微热，观察现象。写出离子反应方程式。

**4. 锡、铅、锑、铋硫化物的生成和溶解**

① 在两支试管中各加入 1 滴 0.1mol·$L^{-1}$ $SnCl_2$ 溶液，加入饱和 $H_2S$ 溶液，观察现象。离心分离，弃去清液。再分别加入少量 6mol·$L^{-1}$ HCl 溶液、0.1mol·$L^{-1}$ $Na_2S_x$ 溶液，观察现象。写出有关反应的离子反应方程式。

② 制取两份 PbS 沉淀，观察颜色。分别加入 6mol·$L^{-1}$ HCl 溶液和 6mol·$L^{-1}$ $HNO_3$ 溶液，观察现象。写出有关反应的离子反应方程式。

③ 制取三份 $SnS_2$ 沉淀，观察颜色。分别加入 2mol·$L^{-1}$ NaOH 溶液、浓 HCl 和 0.1mol·$L^{-1}$ $Na_2S$ 溶液，观察现象。写出有关的离子反应方程式。在 $SnS_2$ 与 $Na_2S$ 反应的溶液中加入 2mol·$L^{-1}$ HCl 溶液，观察有何变化。写出有关的离子反应方程式。

④ 制取三份 $Sb_2S_3$ 沉淀，观察颜色。分别加入 6mol·$L^{-1}$ HCl 溶液、2mol·$L^{-1}$ NaOH 溶液、0.5mol·$L^{-1}$ $Na_2S$ 溶液，观察现象。在 $Sb_2S_3$ 与 $Na_2S$ 反应的溶液中加入 2mol·$L^{-1}$ HCl 溶液，观察有何变化。写出有关的离子反应方程式。

⑤ 制取 $Bi_2S_3$ 沉淀，观察其颜色。加入 6mol·$L^{-1}$ HCl 溶液，观察有何变化。写出有关反应的离子反应方程式。

**5. 铅(Ⅱ) 难溶盐的生成与溶解**

① 制取少量的 $PbCl_2$ 沉淀，观察其颜色。分别试验其在热水和浓 HCl 中的溶解情况。

② 制取少量的 $PbSO_4$ 沉淀，观察其颜色。分别试验其在浓 $H_2SO_4$ 和 $NH_4Ac$ 饱和溶液中的溶解情况。

③ 制取少量的 $PbCrO_4$ 沉淀，观察其颜色。分别试验其在 6mol·$L^{-1}$ NaOH 溶液、浓 $HNO_3$ 和稀 $HNO_3$ 中的溶解情况。

**6. $Sn^{2+}$ 与 $Pb^{2+}$ 的鉴别**

有 A、B 两种溶液，一种含有 $Sn^{2+}$，另一种含有 $Pb^{2+}$。试根据它们的特征反应，设计实验方法加以区分。

**7. $Sb^{3+}$ 与 $Bi^{3+}$ 的分离和鉴定**

取 0.1mol·$L^{-1}$ $SbCl_3$ 溶液和 0.1mol·$L^{-1}$ $BiCl_3$ 溶液各 3 滴混合在一起，试设计方法加以分离和鉴定。图示分离和鉴定步骤，写出实验现象和有关反应的离子反应方程式。

# 实验十六 卤 素

**【实验目的】**

1. 掌握卤素单质的氧化性。

2. 掌握卤素含氧酸盐的氧化性。

3. 了解卤化氢的制备方法并比较它们的还原性。

4. 学会$Cl^-$、$Br^-$、$I^-$的鉴定方法。

**【预习与思考】**

1. $Br_2$能从含有$I^-$的溶液中置换出$I_2$，而$I_2$又能从$KBrO_3$的溶液中置换出$Br_2$，两者有无矛盾？试说明之。

2. 酸性条件下，$KBrO_3$溶液与KBr溶液会发生什么反应？$KBrO_3$溶液与KI溶液又会发生什么反应？

3. 鉴定$Cl^-$时，为什么要先加稀$HNO_3$？而鉴定$Br^-$和$I^-$时为什么要先加稀$H_2SO_4$而不加稀$HNO_3$？

4. 某溶液中含有$Cl^-$、$Br^-$和$I^-$，怎样分离它们？写出实验步骤和原理。

**【基本原理】**

卤素系第ⅦA族元素，包括氟、氯、溴、碘、砹，其价电子构型为$ns^2np^5$，因此元素的氧化数通常是$-1$，但在一定条件下，也可以形成氧化数为$+1$、$+3$、$+5$、$+7$的化合物。卤素单质在化学性质上表现为强氧化性，其还原性较弱。氧化性按下列顺序变化：$F_2>Cl_2>Br_2>I_2$。

氯气的水溶液叫做氯水，在氯水中存在下列平衡：

$$Cl_2+H_2O \rightleftharpoons HCl+HClO$$

卤化氢皆为无色有刺激性气味的气体。还原性强弱的次序为：$HI>HBr>HCl>HF$，热稳定性的次序为：$HF>HCl>HBr>HI$。如HI可将浓硫酸还原为$H_2S$，HBr可将浓硫酸还原为$SO_2$，而HCl则不能还原浓硫酸。

卤素的含氧酸有如下多种形式：HXO、$HXO_2$、$HXO_3$、$HXO_4$（X＝Cl、Br、I）。随着卤素氧化数的升高，其热稳定性增大，酸性增强，氧化性减弱。如氯酸盐在中性溶液中没有明显的强氧化性，但在酸性介质中表现有强氧化性，卤酸盐氧化能力次序为：$BrO_3^->ClO_3^->IO_3^-$。次氯酸及其盐具有强氧化性。

$Br^-$能被$Cl_2$氧化为$Br_2$，在$CCl_4$中呈棕黄色。$I^-$能被$Cl_2$氧化为$I_2$，在$CCl_4$中呈紫色，当$Cl_2$过量时，$I_2$被氧化为无色的$IO_3^-$。$Cl^-$、$Br^-$、$I^-$与$Ag^+$反应分别生成AgCl、AgBr、AgI沉淀，它们的溶度积依次减小，都不溶于稀$HNO_3$。AgCl能溶于稀氨水或$(NH_4)_2CO_3$溶液，生成$[Ag(NH_3)_2]^+$。再加入稀$HNO_3$时，AgCl会重新沉淀出来，由此可以鉴定$Cl^-$的存在。AgBr和AgI不溶于稀氨水或$(NH_4)_2CO_3$溶液，它们在HAc介质中能被还原为Ag，可使$Br^-$和$I^-$转入溶液中，再用氯水将其氧化，可以鉴定$Br^-$和$I^-$的存在。

**【实验用品】**

仪器：离心机，水浴锅，点滴板，烧杯。

药品：$H_2SO_4$($2mol \cdot L^{-1}$，1∶1，浓)，$HNO_3$($2mol \cdot L^{-1}$)，HCl($2mol \cdot L^{-1}$，浓)，HAc($6mol \cdot L^{-1}$)，NaOH($2mol \cdot L^{-1}$)，$NH_3 \cdot H_2O$($2mol \cdot L^{-1}$，浓)，KBr($0.1mol \cdot L^{-1}$)，$NaHSO_3$

(0.1mol·$L^{-1}$)，NaCl(0.1mol·$L^{-1}$)，$AgNO_3$(0.1mol·$L^{-1}$)，$KIO_3$(0.1mol·$L^{-1}$)，$KClO_3$(饱和)，KI(0.1mol·$L^{-1}$，0.01mol·$L^{-1}$)，$(NH_4)_2CO_3$(12%)，NaCl(s)，KBr(s)，KI(s)，锌粒(s)，氯水(饱和)。

其他：品红溶液，$CCl_4$，淀粉试液，pH 试纸，淀粉-KI 试纸，$Pb(Ac)_2$ 试纸。

**【实验步骤】**

**1. 卤素单质的氧化性**

在试管中加入 10 滴 0.1mol·$L^{-1}$ KBr 溶液，2 滴 0.01mol·$L^{-1}$KI 溶液和 0.5mL $CCl_4$，混匀后逐滴加入氯水，每加一滴振荡一次试管，仔细观察 $CCl_4$ 层中出现的颜色变化，直至 $CCl_4$ 层呈无色。通过以上实验总结卤素单质的氧化性及递变规律。

**2. 卤化氢的还原性**

在 3 支干燥的试管中分别加入米粒大小的 NaCl、KBr 和 KI 固体，再分别加入 2～3 滴浓 $H_2SO_4$，观察现象，并分别用湿润的 pH 试纸、淀粉-KI 试纸和 $Pb(Ac)_2$ 试纸检验逸出的气体（应在通风橱内进行实验，并立即清洗试管）。

**3. 氯、溴、碘含氧酸盐的氧化性**

① 取 3 支试管各加入氯水 2mL 后，再各逐滴加入 2mol·$L^{-1}$NaOH 溶液至呈弱碱性。在第一支试管中加入 2mol·$L^{-1}$HCl 溶液，用湿润的淀粉-KI 试纸检验逸出的气体；在第二支试管中加入 0.1mol·$L^{-1}$KI 溶液及淀粉试液 1 滴；在第三支试管中滴加品红溶液。观察现象，写出相关的反应方程式。

② 取几滴饱和 $KClO_3$ 溶液，加入几滴浓盐酸，并检验逸出的气体。写出反应方程式。

③ 取 0.1mol·$L^{-1}$KI 溶液 2～3 滴，加入 4 滴饱和 $KClO_3$ 溶液，再逐滴加入（1∶1）$H_2SO_4$ 溶液，不断摇荡，观察溶液颜色的变化，并写出每一步反应方程式。

④ 取几滴 0.1mol·$L^{-1}$$KIO_3$ 溶液，酸化后加数滴 $CCl_4$，再滴加 0.1mol·$L^{-1}$$NaHSO_3$ 溶液，摇荡，观察现象。写出离子反应方程式。

**4. $Cl^-$、$Br^-$ 和 $I^-$ 的鉴定**

① 取 2 滴 0.1mol·$L^{-1}$NaCl 溶液，加入 1 滴 2mol·$L^{-1}$ $HNO_3$ 溶液和 2 滴 0.1mol·$L^{-1}$ $AgNO_3$ 溶液，观察现象。在沉淀中加入数滴 2mol·$L^{-1}$氨水溶液，摇荡使沉淀溶解，再加数滴 2mol·$L^{-1}$$HNO_3$ 溶液，观察有何变化。写出有关的离子反应方程式。

② 取 2 滴 0.1mol·$L^{-1}$KBr 溶液，加 1 滴 2mol·$L^{-1}$ $H_2SO_4$ 溶液和 0.5mL $CCl_4$，再逐滴加入氨水，边加边摇荡，观察 $CCl_4$ 层颜色的变化。写出离子反应方程式。

③ 用 0.1mol·$L^{-1}$KI 溶液代替 KBr 重复上述实验。

**5. $Cl^-$、$Br^-$ 和 $I^-$ 的分离与鉴定**

取 0.1mol·$L^{-1}$的 NaCl 溶液、KBr 溶液和 KI 溶液各 2 滴，混匀。设计方法将其分离并鉴定。给定试剂为：2mol·$L^{-1}$$HNO_3$ 溶液、0.1mol·$L^{-1}$$AgNO_3$ 溶液、12% $(NH_4)_2CO_3$ 溶液、锌粒、$CCl_4$、6mol·$L^{-1}$HAc 溶液和浓氨水。图示分离和鉴定步骤，写出现象和有关反应的离子方程式。

# 实验十七 钛 钒

**【实验目的】**

1. 掌握 Ti 和 V 主要元素化合物的氧化还原性。

2. 掌握 Ti(Ⅳ) 和 V(Ⅴ) 的氧化物及含氧酸盐的生成和性质。

3. 学习低氧化数的钛和钒化合物的生成和性质。

4. 观察各种氧化态的钛和钒化合物的颜色。

5. 学习 V(Ⅴ) 的鉴定方法。

**【预习与思考】**

1. 写出鉴定 Ti(Ⅳ) 和 V(Ⅴ) 的反应条件及离子方程式，并注明钛和钒在产物中的氧化数。

2. 过氧钛酰离子是怎样得到的？

3. $V_2O_5$ 的性质如何？

4. 向 $VO_2Cl$ 溶液中加锌粒，为何在变成纯蓝色之前有绿色出现？

5. 打开盛有 $TiCl_4$ 的瓶塞，为什么立即冒白烟？

**【基本原理】**

钛、钒为周期表 d 区第一过渡系元素，由于次外层有未充满的 d 轨道，所以与主族金属元素的性质有明显的差别。

**1. 钛**

钛为周期表第ⅣB 族元素，价电子构型 $3d^24s^2$，以 +4 氧化态最稳定。在强还原剂作用下，也可呈现 +3 和 +2 氧化态，但不稳定。

(1) $TiO_2$　$TiO_2$ 呈白色，是一种白色颜料，俗称钛白。它既不溶于水，也不溶于稀酸和稀碱溶液。与碱共熔时形成偏钛酸盐（如 $Na_2TiO_3$），与浓硫酸共热时可以缓慢地溶解，生成硫酸钛或硫酸氧钛：

$$TiO_2 + 2H_2SO_4 \longrightarrow Ti(SO_4)_2 + 2H_2O$$

$$TiO_2 + H_2SO_4 \longrightarrow TiOSO_4 + H_2O$$

将该溶液加热煮沸，发生水解反应，得到不溶于酸碱的 $\beta$-钛酸：

$$TiOSO_4 + (x+1)H_2O \longrightarrow TiO_2 \cdot xH_2O + H_2SO_4$$

若在新配制的酸性钛盐中加碱，则可得到能溶于稀酸或浓碱的 $\alpha$-钛酸：

$$TiOSO_4 + 2NaOH + H_2O \longrightarrow Ti(OH)_4 + Na_2SO_4$$

$$Ti(OH)_4 + H_2SO_4 \longrightarrow TiOSO_4 + 3H_2O$$

$$Ti(OH)_4 + 2NaOH \longrightarrow Na_2TiO_3 + 3H_2O$$

(2) $TiO^{2+}$　在 $TiO^{2+}$ 溶液中加入过氧化氢，呈现出特征颜色：在强酸性溶液中显红色，在稀酸或中性溶液中显橙黄色。利用这一反应可以进行 Ti(Ⅳ) 或 $H_2O_2$ 的比色分析。该反应的方程式为：

$$TiO^{2+} + H_2O_2 \longrightarrow [TiO(H_2O_2)]^{2+}$$

在酸性溶液中用锌还原钛氧离子 $TiO^{2+}$，可得到紫色的 $[Ti(H_2O)_6]^{3+}$：

$$2TiO^{2+} + Zn + 10H_2O + 4H^+ \longrightarrow 2[Ti(H_2O)_6]^{3+} + Zn^{2+}$$

(3) $Ti^{3+}$　$Ti^{3+}$ 易水解：

$$Ti^{3+} + H_2O \longrightarrow Ti(OH)^{2+} + H^+$$

或 $$[Ti(H_2O)_6]^{3+} \longrightarrow [Ti(OH)(H_2O)_5]^{2+} + H^+$$

向 $Ti^{3+}$ 的溶液中加入可溶性碳酸盐时，有 $Ti(OH)_3$ 沉淀生成：

$$2Ti^{3+} + 3CO_3^{2-} + 3H_2O \longrightarrow 2Ti(OH)_3(s) + 3CO_2(g)$$

在酸性溶液中，$Ti^{3+}$ 有强还原性，能将 $Cu^{2+}$、$Fe^{3+}$ 还原为 $Cu^+$、$Fe^{2+}$，也可被空气中的氧气氧化：

$$Ti^{3+} + Cu^{2+} + Cl^- + H_2O \longrightarrow CuCl + TiO^{2+} + 2H^+$$

$$Ti^{3+} + Fe^{3+} + H_2O \longrightarrow TiO^{2+} + Fe^{2+} + 2H^+$$

$$4Ti^{3+} + O_2 + 2H_2O \longrightarrow 4TiO^{2+} + 4H^+$$

(4) $TiCl_4$　$TiCl_4$ 是共价型为主的化合物，常温时为无色液体，有刺激性臭味；极易水解，暴露在空气中发烟：

$$TiCl_4 + 2H_2O \longrightarrow TiO_2 + 4HCl$$

**2. 钒**

钒为周期表第ⅤB族元素，价电子构型 $3d^34s^2$，化合物中主要为+5 氧化态，但也可以还原成+4、+3、+2 等低氧化态。钒能生成许多低价化合物，如+5、+4、+3、+2 氧化态的化合物，而使溶液发生由黄色→蓝色→绿色→紫色的颜色变化，这种颜色变化顺序是对钒进行检验的特征依据。低价的钒又可被 $KMnO_4$ 逐步氧化成高价钒的化合物。偏钒酸盐也能与过氧化氢在酸性溶液中生成红棕色的过氧钒离子 $[V(O_2)]^{3+}$ 的化合物，可用于分析上鉴定钒和进行钒的比色测定。

(1) $V_2O_5$　$V_2O_5$ 是钒的重要化合物之一，可由加热分解偏钒酸铵得到，呈橙黄色至深红色，有毒，微溶于水（约 0.07g/100g$H_2O$）而显淡黄色，是两性偏酸性的氧化物。

$V_2O_5$ 溶于碱生成偏钒酸盐：

$$V_2O_5 + 2NaOH \longrightarrow 2NaVO_3 + H_2O$$

溶于浓碱生成正钒酸盐：

$$V_2O_5 + 6NaOH(浓) \longrightarrow 2Na_3VO_4 + 3H_2O$$

向正钒酸盐溶液中加酸，随着 $H^+$ 浓度增加会生成不同聚合度的多钒酸盐。

$V_2O_5$ 能溶于强酸中形成黄色的 $VO_2^+$。

(2) $VO_2^+$　在酸性介质中，$VO_2^+$ 是一种较强的氧化剂：

$$2VO_2^+ + 2Cl^- + 4H^+ \longrightarrow 2VO^{2+} + Cl_2(g) + 2H_2O$$

$VO_2^+$ 也可被 $Fe^{2+}$ 或 $H_2C_2O_4$ 还原为 $VO^{2+}$：

$$VO_2^+ + Fe^{2+} + 2H^+ \longrightarrow VO^{2+} + Fe^{3+} + H_2O$$

$$2VO_2^+ + H_2C_2O_4 + 2H^+ \longrightarrow 2VO^{2+} + 2CO_2(g) + 2H_2O$$

上述反应可用于钒的鉴定。

(3) V(Ⅴ)　在 V(Ⅴ) 的酸性溶液中加 $H_2O_2$，可生成红色的 $[V(O_2)]^{3+}$：

$$NH_4VO_3 + H_2O_2 + 4HCl \longrightarrow [V(O_2)]Cl_3 + NH_4Cl + 3H_2O$$

在酸性溶液中，V(Ⅴ) 可被锌逐渐还原为 V(Ⅳ)、V(Ⅲ)、V(Ⅱ)，使溶液颜色由蓝色→暗绿色→紫红色变化：

$$2VO_2Cl + Zn + 4HCl \longrightarrow 2VOCl_2(蓝) + ZnCl_2 + 2H_2O$$

$$2VOCl_2 + Zn + 4HCl \longrightarrow 2VCl_3(暗绿) + ZnCl_2 + 2H_2O$$

$$2VCl_3 + Zn \longrightarrow 2VCl_2(紫) + ZnCl_2$$

**【实验用品】**

仪器：离心机，天平，坩埚，坩埚钳，泥三角，石棉网，三脚架，量筒。

坩埚和坩埚钳

药品：$H_2SO_4$（$2mol \cdot L^{-1}$，浓），HCl（$6mol \cdot L^{-1}$，浓），$H_2C_2O_4$（$1mol \cdot L^{-1}$），NaOH（$2mol \cdot L^{-1}$，$6mol \cdot L^{-1}$，40%），$NH_3 \cdot H_2O$（$2mol \cdot L^{-1}$），$TiCl_4$（$0.1mol \cdot L^{-1}$），$TiOSO_4$（$0.1mol \cdot L^{-1}$），$Na_2CO_3$（$1mol \cdot L^{-1}$），$VO_2Cl$（$0.5mol \cdot L^{-1}$），$FeSO_4$（$0.1mol \cdot L^{-1}$），$KMnO_4$（$0.1mol \cdot L^{-1}$），$CuCl_2$（$0.5mol \cdot L^{-1}$），$H_2O_2$（3%），$TiO_2$(s)，$NH_4VO_3$(s)，锌粒(A.R.)，$TiCl_4$（浓）。

其他：pH 试纸，淀粉-KI 试纸。

**【实验步骤】**

**1. 钛**

(1) $TiO_2$　在 5 支试管中分别加少量 $TiO_2$(s)，再向 5 支试管中分别加入 2mL 去离子水、$2mol \cdot L^{-1}$ $H_2SO_4$、浓 $H_2SO_4$、$2mol \cdot L^{-1}$ NaOH、40% NaOH，摇动试管，$TiO_2$ 是否溶解？然后分别加热（加热时防止溶液溅出），此时 $TiO_2$ 是否溶解？若能溶解，写出有关的反应方程式（保留加浓 $H_2SO_4$ 的试管备用）。

(2) α-钛酸　向实验（1）中保留的加有浓 $H_2SO_4$ 的试管滴加 $2mol \cdot L^{-1}$ $NH_3 \cdot H_2O$ 溶液至有大量沉淀生成，观察沉淀的颜色。然后离心分离，将沉淀分成三份：第一份加过量的 $6mol \cdot L^{-1}$ NaOH 溶液；第二份加过量的 $6mol \cdot L^{-1}$ HCl 溶液，观察沉淀是否溶解；第三份供实验（3）使用。

(3) β-钛酸　在实验（2）的第三份 α-钛酸中加入少量水，加热煮沸 1～2min，离心分离后将沉淀分成两份，分别加 $6mol \cdot L^{-1}$ HCl 和 $6mol \cdot L^{-1}$ NaOH，观察沉淀是否溶解。

通过实验（2）和（3），比较 α-钛酸和 β-钛酸的生成条件和性质的不同。

(4) $TiCl_4$

① 将 $TiCl_4$ 试剂瓶塞打开（最好在通风橱内进行），有何现象？

② 在试管中加入 2mL 去离子水，滴加 $0.1mol \cdot L^{-1}$ $TiCl_4$ 溶液，观察现象。再加入几滴浓盐酸，有无变化？

(5) Ti(Ⅲ)　取 2mL $0.1mol \cdot L^{-1}$ $TiOSO_4$ 溶液，向其中加入一小粒金属锌，观察现象。反应一段时间（2min 左右）后，将溶液中的清液分装在两支试管中。一支加入 $1mol \cdot L^{-1}$ $Na_2CO_3$ 溶液，另一支加入少量 $0.5mol \cdot L^{-1}$ $CuCl_2$ 溶液，观察现象，写出反应方程式。

(6) $[TiO(H_2O_2)]^{2+}$　在 1mL $0.1mol \cdot L^{-1}$ $TiOSO_4$ 溶液中滴加 2 滴 3% $H_2O_2$ 溶液，观察溶液的颜色，写出反应方程式。

**2. 钒**

(1) $V_2O_5$　取 1g $NH_4VO_3$ 固体置入坩埚中，均匀加热并不断搅拌，注意不要加热至熔融（该反应适宜温度为 673K 左右，$V_2O_5$ 在 948K 熔化，冷却后结成块状，将影响后面的实验效果，一般加热至固体呈砖红色或橙红色为止），观察并记录反应过程中固体颜色的变化过程，然后把产物均分成 6 份分别装入 6 支试管中。

在第 1 支试管中，加入 2mL 去离子水，煮沸，观察固体是否溶解。静置待其冷却后，用 pH 试纸测定溶液的 pH。

在第 2 支试管中，加入 2mL $2mol \cdot L^{-1}$ $H_2SO_4$ 溶液，加热，观察固体是否溶解。

在第 3 支试管中，加入 1mL 浓 $H_2SO_4$，观察固体是否溶解。然后把所得的溶液慢慢注入水中，其颜色有什么变化？（保留此溶液备用）

在第 4 支试管中，加入 1mL $6mol \cdot L^{-1}$ NaOH 溶液，加热，有何变化？

在第 5 支试管中，加入 2mL 40% NaOH 溶液，加热，观察现象。用 $2mol \cdot L^{-1}$ $H_2SO_4$ 溶液将 pH 调至 6.5 左右，观察溶液颜色，然后继续加酸，使 pH≈2，观察有何变化，有无沉淀生成？继续加酸至 pH 为 1 时，又有什么变化？

在第 6 支试管中，加入 2mL 浓 HCl，观察有何变化。煮沸，观察产物的颜色。怎样证明有氯气放出？再注入少量去离子水稀释溶液，其颜色又有什么变化？写出反应方程式，总结 $V_2O_5$ 的特性。

将试管 3 中保留的溶液分为 a、b、c 3 份。

向 a 中滴加 $0.1mol \cdot L^{-1}$ $FeSO_4$ 溶液，观察溶液颜色的变化，写出反应方程式。

向 b 中滴加 $1mol \cdot L^{-1}$ $H_2C_2O_4$ 溶液并加热，观察溶液颜色的变化，写出反应方程式。

向 c 中滴加 3% $H_2O_2$ 溶液并加热，观察现象，写出反应方程式。

（2）钒的各种氧化态颜色及氧化还原性　在 5mL $0.5mol \cdot L^{-1}$ $VO_2Cl$ 溶液中加入两颗金属锌粒，仔细观察溶液颜色的变化，直至成为紫色为止。将紫色溶液分成两份（一份 4mL，另一份 1mL)，后一份留作比较。向前一份滴加 $0.1mol \cdot L^{-1}$ $KMnO_4$ 溶液，至溶液变成暗绿色为止；将暗绿色溶液再分成两份，较少的留作比较。向较多的一份继续滴加 $0.1mol \cdot L^{-1}$ $KMnO_4$ 至溶液变成蓝色为止。将蓝色溶液再分成两份，一份留作比较，另一份继续滴加 $0.1mol \cdot L^{-1}$ $KMnO_4$ 溶液至出现黄色为止。

试根据上述实验确定各种氧化态的钒（$VO_2^+$、$VO^{2+}$、$V^{3+}$、$V^{2+}$）的颜色，并写出各步反应方程式。

（3）V(Ⅴ) 的鉴定　配制少量 $NH_4VO_3$ 溶液，以 $6mol \cdot L^{-1}$ HCl 酸化，滴加 3% $H_2O_2$，观察现象。

# 实验十八 铬锰铁钴镍

**【实验目的】**

1. 掌握铬、锰、铁、钴、镍氢氧化物的酸碱性和氧化还原性。

2. 掌握锰、铁、钴、镍硫化物的生成和溶解性。

3. 掌握铬、锰重要氧化态之间的转化反应及其条件。

4. 掌握铁、钴、镍配合物的生成和性质。

5. 学习 $Cr^{3+}$、$Mn^{2+}$、$Fe^{2+}$、$Fe^{3+}$、$Co^{2+}$、$Ni^{2+}$ 的鉴定方法。

**【预习与思考】**

1. $Co(OH)_3$ 中加入浓 HCl，有时会生成蓝色溶液，加水稀释后变为粉红色，试作出解释。

2. 酸性溶液中 $K_2Cr_2O_7$ 分别与 $FeSO_4$ 和 $Na_2SO_3$ 反应的主要产物是什么？

3. 酸性溶液、中性溶液、强碱性溶液中 $KMnO_4$ 与 $Na_2SO_3$ 反应的主要产物是什么？

4. 在 $CoCl_2$ 溶液中逐滴加入 $NH_3 \cdot H_2O$ 溶液会有何现象？

5. 如何检验氢氧化物的酸碱性？

**【基本原理】**

铬、锰、铁、钴、镍是周期表第四周期第ⅥB～Ⅷ族元素，它们都能形成多种氧化数的化合物。铬的重要氧化数为＋3 和＋6；锰的重要氧化数为＋2、＋4、＋6 和＋7；铁、钴、镍的重要氧化数都是＋2 和＋3。

$Cr(OH)_3$ 是两性氢氧化物。$Mn(OH)_2$ 和 $Fe(OH)_2$ 都很容易被空气中的 $O_2$ 氧化，$Co(OH)_2$ 也能被空气中的 $O_2$ 慢慢氧化。由于 $Co^{3+}$ 和 $Ni^{3+}$ 都具有强氧化性，$Co(OH)_3$、$Ni(OH)_3$ 与盐酸反应分别生成 Co(Ⅱ) 和 Ni(Ⅱ)，并放出氯气。$Co(OH)_3$ 和 $Ni(OH)_3$ 通常分别由 Co(Ⅱ) 和 Ni(Ⅱ) 的盐在碱性条件下用强氧化剂氧化得到，例如：

$$2Ni^{2+} + 6OH^- + Br_2 \longrightarrow 2Ni(OH)_3(s) + 2Br^-$$

$Cr^{3+}$ 和 $Fe^{3+}$ 都易发生水解反应。$Fe^{3+}$ 具有一定的氧化性，能与强还原剂反应生成 $Fe^{2+}$。

酸性溶液中，$Cr^{3+}$ 和 $Mn^{2+}$ 的还原性都较弱，只有用强氧化剂才能将它们分别氧化为 $Cr_2O_7^{2-}$ 和 $MnO_4^-$。利用 $Mn^{2+}$ 和 $NaBiO_3$ 的反应可以鉴定 $Mn^{2+}$。

在碱性溶液中，$[Cr(OH)_4]^-$ 可被 $H_2O_2$ 氧化为 $CrO_4^{2-}$。在酸性溶液中，$CrO_4^{2-}$ 转变为 $Cr_2O_7^{2-}$。$Cr_2O_7^{2-}$ 与 $H_2O_2$ 反应能生成深蓝色的 $CrO_5$，由此可以鉴定 $Cr^{3+}$。

在重铬酸盐溶液中分别加入 $Ag^+$、$Pb^{2+}$、$Ba^{2+}$ 等，能生成相应的铬酸盐沉淀。

$Cr_2O_7^{2-}$ 和 $MnO_4^-$ 都具有强氧化性。酸性溶液中 $Cr_2O_7^{2-}$ 被还原为 $Cr^{3+}$。$MnO_4^-$ 在酸性、中性、强碱溶液中的还原产物分别为 $Mn^{2+}$、$MnO_2$ 沉淀和 $MnO_4^{2-}$。强碱溶液中，$MnO_4^-$ 与 $MnO_2$ 反应也能生成 $MnO_4^{2-}$。在酸性甚至近中性溶液中，$MnO_4^{2-}$ 歧化为 $MnO_4^-$ 和 $MnO_2$。在酸性溶液中，$MnO_2$ 也是强氧化剂。

MnS、FeS、CoS、NiS 都能溶于稀酸，MnS 还能溶于 HAc 溶液。这些硫化物需要在弱碱性溶液中制得。生成的 CoS 和 NiS 沉淀由于晶体结构改变而难溶于稀酸。

铬、锰、铁、钴、镍都能形成多种配合物。$Co^{2+}$ 和 $Ni^{2+}$ 与过量的氨水反应分别生成 $[Co(NH_3)_6]^{2+}$ 和 $[Ni(NH_3)_6]^{2+}$。$[Co(NH_3)_6]^{2+}$ 不稳定，容易被空气中的 $O_2$ 氧化为

$[Co(NH_3)_6]^{3+}$。$Fe^{2+}$ 与 $[Fe(CN)_6]^{3-}$ 反应，或 $Fe^{3+}$ 与 $[Fe(CN)_6]^{4-}$ 反应，都生成深蓝色沉淀，分别用于鉴定 $Fe^{2+}$ 和 $Fe^{3+}$。酸性溶液中 $Fe^{3+}$ 与 $SCN^-$ 反应也用于鉴定 $Fe^{3+}$。$Co^{2+}$ 也能与 $SCN^-$ 反应，生成的 $[Co(SCN)_4]^{2-}$ 不稳定，在丙酮等有机溶剂中较稳定，此反应用于鉴定 $Co^{2+}$。$Ni^{2+}$ 与丁二酮肟在弱碱性条件下反应生成鲜红色的内配盐，此反应常用于鉴定 $Ni^{2+}$。

**【实验用品】**

仪器：离心机，点滴板，玻璃棒，试管架，试管 20 支，试管夹，酒精灯，火柴。

药品：$H_2SO_4$（$2mol \cdot L^{-1}$，$6mol \cdot L^{-1}$，浓），HCl（$2mol \cdot L^{-1}$，$6mol \cdot L^{-1}$，浓），$HNO_3$（$6mol \cdot L^{-1}$，浓），$H_2S$（饱和），HAc（$2mol \cdot L^{-1}$），NaOH（$2mol \cdot L^{-1}$，$6mol \cdot L^{-1}$，40%），$NH_3 \cdot H_2O$（$2mol \cdot L^{-1}$，$6mol \cdot L^{-1}$），$Cr_2(SO_4)_3$（$0.1mol \cdot L^{-1}$），$MnSO_4$（$0.1mol \cdot L^{-1}$，$0.5mol \cdot L^{-1}$），$CoCl_2$（$0.1mol \cdot L^{-1}$，$0.5mol \cdot L^{-1}$），$NiSO_4$（$0.1mol \cdot L^{-1}$，$0.5mol \cdot L^{-1}$），$CrCl_3$（$0.1mol \cdot L^{-1}$），$K_2CrO_4$（$0.1mol \cdot L^{-1}$），$K_2Cr_2O_7$（$0.1mol \cdot L^{-1}$），$KMnO_4$（$0.01mol \cdot L^{-1}$），$BaCl_2$（$1mol \cdot L^{-1}$），$FeSO_4$（$0.1mol \cdot L^{-1}$），$FeCl_3$（$0.1mol \cdot L^{-1}$），$SnCl_2$（$0.1mol \cdot L^{-1}$），$Na_2S$（$0.1mol \cdot L^{-1}$），$K_4[Fe(CN)_6]$（$0.1mol \cdot L^{-1}$），$K_3[Fe(CN)_6]$（$0.1mol \cdot L^{-1}$），$NH_4Cl$（$1.0mol \cdot L^{-1}$），KSCN（饱和），$Na_2SO_3$（$0.1mol \cdot L^{-1}$），$AgNO_3$（$0.1mol \cdot L^{-1}$），NaF（$1mol \cdot L^{-1}$），KI（$0.02mol \cdot L^{-1}$），$Pb(NO_3)_2$（$0.1mol \cdot L^{-1}$），$FeSO_4 \cdot 7H_2O$(s)，$MnO_2$(s)，KSCN（饱和溶液），$K_2S_2O_8$(s)，$NaBiO_3$(s)，$PbO_2$(s)，$KMnO_4$(s)，碘水，溴水，$H_2O_2$（3%）。

其他：戊醇（或乙醚），丙酮，丁二酮肟，淀粉溶液，淀粉-KI 试纸。

**【实验步骤】**

**1. 铬、锰、铁、钴、镍氢氧化物的生成和性质**

① 制备少量 $Cr(OH)_3$，检验其酸碱性，观察现象。写出有关的反应方程式。

② 在 3 支试管中各加入几滴 $0.1mol \cdot L^{-1}$ $MnSO_4$ 溶液和预先加热除氧的 $2mol \cdot L^{-1}$ NaOH 溶液，观察现象。迅速检验两支试管中 $Mn(OH)_2$ 的酸碱性，振荡第三支试管，观察现象。写出有关的反应方程式。

③ 取去离子水 2mL，加入几滴 $2mol \cdot L^{-1}$ $H_2SO_4$ 溶液，煮沸除去氧，冷却后加入少量 $FeSO_4 \cdot 7H_2O$(s) 使其溶解。在另一支试管中加入 $2mol \cdot L^{-1}$ NaOH 溶液 1mL，煮沸驱氧。冷却后用长滴管吸取 NaOH 溶液，迅速插入 $FeSO_4$ 溶液底部挤出，观察现象。摇荡后分为 3 份，取两份检验酸碱性，另一份在空气中放置，观察现象。写出有关的反应方程式。

④ 在 3 支试管中各加入几滴 $0.5mol \cdot L^{-1}$ $CoCl_2$ 溶液，再逐滴加入 $2mol \cdot L^{-1}$ NaOH 溶液，观察现象。离心分离，弃去清液，然后检验两支试管中沉淀的酸碱性，将第三支试管中的沉淀在空气中放置，观察现象。写出有关的反应方程式。

⑤ 用 $0.5mol \cdot L^{-1}$ $NiSO_4$ 溶液代替 $CoCl_2$ 溶液，重复实验④。

通过实验③～⑤比较 $Fe(OH)_2$、$Co(OH)_2$、$Ni(OH)_2$ 还原性的强弱。

⑥ 制取少量 $Fe(OH)_3$，观察其颜色和状态，检验其酸碱性。

⑦ 取几滴 $0.5mol \cdot L^{-1}$ $CoCl_2$ 溶液，加几滴溴水，然后加入 $2mol \cdot L^{-1}$ NaOH 溶液，振荡试管，观察现象。离心分离，弃去清液，在沉淀中滴加几滴浓 HCl，并用淀粉-KI 试纸检验逸出的气体。写出有关的反应方程式。

⑧ 用 $0.5mol \cdot L^{-1}$ $NiSO_4$ 溶液代替 $CoCl_2$ 溶液，重复实验⑦。

通过实验⑥～⑧比较 Fe(Ⅲ)、Co(Ⅲ)、Ni(Ⅲ) 氧化性的强弱。

**2. Cr(Ⅲ) 的还原性和 $Cr^{3+}$ 的鉴定**

取几滴 0.1mol·$L^{-1}$ $CrCl_3$ 溶液，逐滴加入 6mol·$L^{-1}$ NaOH 溶液至过量，然后滴加 3% $H_2O_2$ 溶液，微热，观察现象。待试管冷却后，再补加几滴 $H_2O_2$ 和 0.5mL 戊醇（或乙醚），慢慢滴入 6mol·$L^{-1}$ $HNO_3$ 溶液，振荡试管，观察现象。写出有关的反应方程式。

**3. $CrO_4^{2-}$ 和 $Cr_2O_7^{2-}$ 的相互转化**

① 取几滴 0.1mol·$L^{-1}$ $K_2CrO_4$ 溶液，逐滴加入 2mol·$L^{-1}$ $H_2SO_4$ 溶液，观察现象。再逐滴加入 2mol·$L^{-1}$ NaOH 溶液，观察有何变化。写出反应方程式。

② 取两支试管，一支加入几滴 0.1mol·$L^{-1}$ $K_2CrO_4$ 溶液，另一支加入几滴 0.1mol·$L^{-1}$ $K_2CrO_7$ 溶液（最好与 $K_2CrO_4$ 溶液等量），然后分别滴加 1mol·$L^{-1}$ $BaCl_2$ 溶液，观察现象。最后再分别滴加 2mol·$L^{-1}$ HCl 溶液，观察现象。写出有关的反应方程式。

**4. $Cr_2O_7^{2-}$、$MnO_4^-$、$Fe^{3+}$ 的氧化性与 $Fe^{2+}$ 的还原性**

① 取 0.1mol·$L^{-1}$ $K_2Cr_2O_7$ 溶液 2 滴，滴加饱和 $H_2S$ 溶液，观察现象。写出反应方程式。

② 取 0.01mol·$L^{-1}$ $KMnO_4$ 溶液 2 滴，用 2mol·$L^{-1}$ $H_2SO_4$ 溶液酸化，再滴加 0.1mol·$L^{-1}$ $FeSO_4$ 溶液，观察现象。写出反应方程式。

③ 取几滴 0.1mol·$L^{-1}$ $FeCl_3$ 溶液，滴加 0.1mol·$L^{-1}$ $SnCl_2$ 溶液，观察现象。写出反应方程式。

④ 将 0.01mol·$L^{-1}$ $KMnO_4$ 溶液与 0.5mol·$L^{-1}$ $MnSO_4$ 溶液混合，观察现象，写出反应方程式。

⑤ 取 0.01mol·$L^{-1}$ $KMnO_4$ 溶液 2mL，加入 40% NaOH 溶液 1mL，再加少量 $MnO_2$(s)，加热，沉降片刻，观察上层清液的颜色。取清液于另一支试管中，用 2mol·$L^{-1}$ $H_2SO_4$ 溶液酸化，观察现象。写出有关的反应方程式。

**5. 铬、锰、铁、钴、镍硫化物的性质**

① 取几滴 0.1mol·$L^{-1}$ $Cr_2(SO_4)_3$ 溶液，滴加 0.1mol·$L^{-1}$ $Na_2S$ 溶液，观察现象。检验逸出的气体（可微热）。写出反应方程式。

② 取几滴 0.1mol·$L^{-1}$ $MnSO_4$ 溶液，滴加饱和 $H_2S$ 溶液，观察有无沉淀生成。再用长滴管吸取 2mol·$L^{-1}$ $NH_3 \cdot H_2O$ 溶液，插入溶液底部挤出，观察现象。离心分离，在沉淀中滴加 2mol·$L^{-1}$ HAc 溶液，观察现象。写出有关的反应方程式。

③ 在 3 支试管中分别加入几滴 0.1mol·$L^{-1}$ $FeSO_4$ 溶液、0.1mol·$L^{-1}$ $CoCl_2$ 溶液和 0.1mol·$L^{-1}$ $NiSO_4$ 溶液，滴加饱和 $H_2S$ 溶液，观察有无沉淀生成。再加入 2mol·$L^{-1}$ $NH_3 \cdot H_2O$ 溶液，观察现象。离心分离，在沉淀中滴加 2mol·$L^{-1}$ HCl 溶液，观察沉淀是否溶解。写出有关的反应方程式。

④ 取几滴 0.1mol·$L^{-1}$ $FeCl_3$ 溶液，滴加饱和 $H_2S$ 溶液，观察现象。写出反应方程式。

**6. 铁、钴、镍的配合物**

① 取 0.1mol·$L^{-1}$ $K_4[Fe(CN)_6]$ 溶液 2 滴，然后滴加 0.1mol·$L^{-1}$ $FeCl_3$ 溶液；另取 2 滴 0.1mol·$L^{-1}$ $K_3[Fe(CN)_6]$ 溶液，滴加 0.1mol·$L^{-1}$ $FeSO_4$ 溶液。观察现象，写出有关的反应方程式。

② 取几滴 0.1mol·$L^{-1}$ $CoCl_2$ 溶液，加几滴 0.1mol·$L^{-1}$ $NH_4Cl$ 溶液，然后逐滴加入 6mol·$L^{-1}$ $NH_3 \cdot H_2O$ 溶液，观察现象。摇荡后在空气中放置，观察溶液颜色的变化。写出

有关的反应方程式。

③ 在点滴板上加 1 滴 0.1mol·$L^{-1}$ $CoCl_2$ 溶液，加入 1 滴饱和 KSCN 溶液，再加入 2 滴丙酮，摇荡后观察现象。写出反应方程式。

④ 在点滴板上加 1 滴 0.1mol·$L^{-1}$ $NiSO_4$ 溶液，加 1 滴 2mol·$L^{-1}$ $NH_3·H_2O$ 溶液，观察现象。再加 2 滴丁二酮肟溶液，观察现象。写出有关的反应方程式。

**7. 混合离子的分离与鉴定**

试设计方法，对下列两组离子进行分离和鉴定，图示步骤，写出现象和有关的反应方程式。

① 含 $Cr^{3+}$ 和 $Mn^{2+}$ 的混合溶液。

② 可能含 $Pb^{2+}$、$Fe^{3+}$ 和 $Co^{2+}$ 的混合溶液。

# 实验十九 铜银锌镉汞

**【实验目的】**

1. 掌握铜、银、锌、镉、汞的氧化物和氢氧化物性质。
2. 掌握铜(Ⅰ)与铜(Ⅱ)之间，汞(Ⅰ)与汞(Ⅱ)之间的转化反应及条件。
3. 掌握铜、银、汞卤化物的溶解性。
4. 掌握铜、银、锌、镉、汞硫化物的生成和性质。
5. 掌握铜、银、锌、镉、汞配合物的生成和性质。
6. 掌握 $Cu^{2+}$、$Ag^{+}$、$Zn^{2+}$、$Cd^{2+}$、$Hg^{2+}$的鉴定方法。

**【预习与思考】**

1. 使用汞的时候应该注意哪些安全措施？为什么要把汞贮存在水面以下？
2. 什么叫银镜反应？是利用了银离子的什么性质？
3. 实验中生成的含 $[Ag(NH_3)_2]^{+}$ 的溶液应及时冲洗掉，否则可能会造成什么后果？
4. $Ag_2O$ 能否溶于 $2mol \cdot L^{-1}$ 氨水溶液？

**【基本原理】**

铜、银是周期表第ⅠB族元素，在化合物中，铜常见的氧化数是＋2和＋1，银为＋1。锌、镉、汞是周期表第ⅡB元素，它们常见的氧化数是＋2，汞的氧化数还有＋1。

$Cu(OH)_2$ 为淡蓝色，$Zn(OH)_2$ 为白色，均呈两性。白色的 $Cd(OH)_2$ 呈碱性。$Cu(OH)_2$ 不太稳定，加热或放置稍久即脱水变为黑色 CuO。银和汞的氢氧化物极不稳定，易脱水变为 $Ag_2O$（棕色）、HgO（黄色）和 $Hg_2O$（黑色，它实际上是 Hg 和 HgO 的混合物）。

$Cu^{2+}$是弱的氧化剂，在 $Cu^{2+}$溶液中加入 KI，可使 $Cu^{2+}$还原成亚铜，生成白色 CuI 沉淀：

$$2Cu^{2+} + 4I^{-} = 2CuI + I_2$$

在铜盐溶液中加入过量的 NaOH，再加入葡萄糖，则 $Cu^{2+}$被还原成红色的 $Cu_2O$ 沉淀：

$$2Cu^{2+} + 4OH^{-} + C_6H_{12}O_6 = Cu_2O\downarrow + 2H_2O + C_6H_{12}O_7$$

$Ag^{+}$、$Zn^{2+}$、$Cd^{2+}$、$Cu^{2+}$ 与过量氨水作用分别生成无色的 $[Ag(NH_3)_2]^{+}$、$[Zn(NH_3)_4]^{2+}$、$[Cd(NH_3)_4]^{2+}$ 和深蓝色的 $[Cu(NH_3)_4]^{2+}$。$Hg^{2+}$ 只有当过量的铵盐存在时才生成氨配合物。

在氨水中，AgCl 由于形成 $[Ag(NH_3)_2]^{+}$ 而溶解，AgBr 溶解得很少，AgI 不溶解。在 $Na_2S_2O_3$ 中，AgCl、AgBr 由于形成 $[Ag(S_2O_3)_2]^{3-}$ 而溶解，AgI 难溶。

$Hg^{2+}$、$Hg_2^{2+}$ 与 $I^{-}$ 作用，分别生成难溶的 $HgI_2$ 和 $Hg_2I_2$ 沉淀。

$$Hg^{2+} + 2I^{-} = HgI_2\downarrow \text{(金红色)}$$

$$Hg_2^{2+} + 2I^{-} = Hg_2I_2\downarrow \text{(绿色)}$$

$HgI_2$ 在过量的 KI 中，生成 $[HgI_4]^{2-}$ 配离子：

$$HgI_2 + 2I^{-} = [HgI_4]^{2-} \text{(无色)}$$

$Hg_2I_2$ 在过量的 KI 中，发生歧化反应：

$$Hg_2I_2 + 2I^{-} = [HgI_4]^{2-} + Hg\downarrow$$

把 $Hg(NO_3)_2$ 和 Hg 一起摇荡时，在溶液中建立如下平衡：

$$Hg(NO_3)_2 + Hg = Hg_2(NO_3)_2$$

$$Hg^{2+} + Hg = Hg_2^{2+}$$

当银盐与氨水作用时，首先得到 $Ag_2O$ 沉淀。$Ag_2O$ 溶于过量的氨水形成 $[Ag(NH_3)_2]^+$，在此溶液中加葡萄糖使其还原，便得到黏附于玻璃上的银薄膜（银镜）：

$$2Ag^+ + 2NH_3 \cdot H_2O \longrightarrow Ag_2O\downarrow + 2NH_4^+ + H_2O$$

**【实验用品】**

仪器：离心机，点滴板，玻璃棒，试管架，试管 20 支，试管夹，酒精灯，火柴。

药品：$CuSO_4$(0.1mol·L$^{-1}$)，NaOH(2mol·L$^{-1}$，6mol·L$^{-1}$)，$H_2SO_4$(2mol·L$^{-1}$)，$NH_3 \cdot H_2O$(2mol·L$^{-1}$，6mol·L$^{-1}$)，$CuCl_2$(1mol·L$^{-1}$)，HCl(浓，2mol·L$^{-1}$，6mol·L$^{-1}$)，KI(0.1mol·L$^{-1}$，2mol·L$^{-1}$)，$HNO_3$(2mol·L$^{-1}$，6mol·L$^{-1}$，浓)，KBr(0.1mol·L$^{-1}$)，NaCl(0.1mol·L$^{-1}$)，$ZnSO_4$(0.1mol·L$^{-1}$)，$Zn(NO_3)_2$(0.1mol·L$^{-1}$)，$CdSO_4$(0.1 mol·L$^{-1}$)，$NH_4Cl$(1mol·L$^{-1}$)，$Na_2S_2O_3$(1mol·L$^{-1}$)，$Na_2S$(1mol·L$^{-1}$)，$AgNO_3$(0.1mol·L$^{-1}$)，$Hg(NO_3)_2$(0.1mol·L$^{-1}$)，$Hg_2(NO_3)_2$(0.1mol·L$^{-1}$)，KOH(6mol·L$^{-1}$)，HAc(2mol·L$^{-1}$)，$K_4[Fe(CN)_6]$(0.1mol·L$^{-1}$)，$Cd(NO_3)_2$(0.1mol·L$^{-1}$)，铜屑。

其他：葡萄糖溶液（10%），淀粉溶液，二苯硫腙的 $CCl_4$ 溶液，硫代乙酰胺溶液。

**【实验步骤】**

**1. 铜、银、锌、镉、汞的氢氧化物或氧化物的生成和性质**

取几滴 0.1mol·L$^{-1}$ $CuSO_4$ 溶液，然后滴加 2mol·L$^{-1}$ NaOH 溶液，观察现象。将试管中的沉淀分为两份，检验其酸碱性。写出有关的反应方程式。

再分别以 0.1mol·L$^{-1}$ $AgNO_3$ 溶液、0.1mol·L$^{-1}$ $ZnSO_4$ 溶液、0.1mol·L$^{-1}$ $CdSO_4$ 溶液、0.1mol·L$^{-1}$ $Hg(NO_3)_2$ 溶液代替 $CuSO_4$ 溶液重复实验。

**2. Cu(Ⅰ) 化合物的生成和性质**

① 取 1mL 1mol·L$^{-1}$ $CuCl_2$ 溶液，加 1mL 浓盐酸和少量铜屑，加热至溶液呈泥黄色，将溶液倒入另一支盛有去离子水的试管中（将铜屑水洗后回收），观察现象。离心分离，将沉淀洗涤两次后分为两份，一份加入浓 HCl，另一份加入 2mol·L$^{-1}$ $NH_3 \cdot H_2O$ 溶液，观察现象。写出有关的反应方程式。

② 取几滴 0.1mol·L$^{-1}$ $CuSO_4$ 溶液，滴加 0.1mol·L$^{-1}$ KI 溶液，观察现象。离心分离，在清液中加 1 滴淀粉溶液，观察现象。将沉淀洗涤两次后，滴加 2mol·L$^{-1}$ KI 溶液，观察现象，再将溶液加水稀释，观察有何变化。写出有关的反应方程式。

③ 取几滴 0.1mol·L$^{-1}$ $CuSO_4$ 溶液，然后滴加 6mol·L$^{-1}$ NaOH 溶液至过量，再加入 10%葡萄糖溶液，摇匀，加热煮沸几分钟，观察现象。离心分离，弃去清液，将沉淀洗涤后分为两份，一份加入 2mol·L$^{-1}$ $H_2SO_4$ 溶液，另一份加入 6mol·L$^{-1}$ $NH_3 \cdot H_2O$ 溶液，静置片刻，观察现象。写出有关的反应方程式。

**3. $Cu^{2+}$ 的鉴定**

在点滴板上加 1 滴 0.1mol·L$^{-1}$ $CuSO_4$ 溶液，再加 1 滴 2mol·L$^{-1}$ HAc 溶液和 1 滴 0.1mol·L$^{-1}$ $K_4[Fe(CN)_6]$ 溶液，观察现象。写出反应方程式。

**4. Ag(Ⅰ) 系列实验**

取几滴 0.1mol·L$^{-1}$ $AgNO_3$ 溶液，选用适当的试剂，使其依次经过 AgCl(s)，$[Ag(NH_3)_2]^+$，AgBr(s)，$[Ag(S_2O_3)]^{3-}$，AgI(s)，$[AgI_2]^-$，最后转化为 $Ag_2S$，观察现象。写出有关的反应方程式。

**5. 铜、银、锌、镉、汞氨合物的生成**

在 0.1mol·L$^{-1}$ $CuSO_4$ 溶液中，逐滴加入 6mol·L$^{-1}$ $NH_3 \cdot H_2O$ 溶液至过量（如果沉淀

不溶解，再加 1mol·$L^{-1}NH_4Cl$ 溶液)，观察沉淀的溶解和配合物的颜色。写出有关的反应方程式。

再分别以 0.1mol·$L^{-1}$ $AgNO_3$ 溶液、0.1mol·$L^{-1}$ $Zn(NO_3)_2$ 溶液、0.1mol·$L^{-1}$ $Cd(NO_3)_2$溶液、0.1mol·$L^{-1}$ $Hg(NO_3)_2$ 溶液代替 $CuSO_4$ 进行实验。

**6. 银镜的制作**

在试管中加入 1mL 0.1mol·$L^{-1}AgNO_3$ 溶液，滴加 2mol·$L^{-1}NH_3·H_2O$ 溶液至生成的沉淀刚好溶解为止。加入几滴 10%的葡萄糖溶液，水浴加热片刻，观察试管壁银镜的生成。然后倒掉溶液，加 2mol·$L^{-1}HNO_3$ 溶液使银镜溶解，写出有关的反应方程式。

**7. 硫化物的生成和性质**

分别在 $CuSO_4$、$AgNO_3$、$Zn(NO_3)_2$、$Hg(NO_3)_2$ 溶液中滴加少量硫代乙酰胺溶液(或者饱和 $H_2S$)，观察沉淀的颜色(若沉淀生成较慢，可微热)。试验沉淀对 6mol·$L^{-1}$ HCl 的作用，如有沉淀不溶，将其与 6mol·$L^{-1}$ $HNO_3$ 作用，最后把不溶于 $HNO_3$ 的沉淀与王水作用。写出反应方程式，用溶度积原理加以解释。

**8. 汞盐与 KI 的反应**

① 取少量 0.1mol·$L^{-1}Hg(NO_3)_2$ 溶液，逐滴加入 0.1mol·$L^{-1}$KI 溶液，观察沉淀的生成和颜色，继续加至过量，观察现象。然后加几滴 6mol·$L^{-1}$KOH 溶液至溶液微黄色而又无明显的沉淀析出，即得奈斯勒试剂，可用来检验 $NH_4^+$ 和 $NH_3$。向奈斯勒试剂中加 1 滴 $NH_4Cl$ 溶液（或稀氨水)，观察沉淀的颜色。写出有关的反应方程式。

② 取 1 滴 0.1mol·$L^{-1}$ $Hg_2(NO_3)_2$ 溶液，逐滴加入 0.1mol·$L^{-1}$KI 溶液，至过量，观察现象。写出有关的反应方程式。

**9. $Zn^{2+}$ 的鉴定**

取 2 滴 0.1mol·$L^{-1}Zn(NO_3)_2$ 溶液，加几滴 6mol·$L^{-1}$NaOH 溶液，再加 0.5mL 二苯硫腙的 $CCl_4$ 溶液，摇荡试管，观察水层和 $CCl_4$ 层的变化。写出有关的反应方程式。

# 第四章　无机化合物的提纯与制备

## 实验二十　氯化钠的提纯

**【实验目的】**

1. 学会提纯粗食盐的方法。

2. 熟练掌握加热、溶解、常压过滤、减压过滤、蒸发、结晶等基本操作。

3. 学会定性检验食盐中的 $Ca^{2+}$、$Mg^{2+}$、$SO_4^{2-}$ 的方法。

**【预习与思考】**

1. 在调 pH 的过程中，若加入的 HCl 量过多怎么办？为何要调成弱酸性（pH=4～5）？

2. 在浓缩结晶过程中，能否把溶液蒸干？为什么？

3. 在除去 $Ca^{2+}$、$Mg^{2+}$、$SO_4^{2-}$ 时为什么要先加入 $BaCl_2$ 溶液，然后再加入 $Na_2CO_3$ 溶液？

4. $Ca^{2+}$ 的检验实验前需先加入 3～4 滴 $2mol \cdot L^{-1}$ HAc 酸化，为什么？

**【基本原理】**

粗食盐中除含有泥沙等不溶性杂质外，还含有钙、镁、钾的卤化物和硫酸盐等可溶性杂质。不溶性杂质可以通过过滤法除去。可溶性杂质可采用化学法，加入某些化学试剂，使之转化为沉淀过滤除去。钾离子等其他可溶性杂质因含量少，溶解度又较大，在蒸发、浓缩和结晶过程中仍然留在母液中而与氯化钠分离。有关反应方程式如下：

$$Ba^{2+} + SO_4^{2-} \xlongequal{} BaSO_4 \downarrow \qquad Mg^{2+} + 2OH^- \xlongequal{} Mg(OH)_2 \downarrow$$

$$Ca^{2+} + CO_3^{2-} \xlongequal{} CaCO_3 \downarrow \qquad Ba^{2+} + CO_3^{2-} \xlongequal{} BaCO_3 \downarrow$$

**【实验用品】**

仪器：台秤，烧杯（50mL），量筒（10mL），普通漏斗，漏斗架，吸滤瓶，布氏漏斗，三角架，石棉网，表面皿，蒸发皿，真空泵，酒精灯，坩埚钳。

药品：粗食盐，镁试剂，$Na_2CO_3$($2mol \cdot L^{-1}$)，NaOH($2mol \cdot L^{-1}$)，HCl($2mol \cdot L^{-1}$)，$BaCl_2$($1mol \cdot L^{-1}$)，$(NH_4)_2C_2O_4$($0.5\ mol \cdot L^{-1}$)。

其他：滤纸，pH 试纸。

**【实验步骤】**

**1. 粗食盐的提纯**

① 粗食盐的称量、溶解和过滤。称取 5g 粗食盐于小烧杯中，加入约 30mL 水，加热搅拌使其溶解。趁热用普遍漏斗过滤，以除去泥土等不溶性杂物。

② $SO_4^{2-}$ 的去除。将滤液加热煮沸后，逐滴加入 2mL $1mol \cdot L^{-1}$ $BaCl_2$ 溶液，待沉淀下沉后，在上清液中再滴入 1～2 滴 $BaCl_2$ 溶液，观察是否变浑浊。若无 $BaSO_4$ 沉淀生成，则表明 $BaCl_2$ 加入量已够，$SO_4^{2-}$ 已经沉淀完全。否则，再加少许 $BaCl_2$ 溶液，重复上述操作。然后继续加热使 $BaSO_4$ 沉淀颗粒长大。用普通漏斗过滤，留滤液。

③ 除去 $Ca^{2+}$、$Mg^{2+}$、$Ba^{2+}$。在滤液中加入约 1mL $2mol \cdot L^{-1}$ NaOH 溶液和 3mL $2mol \cdot L^{-1}$ $Na_2CO_3$ 溶液，加热煮沸。待生成的沉淀下沉后，于上清液中滴加 $Na_2CO_3$ 溶液，若无沉淀

生成，则说明 NaOH、$Na_2CO_3$ 的加入量已够，继续小火加热 5min，用普通漏斗趁热过滤。

④ 调节溶液 pH。在滤液中滴加 2mol·$L^{-1}$HCl，充分搅拌，调节溶液至微酸性（pH＝4～5）为止。

⑤ 蒸发浓缩。将溶液移于蒸发皿中，微火蒸发浓缩至稠粥状，切不可把溶液蒸干。

⑥ 结晶、减压过滤。冷却至室温后，用布氏漏斗减压过滤尽量抽干。再将 NaCl 晶体放在蒸发皿中用小火加热干燥。

⑦ 称量产品、计算产率。

**2. 产品质量检验**

取少量（约 0.5g）提纯前、后的食盐，分别溶于 5mL 蒸馏水后，分装入 3 支试管中，组成 3 组，通过对照实验，检验纯度。

（1）$SO_4^{2-}$ 的检验　在第 1 组溶液中分别加入 2 滴 1mol·$L^{-1}$$BaCl_2$ 溶液，若产品不出现浑浊情况即为合格。

（2）$Ca^{2+}$ 的检验　在第 2 组溶液中分别加入 2 滴 0.5mol·$L^{-1}$ 的 $(NH_4)_2C_2O_4$ 溶液，若产品不出现 $CaC_2O_4$ 白色浑浊，即为合格。

（3）$Mg^{2+}$ 的检验　在第 3 组溶液中分别加入 3 滴 2mol·$L^{-1}$NaOH 使溶液呈碱性，再分别加入 3 滴镁试剂，如无蓝色沉淀生成，即为合格。

# 实验二十一　硫酸铜的提纯

**【实验目的】**

1. 了解用重结晶法提纯物质的原理和方法。

2. 学习台秤的使用以及加热、溶解、过滤、蒸发、结晶等基本操作。

**【预习与思考】**

1. 提纯中 $Fe^{2+}$ 为何首先要转化成 $Fe^{3+}$？除去 $Fe^{3+}$ 时，为什么要调至 pH = 4?

2. 蒸发溶液时，为什么加热不能过猛？为什么不可以将滤液蒸干？

3. 过滤操作中应注意哪些事项 ?

**【基本原理】**

可溶性晶体物质中的杂质可用重结晶法除去。重结晶的原理是基于晶体物质的溶解度一般随温度的降低而减小，当提纯物质的热饱和溶液冷却时，溶质会以结晶析出，而少量杂质由于尚未达到饱和，仍留在母液中。

五水硫酸铜俗名胆矾或蓝矾，溶于水和氨水，难溶于乙醇。粗硫酸铜中含有可溶性杂质 $FeSO_4$、$Fe_2(SO_4)_3$ 等和不溶性杂质。不溶性杂质可在溶解、过滤等过程中除去。杂质 $FeSO_4$ 可用氧化剂 $H_2O_2$ 或 $Br_2$ 氧化为 $Fe^{3+}$，然后调节溶液的 pH≈4，使 $Fe^{3+}$ 水解成为 $Fe(OH)_3$ 沉淀而除去。

$$2Fe^{2+}+H_2O_2+2H^+ \xlongequal{\quad} 2Fe^{3+}+2H_2O$$

$$Fe^{3+}+3H_2O \xlongequal{pH\approx 4} Fe(OH)_3\downarrow+3H^+$$

**【实验用品】**

仪器：台秤，布氏漏斗，吸滤瓶，普通漏斗，酒精灯，铁架台，蒸发皿，烧杯（25mL）2 只，量筒（10mL）1 只，石棉网，坩埚钳。

药品：粗硫酸铜，$H_2SO_4(2mol\cdot L^{-1})$，$HCl(2mol\cdot L^{-1})$，$H_2O_2(3\%)$，$NaOH(2mol\cdot L^{-1})$，$NH_3\cdot H_2O(6mol\cdot L^{-1})$，$KSCN(1mol\cdot L^{-1})$。

其他：滤纸，pH 试纸，精密 pH 试纸（0.5～5.0）。

**【实验步骤】**

**1. 粗硫酸铜的提纯**

（1）称量和溶解　用台秤称取粗硫酸铜晶体 2g，放入 25mL 烧杯中，用量筒量取 10mL 去离子水加入烧杯中。将烧杯放在石棉网上加热，搅拌使晶体溶解。加几滴 $2mol\cdot L^{-1}$ $H_2SO_4$ 酸化。

（2）沉淀和过滤　离火滴加 1mL 3% $H_2O_2$ 溶液后，不断搅拌，继续加热。滴加 $2mol\cdot L^{-1}$ NaOH 溶液至 pH = 3.5～4.0（用 pH 试纸检验）。再加热片刻，静置，使 $Fe(OH)_3$ 沉降。趁热在普通漏斗上用倾析法过滤，滤液转移到蒸发皿中，用少量水淋洗沉淀、烧杯及玻璃棒，洗涤液也全部转入蒸发皿中。

（3）蒸发、结晶和减压过滤　往滤液中加入 2 滴 $2mol\cdot L^{-1}$ $H_2SO_4$ 溶液，调 pH=1～2，然后在泥三角或石棉网上蒸发，浓缩至溶液表面出现结晶膜时立即停止加热（切不可蒸干）。冷至室温，使 $CuSO_4\cdot 5H_2O$ 晶体析出。将晶体转移到布氏漏斗上，减压过滤，尽量抽干，并用干净滤纸轻轻挤压漏斗上的晶体，以除去其中少量的水分。停止抽滤，母液倒入瓶中回收。取出晶体，将其夹入两张滤纸中，用手指在纸上轻压以吸干母液。

在台秤上称出产品质量，计算收率。

产品质量/g ____________

理论产量/g ____________

产率/g ____________

**2. 硫酸铜纯度检验**

用台秤称取 0.5g 粗硫酸铜晶体和 0.5g 提纯后的硫酸铜晶体，分别倒入小烧杯中加 5mL 水溶解，再分别加几滴 2mol·$L^{-1}$ $H_2SO_4$ 酸化，调 pH＝1～2，加入 1mL 3% $H_2O_2$ 氧化，煮沸片刻，使其中的 $Fe^{2+}$ 全部转化为 $Fe^{3+}$。

溶液冷却后，在搅拌下分别滴入 6mol·$L^{-1}$ 氨水至生成的浅蓝色沉淀全部溶解，溶液呈深蓝色，用普通漏斗过滤，在取出的滤纸上滴加 6mol·$L^{-1}$ 氨水至蓝色褪去。弃去滤液，此时如有 $Fe(OH)_3$ 沉淀留在滤纸上，呈黄色。

用滴管滴加 1mL 2mol·$L^{-1}$ HCl 溶液至滤纸上，使 $Fe(OH)_3$ 沉淀溶解。然后在溶解液中滴加 2 滴 1mol·$L^{-1}$ KSCN 溶液，根据红色的深浅，评定提纯后硫酸铜溶液的纯度。

# 实验二十二　硫酸亚铁铵的制备

**【实验目的】**

1. 制备硫酸亚铁铵，了解复盐的制备及特性。

2. 熟悉无机制备中的水浴加热、蒸发、浓缩、结晶和减压过滤等一些基本操作。

3. 了解产品检验的一些方法。

**【预习与思考】**

1. 铁屑与稀硫酸反应制取 $FeSO_4$ 反应中，是铁过量还是酸过量？为什么？

2. 为什么用水浴锅加热而不用火直接加热？

3. 浓缩硫酸亚铁铵溶液时，能否浓缩至干？为什么？

4. 为什么制备硫酸亚铁铵晶体时，溶液必须呈酸性？在本实验中是怎样来保证溶液的酸性的？

5. 在蒸发硫酸亚铁铵溶液过程中，为什么有时溶液会由浅蓝绿色逐渐变为黄色？此时应如何处理？

6. 减压过滤操作时，有哪些应注意之处？

7. 在检验产品中的 $Fe^{3+}$ 含量时，为什么要用不含氧的去离子水？

**【基本原理】**

硫酸亚铁铵［$FeSO_4 \cdot (NH_4)_2SO_4 \cdot 6H_2O$］为浅蓝绿色单斜晶体，又称摩尔盐。硫酸亚铁铵是一种复盐，碱金属（除锂外）盐尤其是硫酸盐和卤化物具有形成复盐的能力。复盐的类型通常有卤化物形成的光卤石类和硫酸盐形成的摩尔盐和明矾类。复盐的溶解度比其他组分的溶解度要小。硫酸亚铁铵易溶于水，难溶于乙醇。它比一般亚铁盐稳定，在空气中不易被氧化，在分析化学中常用作氧化还原滴定的基准物。

本实验先将铁屑溶于稀硫酸中生成硫酸亚铁溶液：

$$Fe(s) + 2H^+(aq) \xlongequal{} Fe^{2+}(aq) + H_2(g)$$

由于铁屑中含有其他无机金属杂质，生成的氢气中含有其他有气味和毒性的气体，可以用碱吸收后再排放。

等物质的量的硫酸亚铁与硫酸铵在水溶液中相互作用，生成溶解度较小的复盐 $FeSO_4 \cdot (NH_4)_2SO_4 \cdot 6H_2O$：

$$FeSO_4(aq) + (NH_4)_2SO_4(aq) + 6H_2O(l) \xlongequal{} FeSO_4 \cdot (NH_4)_2SO_4 \cdot 6H_2O(s)$$

反应中各物质的溶解度如表 4-1 所列。

**表 4-1　反应中各物质的溶解度**　　单位：$g \cdot (100gH_2O)^{-1}$

| 温度 $T$/K | 273 | 283 | 293 | 303 | 313 | 323 | 333 |
|---|---|---|---|---|---|---|---|
| $FeSO_4 \cdot 7H_2O$ | 15.6 | 20.5 | 26.5 | 32.9 | 40.2 | 48.6 | — |
| $(NH_4)_2SO_4$ | 70.6 | 73.0 | 75.4 | 78.0 | 81.6 | — | 88.0 |
| $FeSO_4 \cdot (NH_4)_2SO_4 \cdot 6H_2O$ | 12.5 | 17.2 | 26.4 | 33.0 | 46.0 | — | — |

硫酸亚铁在中性溶液中能被溶于水中的少量氧气氧化，并进而与水作用，甚至析出棕黄色的碱式硫酸铁（或氢氧化铁）沉淀。如果溶液的酸性减弱，则亚铁盐（或铁盐）中的 $Fe^{2+}$ 与水作用的程度将会增大。在制备 $FeSO_4 \cdot (NH_4)_2SO_4 \cdot 6H_2O$ 的过程中，为了使 $Fe^{2+}$ 不与水作用，溶液需要保持足够的酸度。

用目测比色法可估计产品中所含杂质 $Fe^{3+}$ 的量。由于 $Fe^{3+}$ 与 $SCN^-$ 生成红色的物质 $[Fe(SCN)_n]^{3-n}$，当红色较深时，表明产品中含 $Fe^{3+}$ 较多；当红色较浅时，表明产品中含 $Fe^{3+}$ 较少。所以只要将所制得的硫酸亚铁铵晶体与 KSCN 溶液在比色管中配制成待测溶液，将它所呈现的红色与含一定量 $Fe^{3+}$ 所配制成的标准 $[Fe(SCN)_n]^{3-n}$ 溶液的红色进行比较，根据红色深浅程度相仿情况，即可知待测溶液中杂质 $Fe^{3+}$ 的含量，从而可确定产品的等级。

**【实验用品】**

仪器：台秤，酒精灯，石棉网，铁架台，铁圈，漏斗，烧杯（50mL），表面皿，蒸发皿，水浴锅，减压过滤装置，量筒（10mL），点滴板，比色管（25mL），吸量管（1mL）2 支。

药品：铁屑，$NaCO_3$（$1mol \cdot L^{-1}$），$H_2SO_4$（$3mol \cdot L^{-1}$），$(NH_4)_2SO_4$(s)，HCl（$2mol \cdot L^{-1}$），KSCN（$1mol \cdot L^{-1}$），标准 $Fe^{3+}$ 溶液（$0.0100mg \cdot mL^{-1}$）。

其他：乙醇（95%），pH 试纸，滤纸（$\Phi$7、$\Phi$15、大张）。

**【实验步骤】**

**1. 铁屑的净化（去油污）处理**

称取 2g 铁屑放在烧杯中，注入 20mL $1mol \cdot L^{-1}$ $Na_2CO_3$ 溶液，小火加热并适当搅拌约 5～8min，以除去铁屑上的油污，用倾析法将碱液倒出，并用去离子水把铁屑反复冲洗干净。

**2. $FeSO_4$ 的制备**

在盛有处理过的碎铁屑的小烧杯中，加入 15mL $3mol \cdot L^{-1}$ $H_2SO_4$ 溶液，盖上表面皿，放在水浴中加热。加热过程中，要控制 Fe 与 $H_2SO_4$ 的反应不要过于剧烈（温度控制在 70～80℃），还应注意补充蒸发掉的少量的水，以防止 $FeSO_4$ 结晶，同时要控制溶液的 pH 不大于 1。待反应不再大量冒气泡（大约 30min 左右），用普通漏斗趁热过滤。如果滤纸上有$FeSO_4 \cdot 7H_2O$ 晶体析出，可用热去离子水将晶体溶解，用少量 $3mol \cdot L^{-1}$ $H_2SO_4$ 洗涤未反应的铁屑和残渣，洗涤液合并至反应液中。

过滤完后将滤液转移至干净的蒸发皿中，未反应的铁屑用滤纸吸干后称重，计算已参加反应的铁的质量。

**3. $FeSO_4 \cdot (NH_4)_2SO_4 \cdot 6H_2O$ 的制备**

根据反应消耗 Fe 的质量或生成 $FeSO_4$ 的理论产量，计算制备硫酸亚铁铵所需 $(NH_4)_2SO_4$ 的量［考虑 $FeSO_4$ 在过滤等操作中的损失，$(NH_4)_2SO_4$ 的用量，大致可按 $FeSO_4$理论产量的 80%计算］。

按计算量称取 $(NH_4)_2SO_4$ 配成饱和溶液，加入到 $FeSO_4$ 溶液中，调 pH 为 1 左右，然后在水浴中加热蒸发至溶液表面出现晶膜为止（蒸发过程中不宜搅动）。静置，使其自然冷却至室温，得到硫酸亚铁铵晶体。用减压过滤的方法进行分离，母液倒入回收瓶中，晶体再用少量 95%的乙醇淋洗，以除去晶体表面所附着的水分（此时应继续抽滤）。将晶体取出，用滤纸吸干，称重，计算理论产量及产率。

**4. 产品检验**

① 定性鉴定产品中的 $NH_4^+$，$Fe^{2+}$，$SO_4^{2-}$（参见附录十一）。

② $Fe^{3+}$ 的限量分析

称 1.00g 产品，放入 25mL 比色管中，用少量不含氧的去离子水（将去离子水用小火煮沸 10min，以除去所溶解的 $O_2$，盖好表面皿，待冷却后取用）溶解之。加入 1.00mL $3mol \cdot L^{-1}$ $H_2SO_4$ 溶液和 1.00mL $1mol \cdot L^{-1}$KSCN 溶液，再加不含 $O_2$ 的去离子水至刻度，摇匀后与标准溶液（由实验室提供）进行比色，确定产品的等级。

**【数据记录和结果处理】**

将实验中所需各物质的量及产量、产率计算结果、产品等级记录于表 4-2 中。

**表 4-2　数据记录和结果处理**

| 已作用的 Fe 质量/g | $(NH_4)_2SO_4$ 饱和溶液 | | $FeSO_4\cdot(NH_4)_2SO_4\cdot6H_2O$ | | | |
|---|---|---|---|---|---|---|
| | $(NH_4)_2SO_4$ 质量/g | $H_2O$ 体积/mL | 理论产量/g | 实际产量/g | 产率/% | 级别 |
| | | | | | | |

# 实验二十三　硫代硫酸钠的制备

**【实验目的】**

1. 熟悉硫代硫酸钠的制备原理和方法。
2. 训练无机化合物制备过程中的基本操作。

**【预习与思考】**

1. 根据反应制备原理，实验中哪种反应物过量？可以倒过来吗？为什么？
2. 蒸发浓缩硫代硫酸钠溶液时，为什么不能蒸发得太浓？
3. 鉴定 $S_2O_3^{2-}$ 时，$AgNO_3$ 溶液应过量，否则会出现什么现象？为什么？
4. 如何配制并保存 $Na_2S_2O_3$ 溶液？
5. 干燥硫代硫酸钠晶体的温度为什么控制在 40～50℃以下？

**【基本原理】**

硫代硫酸钠的五水化合物（$Na_2S_2O_3 \cdot 5H_2O$），俗称海波，又名大苏打，为单斜晶系大粒菱晶，密度为 $1.715g \cdot cm^{-3}$，在空气中稳定。329K 时溶于其结晶水中，373K 时脱水。硫代硫酸钠晶体易溶于水，其水溶液呈弱碱性。硫代硫酸根中硫的氧化值为＋2，其结构式为：

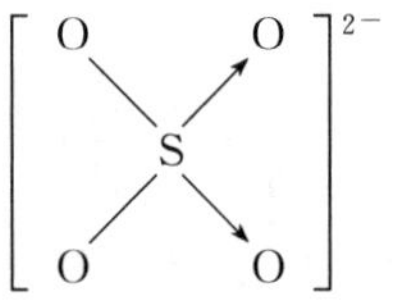

本实验是利用亚硫酸钠与硫共煮制备硫代硫酸钠，其反应式为：

$$Na_2SO_3 + S \xrightarrow{\text{加热}} Na_2S_2O_3$$

然后经过滤、蒸发、浓缩结晶，即可制得 $Na_2S_2O_3 \cdot 5H_2O$ 晶体。硫代硫酸钠溶液在浓缩时能形成过饱和溶液，此时加入几粒晶体（称为晶种），就可有晶体析出。

鉴别 $S_2O_3^{2-}$ 的特征反应是在含有 $S_2O_3^{2-}$ 溶液中加入过量的 $AgNO_3$ 溶液，立刻生成白色沉淀，此沉淀迅速变黄、变棕，最后成黑色，其反应式为：

$$2Ag^+ + S_2O_3^{2-} \longrightarrow Ag_2S_2O_3(s)$$

$$Ag_2S_2O_3(s) + H_2O \longrightarrow Ag_2S(s) + H_2SO_4$$

硫代硫酸盐的含量测定是利用反应：

$$2S_2O_3^{2-} + I_2(aq) \longrightarrow S_4O_6^{2-} + 2I^-(aq)$$

但亚硫酸盐也能与 $I_2$-KI 溶液反应：

$$SO_3^{2-} + I_3^- + H_2O \longrightarrow SO_4^{2-} + 3I^- + 2H^+$$

所以用标准溶液测定 $Na_2S_2O_3$ 含量前，先要除去 $Na_2SO_3$，常采用的方法是加入甲醛，使溶液中 $Na_2SO_3$ 与甲醛反应，生成加合物 $CH_2(Na_2SO_3)O$。此加合物还原能力很弱，不能还原 $I_2$-KI 溶液中的 $I_2$。

**【实验用品】**

仪器：台秤，酒精灯，石棉网，烧杯（100mL，50mL），表面皿，真空泵，吸滤瓶，布氏漏斗，蒸发皿，坩埚钳，烘箱，分析天平，锥形瓶（250mL）3 只，滴定管（50mL），滴定台，量筒。

药品：$Na_2SO_3$(s)，硫黄粉（s），$Na_2S_2O_3\cdot 5H_2O$(s)，$AgNO_3$(0.1mol·$L^{-1}$)，HAc-NaAc 缓冲溶液（NaAc 1.0mol·$L^{-1}$，HAc 0.1mol·$L^{-1}$，其 pH 约为 6），$I_2$ 标准溶液（0.03mol·$L^{-1}$）。

其他：pH 试纸，滤纸，50%乙醇，无水乙醇，中性甲醛溶液（40%），淀粉溶液（0.5%）。

**【实验步骤】**

**1. 硫代硫酸钠（$Na_2S_2O_3\cdot 5H_2O$）的制备**

① 称取 $Na_2SO_3$ 6.3g 置于 100mL 烧杯中，加入 40mL 蒸馏水，将表面皿盖在烧杯上。加热并不断搅拌使之溶解，然后继续加热至近沸。

② 称取硫黄粉 2.0g 放入 50mL 烧杯中，加少量 50%乙醇，将硫黄粉调成糊状，在搅拌下分次加入近沸的 $Na_2SO_3$ 溶液中，继续加热保持沸腾 1～1.5h 。在近沸过程中，要不断搅拌，并将烧杯壁上黏附的硫用少量水冲淋下去，同时补偿水分的蒸发损失。

③ 反应完成后，趁热用布氏漏斗减压过滤，弃去未反应的硫黄粉。

④ 将滤液转移至蒸发皿中，然后放在石棉网上加热蒸发，同时进行搅拌，浓缩至约 20mL，然后冷却至室温。若无结晶析出，加几粒 $Na_2S_2O_3\cdot 5H_2O$ ，立即有大量晶体析出，静置 20min。

⑤ 用布氏漏斗减压过滤，并用少量无水乙醇洗涤蒸发皿，洗液一并置入布氏漏斗，尽量抽干。

⑥ 把吸干的晶体转移至表面皿上，在 40～50℃下烘干。

⑦ 干燥后取出晶体称量，记录产物质量，并计算产率。

**2. 产物的鉴定**

（1）定性鉴定　取少量产品加水溶解，然后取数滴此水溶液加入过量 0.1mol·$L^{-1}$ $AgNO_3$溶液，观察沉淀的生成及其颜色变化。若颜色变化为白色→黄色→棕色→黑色，则证明有 $Na_2S_2O_3$。

（2）定量测定　准确称取约 0.4g 样品（精确至 0.1mg）于锥形瓶中，加刚煮沸过并已经冷却的去离子水 20mL 使之完全溶解。加入 10mL 中性 40%甲醛溶液，10mL HAc-NaAc 缓冲溶液，加 5 滴淀粉溶液，用标准碘水溶液（0.03mol·$L^{-1}$）滴定，近终点时，再加 1～2mL 淀粉溶液，继续滴定至溶液呈蓝色，30s 内不消失即为滴定终点，再平行做两份。

计算产品中 $Na_2S_2O_3\cdot 5H_2O$ 的含量。

**【数据记录和结果处理】**

**1. 产率计算**

见表 4-3。

**表 4-3　硫代硫酸钠产率**

<table>
<tr><td>原料</td><td colspan="2">加入量/g</td><td colspan="2">过剩量/g</td></tr>
<tr><td>$Na_2SO_3$</td><td colspan="2"></td><td colspan="2"></td></tr>
<tr><td>S</td><td colspan="2"></td><td colspan="2"></td></tr>
<tr><td rowspan="2">产物 $Na_2S_2O_3\cdot 5H_2O$</td><td>产品外观</td><td colspan="2">理论产率/%</td><td>实际产率/%</td></tr>
<tr><td></td><td colspan="2"></td><td></td></tr>
</table>

**2. 产品分析**

见表 4-4。

表 4-4 硫代硫酸钠产品纯度分析结果

| 编　　号 | 1 | 2 | 3 | 平均 |
|---|---|---|---|---|
| 标准碘水溶液消耗量/mL | | | | |
| $Na_2S_2O_3 \cdot 5H_2O$ 纯度/% | | | | |

# 实验二十四　由软锰矿制备高锰酸钾

**【实验目的】**

1. 了解碱熔法分解矿石的原理和操作方法。
2. 掌握锰的各种价态之间的转化关系。
3. 熟练熔融、浸取、结晶和滴定等基本操作。

**【预习与思考】**

1. 制备锰酸钾时用铁坩埚，为什么不用瓷坩埚?
2. 吸滤高锰酸钾溶液时，为什么用玻璃砂芯漏斗?
3. 进行产品重结晶时，需加多少水溶解产品?
4. 实验中用过的容器，常有棕色垢，是何物质? 如何清洗?

**【基本原理】**

软锰矿的主要成分是 $MnO_2$，与强碱混合并在空气中或强氧化剂存在下共熔生成 $K_2MnO_4$：

$$2MnO_2 + 4KOH + O_2 \xlongequal{} 2K_2MnO_4 + 2H_2O$$

$$3MnO_2 + 6KOH + KClO_3 \xrightarrow{熔融} 3K_2MnO_4 + KCl + 3H_2O$$

$K_2MnO_4$ 溶于水并发生歧化反应生成 $KMnO_4$：

$$3K_2MnO_4 + 2H_2O \xlongequal{} 2KMnO_4 + MnO_2\downarrow + 4KOH$$

从上式可知，为了使歧化反应顺利进行，必须随时中和掉生成的 $OH^-$。常用的方法是通入 $CO_2$：

$$3K_2MnO_4 + 2CO_2 \xlongequal{} 2KMnO_4 + 2K_2CO_3 + MnO_2\downarrow$$

从方程式可见，用酸化的方法只有 2/3 量的 $MnO_2$ 转化为 $KMnO_4$，为了提高转化率，较好的方法是电解 $K_2MnO_4$ 溶液：

$$2K_2MnO_4 + 2H_2O \xlongequal{} 2KMnO_4 + 2KOH + H_2\uparrow$$

阳极：　$2MnO_4^{2-} \xlongequal{} 2MnO_4^- + 2e^-$

阴极：　$2H_2O + 2e^- \xlongequal{} 2OH^- + H_2\uparrow$

以标准草酸溶液为基准物质，用高锰酸钾溶液滴定，测定高锰酸钾的纯度。草酸与高锰酸钾在酸性溶液中发生如下氧化还原反应：

$$2KMnO_4 + 5H_2C_2O_4 + 3H_2SO_4 \xlongequal{} K_2SO_4 + 2MnSO_4 + 10CO_2\uparrow + 8H_2O$$

反应产物 $Mn^{2+}$ 对反应有催化作用，开始时反应较慢，随着 $Mn^{2+}$ 的增多反应加快。

**【实验用品】**

仪器：台秤，铁坩埚，坩埚钳，研钵，分析天平，烧杯（100mL）2 只，布氏漏斗，吸滤瓶，蒸发皿，容量瓶（100mL）1 只，移液管（25mL）1 支，锥形瓶（100mL）2 只，洗耳球 1 个，直流电源。

药品：软锰矿粉（或 $MnO_2$），$KClO_3$(s)，KOH(s，4%)，$CO_2$，标准草酸溶液（约 $0.05mol \cdot L^{-1}$），$H_2SO_4$($1mol \cdot L^{-1}$)。

其他：镍片（12.5cm×8cm），粗铁线（直径 2mm），玻璃布。

**【实验步骤】**

**1. 锰酸钾溶液的制备**

把 4g $KClO_3$ 和 7.5g KOH 固体混匀，放在铁坩埚中以小火加热，一手用坩埚钳夹住坩埚，一手用铁棒搅拌。待熔融后把6g 软锰矿粉（或5g $MnO_2$ 粉）慢慢地加进去。随后熔融物的黏度逐渐增大，这时应充分搅拌，以防结块。如果反应剧烈使熔融物逸出，可将火焰移开。在反应物快要干时，应不断搅拌，使之成为颗粒状，以不结成大块粘在坩埚壁上为宜。等完全干后再提高温度，强热10min 得墨绿色产物。

冷却后取出熔融物，放在研钵中磨细，用30mL 4% KOH 分三次在烧杯中浸取，并一面加热一面搅拌，使其溶解（如果熔块很牢固地黏结在坩埚壁上，可把坩埚放在烧杯内一起加热使其溶解）。溶解后合并三次浸取液，趁热用铺有玻璃布的布氏漏斗滤去残渣，得墨绿色的 $K_2MnO_4$ 溶液。

**2. 锰酸钾转化为高锰酸钾（下面两种方法，根据条件任选一种）**

(1) 电解法

① 电极材料及电解条件　用100mL 烧杯作为电解槽，以镍片（12.5cm×8cm）为阳极，直径约2mm 的粗铁线为阴极。浸入电解液（锰酸钾溶液）中的阳极（镍片）与阴极（粗铁线）的表面积之比为25∶1，阳极与阴极间距为0.5～1cm。电解时，电解液的开始温度为60℃左右，阳极电流密度为$6mA \cdot cm^{-2}$，相应的阴极电流密度为$150mA \cdot cm^{-2}$。

② 操作　把上面制得的锰酸钾溶液倒入电解槽中❶，装上电极（见图4-1），通以直流电，这时可以观察到阴极有气体放出，而高锰酸钾则在阳极逐渐析出并沉于槽底。电解2h 后停止通电（用玻璃棒蘸取一些电解液观察到是紫色而无明显的绿色，即为电解完毕）。将电解液在冷水中冷却，使其充分结晶，最后用铺有玻璃布的布氏漏斗进行抽滤，即得高锰酸钾结晶，干燥后称重。

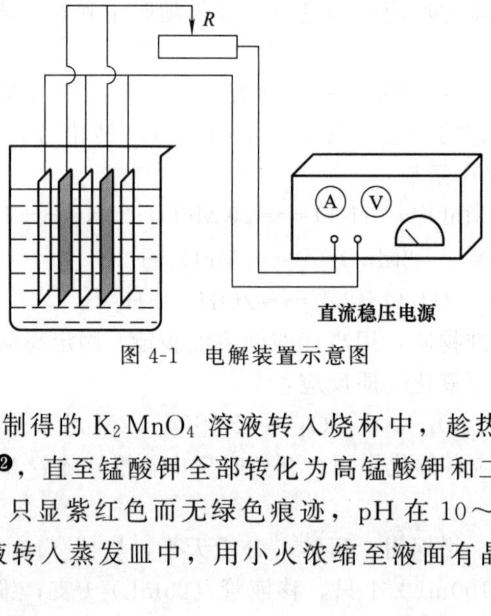


图4-1　电解装置示意图

(2) 二氧化碳法　将制得的 $K_2MnO_4$ 溶液转入烧杯中，趁热通入二氧化碳（速度不宜过快，但要连续通气）❷，直至锰酸钾全部转化为高锰酸钾和二氧化锰（可用玻璃棒蘸取一些溶液滴在滤纸上，只显紫红色而无绿色痕迹，pH 在10～11❸）。然后用铺有玻璃布的布氏漏斗抽滤，滤液转入蒸发皿中，用小火浓缩至液面有晶膜，冷却，抽滤，干燥后称重。

---

❶ 电解的溶液不能太稀，必要时将两个学生制备的锰酸钾溶液合并后进行电解。

❷ 如果 $CO_2$ 通得过久，溶液 pH 较低，可能会生成 $KHCO_3$ 沉淀：

$$CO_2 + 2KOH \longrightarrow K_2CO_3 + H_2O$$

$$K_2CO_3 + CO_2 + H_2O \longrightarrow 2KHCO_3$$

$KHCO_3$ 的溶解度比 $K_2CO_3$ 小得多，在溶液浓缩时，$KHCO_3$ 和 $KMnO_4$ 会同时析出，影响产品的质量。

❸ 由于 $KMnO_4$ 溶液的干扰，溶液的 pH 可近似测试如下：用洁净的玻璃棒蘸取溶液点到试纸上，随着试液在试纸上层析，试纸上红棕色的边缘所显示的颜色即反映溶液的 pH。

**3. 高锰酸钾纯度的测定**

在分析天平上用减量称样法称取自制的晶体 $m_1$（约 0.32g 左右），用少于 100mL 的蒸馏水溶解、煮沸并保持微沸 1h 后，全部转移到 100mL 容量瓶内，稀释到标线。

用移液管移取 25.00mL 标准草酸溶液（约 $0.05mol \cdot L^{-1}$）放入锥形瓶内，加入 25mL $1mol \cdot L^{-1}$ $H_2SO_4$，混匀后在水浴中加热至 75～85℃，接着用 $KMnO_4$ 溶液滴定。

滴定开始时，溶液的紫色褪去得很慢。这时要等加入的第一滴 $KMnO_4$ 溶液褪色后，再加第 2 滴。之后，随着 $Mn^{2+}$ 增多，反应加快，可以滴得快一些，当最后 1 滴溶液的紫色在 30s 内不褪去时，表示已达终点。注意，高锰酸钾溶液久置后，会与空气中的还原性物质起反应而褪色。所以滴定终了时，只要溶液的紫色在 30s 内不褪去，即可认为已达终点。

**4. 重复滴定一次，取其平均值。**

**【数据记录和结果处理】**

高锰酸钾纯度的计算：

$$c_1(KMnO_4) = \frac{2}{5} \times \frac{c_2(H_2C_2O_2)V_2(H_2C_2O_2)}{V_1(KMnO_4)}$$

100mL $KMnO_4$ 溶液中所含高锰酸钾的质量 $m_2$：

$$m_2(KMnO_4) = c_1(KMnO_4) \times 100 \times 0.158$$

高锰酸钾的质量分数为：

$$w(KMnO_4) = \frac{m_2}{m_1} \times 100\%$$

# 实验二十五 离子交换法制取碳酸氢钠

**【实验目的】**

1. 了解离子交换法制取碳酸氢钠的原理。
2. 掌握离子交换的柱上操作技术。
3. 练习酸碱滴定操作。

**【预习与思考】**

1. 离子交换法制取碳酸氢钠的基本原理是什么？
2. $NaHCO_3$ 的收率为什么低于100%？

**【基本原理】**

离子交换树脂中含有一种（或几种）化学活性基团，它即是交换官能团，在水溶液中能解离出某些阳离子（如 $H^+$ 或 $Na^+$），同时吸附溶液中原来存有的其他阳离子或阴离子，即树脂中的离子与溶液中的离子互相交换，从而将溶液中的离子分离出来。市售的732型树脂是磺酸基聚苯乙烯系凝胶型强酸阳离子交换树脂（$R—SO_3H$），是由苯乙烯-二乙烯苯共聚交联结构的高分子基体上带有磺酸基（$—SO_3H$）的离子交换树脂。结构如下：

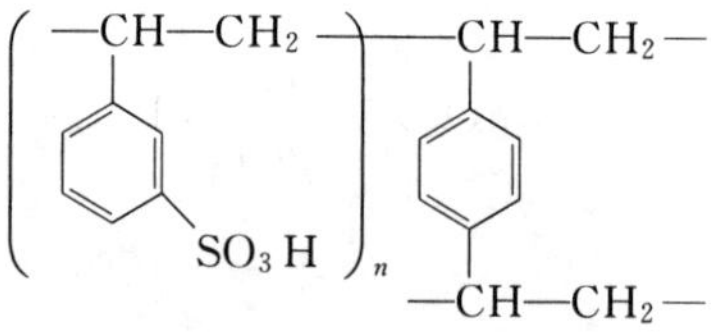

它具有优良的物理和化学稳定性以及良好的耐温性能，选择性好，交换容量高。其酸性相当于硫酸、盐酸等无机酸，它在碱性、中性，甚至酸性介质中都能显示离子交换功能。

聚苯乙烯磺酸型强酸性阳离子交换树脂 $R—SO_3H$ 是由交换剂本体 R 和交换基团 $—SO_3H$组成的，其中，$H^+$可以在溶液中游离并和金属离子 $M^+$进行交换，其反应为：

$$R—SO_3H + M^+ \rightleftharpoons R—SO_3M + H^+$$

本实验是将732型树脂经预处理和转型后，把它从氢型完全转变为钠型，这种钠型树脂可表示为 $R—SO_3Na$。交换基团上的 $Na^+$ 可与溶液中的正离子进行交换。当 $NH_4HCO_3$ 溶液流经树脂时，发生下列交换反应：

$$R—SO_3Na + NH_4HCO_3 \rightleftharpoons R—SO_3NH_4 + NaHCO_3$$

离子交换反应是可逆的，可以通过控制流速、反应温度、溶液浓度、溶液体积等因素使反应按所需要的方向进行，从而达到完成交换的目的。离子交换树脂交换达饱和后，失去交换能力。如用 NaCl 溶液流过树脂，发生交换反应的逆过程，称为树脂的再生，再生时，又得到 $NH_4Cl$ 溶液，树脂可循环使用。

**【实验用品】**

仪器：交换柱（50mL 碱式滴定管，其下端的橡皮管用螺旋夹夹住），秒表，量筒（10mL 1只，100mL 1只），移液管（10mL）1支，烧杯（50mL 2只，100mL 3只），锥形瓶（250mL）3只，点滴板，铁架台。

药品：HCl 溶液（0.1000mol·$L^{-1}$，2mol·$L^{-1}$，浓），$Ba(OH)_2$（饱和），NaOH（2.0mol·$L^{-1}$），NaCl（10%，3mol·$L^{-1}$），$NH_4HCO_3$（1mol·$L^{-1}$），$AgNO_3$（0.1mol·$L^{-1}$），甲基橙（1%），奈斯勒试剂。

其他：732 型阳离子交换树脂，铂丝，pH 试纸。

**【实验步骤】**

**1. 树脂的预处理、装柱和转型**

① 取 732 型阳离子交换树脂 20g 放入 100mL 烧杯中，先用 50mL 10% NaCl 溶液浸泡 24h，再用去离子水洗 2～3 次。

② 装柱。用 1 支 50mL 碱式滴定管作为交换柱，在柱内的下部放一小团玻璃纤维（切勿用力压实，以防止影响流速），柱的下端通过橡皮管与一尖嘴玻璃管连接，橡皮管用螺旋夹夹住，将交换柱固定在铁架台上。在柱中充入少量去离子水，排出管内底部的玻璃纤维中和尖嘴玻璃管中的空气。然后将已经用 10% NaCl 溶液浸泡过的树脂和水搅匀，从上端慢慢注入柱中，树脂随水下沉，当其全部倒入后可达 20～30cm 高。保持水面高出树脂 2～3cm，在树脂顶部也装上一小团玻璃纤维（亦勿用力压实，防止影响流速），以防止注入溶液时将树脂冲起。在整个操作过程中要保持树脂被水覆盖。如果树脂层中进入空气，会使交换效率降低，若出现这种情况，就要重新装柱。

离子交换柱装好以后，用 50mL 2mol·$L^{-1}$ HCl 溶液以每分钟 30～40 滴的流速流过树脂，当流出液达到 15～20mL 时，旋紧螺旋夹，用余下的 2.0mol·$L^{-1}$ HCl 浸泡树脂 3～4h。再用去离子水洗至流出液的 pH 为 7。最后用 50mL 2mol·$L^{-1}$ NaOH 溶液代替 2mol·$L^{-1}$ HCl 溶液，重复上述操作，同样用去离子水洗至流出液的 pH 为 7，并用去离子水浸泡，待用。

③ 转型。在先后用 2mol·$L^{-1}$ HCl 溶液和 2mol·$L^{-1}$ NaOH 溶液处理过的钠型阳离子交换树脂中，还可能混有少量氢型树脂，它的存在将使交换后流出液中的 $NaHCO_3$ 溶液的浓度降低，因此，必须把氢型进一步转换为钠型。

用 50mL 10% NaCl 以每分钟 30 滴的流速流过树脂，然后用去离子水以每分钟 50～60 滴的流速洗涤树脂，直到流出液中不含 $Cl^-$（用 0.1mol·$L^{-1}$ $AgNO_3$ 溶液检验 $Cl^-$）。

**2. 制取 $NaHCO_3$ 溶液**

（1）调节流速　用 10mL 去离子水慢慢注入交换柱中，调节螺旋夹，控制流速为每分钟 25～30 滴，不宜太快。用 100mL 烧杯承接流出水。

（2）交换和洗涤　用 10mL 量筒取 10mL 1mol·$L^{-1}$ $NH_4HCO_3$ 液，当交换柱中水面下降到高出树脂约 1cm 时，将 $NH_4HCO_3$ 溶液加入交换柱中。先用小烧杯（或量筒）接收流出液。当柱液面下降到高出树脂约 1cm 时，继续加入去离子水（注意：在整个操作过程中，要始终保持液面高出树脂约 1cm，否则，空气进入树脂层，会产生气泡，影响交换效率，因此，要不断加入去离子水以洗涤树脂）。

开始交换时，不断用 pH 试纸检查流出液，当其 pH 稍大于 7 时，换用 100mL 量筒承接流出液（此前所收集的流出液基本上是水，可弃去不用）。用 pH 试纸检查流出液，当流出液 pH 接近 7 时，可停止交换。记下所收集的流出液的体积 $V(NaHCO_3)$。流出液留下做定性检验和定量分析用。

用去离子水洗涤交换柱内的树脂，以每分钟 30 滴左右的流速进行洗涤，直至流出液的 pH 为 7。这样的树脂仍有一定的交换能力，可重复进行上述交换操作 1～2 次。交换树脂始终要浸泡在去离子水中，以防干裂、失效。

**3. 产品检验**

（1）定性检验

分别取 1mol·$L^{-1}$ $NH_4HCO_3$ 溶液和流出液，进行以下项目的检验：

a. 用奈斯勒试剂检验 $NH_4^+$；

b. 用焰色反应检验 $Na^+$；

c. 用 2mol·L$^{-1}$ HCl 和 $Ba(OH)_2$ 溶液检验 $HCO_3^-$；

d. 用 pH 试纸检验溶液的 pH。

将结果填入表 4-5 中。

**表 4-5　碳酸氢钠定性分析结果**

| 样品 | 检验项目 | | | | |
|---|---|---|---|---|---|
| | $NH_4^+$ | $Na^+$ | $HCO_3^-$ | 实测 pH | 计算 pH |
| $NH_4HCO_3$ 溶液 | | | | | |
| 流出液 | | | | | |

结论：流出液中含有________________________。

（2）定量分析　用酸碱滴定法测定 $NaHCO_3$ 溶液的浓度，并计算 $NaHCO_3$ 的收率。

① 操作步骤：用 10mL 移液管吸取所得的 $NaHCO_3$ 溶液（摇匀）于锥形瓶中，加入 1 滴甲基橙指示剂，以 0.1000mol·L$^{-1}$ 标准 HCl 溶液滴定，溶液由黄色变为橙色时即为终点。记下所用标准 HCl 溶液的体积 $V(HCl)$，并计算 $NaHCO_3$ 的收率。

② 滴定反应为：

$$NaHCO_3 + HCl \xlongequal{\quad} NaCl + CO_2 + H_2O$$

③ $NaHCO_3$ 溶液浓度计算公式为：

$$c(HCO_3^-) = c(HCl)\frac{V(HCl)}{V(NaHCO_3)}$$

此处 $V(NaHCO_3) = 10mL$。

④ $NaHCO_3$ 收率的计算：当交换溶液中的 $NH_4^+$ 和树脂上的 $Na^+$ 达到完全交换时，则交换溶液中总的 $NH_4^+$ 的物质的量应等于流出液中总的 $Na^+$ 的物质的量。但由于没有全部收集到流出液等原因，所以，$NaHCO_3$ 的收率要低于 100%。

$$NaHCO_3\text{收率} = \frac{c(NaHCO_3) \times V(NaHCO_3)}{1.0mol \cdot L^{-1} \times 10mL} \times 100\%$$

**4. 树脂的再生**

交换树脂达到饱和后的离子交换树脂，不再有交换能力。可先用去离子水洗涤树脂到流出液无 $NH_4^+$ 和 $HCO_3^-$ 为止。再用 3mol·L$^{-1}$NaCl 溶液以每分钟 30 滴的流速流经树脂，直到流出液中无 $NH_4^+$ 为止，以使树脂恢复到原来的交换能力，这个过程被称为树脂的再生。再生时，树脂发生了交换反应的逆反应：

$$R{-}SO_3NH_4 + NaCl \rightleftharpoons R{-}SO_3Na + NH_4Cl$$

可以看出，树脂再生时可以得到 $NH_4Cl$ 溶液。

再生后的树脂要用去离子水洗至无 $Cl^-$，并浸泡在去离子水中，留作以后实验使用。

# 实验二十六　钴(Ⅲ)配合物的制备及离子数的测定

**【实验目的】**

1. 了解钴氨配合物的制备和组成的测定方法。

2. 掌握制备金属配合物的方法——水溶液中的取代反应和氧化还原反应。

**【预习与思考】**

1. 在 $[Co(NH_3)_6]Cl_3$ 的制备过程中，氯化铵、活性炭、过氧化氢各起什么作用？影响产品质量的关键在哪里？

2. 在 $[Co(NH_3)_6]Cl_3$ 的制备过程中，为什么向溶液中加溶液后要在60℃左右恒温一段时间？能否加热至沸腾？

3. 在 $[Co(NH_3)_6]Cl_3$ 的制备过程中，几次加入浓 HCl 的作用是什么？在制备 $[CoCl(NH_3)_5]Cl_2$ 的过程中，加入浓 HCl 的作用又是什么？

4. 将氯化钴加入氯化铵和浓氨水的混合液中，可发生什么反应，生成何种配合物？

**【基本原理】**

根据标准电极电势可知，在通常情况下，三价钴盐不如二价钴盐稳定；相反，在生成稳定配合物后，三价钴又比二价钴稳定。因此，常采用空气或 $H_2O_2$ 氧化二价钴配合物的方法来制备三价钴的配合物。

氯化钴(Ⅲ)的氨配合物有多种，主要是三氯化六氨合钴(Ⅲ)$[Co(NH_3)_6]Cl_3$，橙黄色晶体；三氯化五氨·一水合钴(Ⅲ)$[Co(NH_3)_5(H_2O)]Cl_3$，砖红色晶体；二氯化五氨·一氯合钴(Ⅲ)$[CoCl(NH_3)_5]Cl_2$，紫红色晶体等。它们的制备条件各不相同。

在有活性炭为催化剂时，主要生成三氯化六氨合钴(Ⅲ)。本实验以活性炭为催化剂，在氨和氯化铵存在下，以过氧化氢氧化二氯化钴制备三氯化六氨合钴(Ⅲ)，其反应式为：

$$2CoCl_2+10NH_3+2NH_4Cl+H_2O_2 \xrightarrow{\text{活性炭}} 2[Co(NH_3)_6]Cl_3+2H_2O$$

三氯化六氨合钴(Ⅲ)是橙黄色单斜晶体，20℃时在水中的溶解度为0.26mol·L$^{-1}$。将粗产品溶于稀 HCl 溶液后，通过过滤将活性炭除去，然后在高浓度的 HCl 溶液中析出结晶：

$$[Co(NH_3)_6]^{3+}+3Cl^- \xlongequal{} [Co(NH_3)_6]Cl_3$$

在没有活性炭存在时，常常发生取代反应，得到取代的氨合钴配合物。本实验的二氯化五氨·一氯合钴(Ⅲ)就是这样制备的。

$$2CoCl_2+8NH_3+2NH_4Cl+H_2O_2 \xlongequal{} 2[Co(NH_3)_5(H_2O)]Cl_3$$

$$[Co(NH_3)_5(H_2O)]Cl_3 \xrightarrow{HCl,\triangle} [CoCl(NH_3)_5]Cl_2+H_2O$$

电解质溶液的导电性可以用电导表示，即：

$$G=\frac{\kappa}{K}$$

式中，$\kappa$ 为电导率，S·cm$^{-1}$；$K$ 为电导池常数，cm$^{-1}$。电导池常数 $K$ 的数值并不是直接测量得到的，而是利用已知电导率的电解质溶液，测定其电导，然后根据上式即可求得电导池常数。一般采用 KCl 溶液作为标准电导溶液，它在各种浓度时的电导率均经准确测量得到，如0.0200mol·L$^{-1}$KCl 溶液在温度为18℃及25℃时的电导率分别是0.002394S·cm$^{-1}$及0.002768S·cm$^{-1}$。

一定浓度的电解质溶液的摩尔电导率为该溶液的电导率与其浓度之比，符号为 $\Lambda_m$，即

$$\Lambda_m = \frac{\kappa}{c}$$

式中，$c$ 为溶液的物质的量浓度。

测定已知浓度溶液的电导并变换为摩尔电导率与文献值比较，就能够确定溶液中存在的离子个数并确定配合物的离子构型。25℃时，水溶液中的离子构型与离子数、摩尔电导率的关系如表 4-6 所列。

**表 4-6　离子构型、离子数与摩尔电导率的关系**

| 离子构型 | 离子数 | 摩尔电导率 $\Lambda_m/S \cdot cm^2 \cdot mol^{-1}$ |
|---|---|---|
| MA | 2 | 118～131 |
| $MA_2$ 或 $M_2A$ | 3 | 235～273 |
| $MA_3$ 或 $M_3A$ | 4 | 408～435 |
| $MA_4$ 或 $M_4A$ | 5 | 523～558 |

**【实验用品】**

仪器：台秤，分析天平，温度计，水浴锅，电烘箱，吸滤装置，研钵，锥形瓶(250mL)，量筒（10mL）。

药品：$CoCl_2 \cdot 6H_2O(s)$，HCl 溶液（浓，$6mol \cdot L^{-1}$），$NH_3 \cdot H_2O$（浓），$NH_4Cl(s)$，$H_2O_2$(6%，30%)，$NH_4Cl(s)$，活性炭。

**【实验步骤】**

**1. 三氯化六氨合钴(Ⅲ) 的制备**

将 3g $CoCl_2 \cdot 6H_2O$ 和 2g $NH_4Cl$ 加入锥形瓶中，加入 2mL 水，微热溶解，加入 1g 活性炭和 7mL 浓氨水，用水冷至 10℃以下，慢慢加入 10mL 6%的 $H_2O_2$ 溶液。水浴加热至 55～65℃恒温约 20min。用水彻底冷却，吸滤（不能洗涤）。将沉淀转入含有 2mL 浓 HCl 的 25mL 沸水中，趁热吸滤。滤液转入锥形瓶中，加入 4mL 浓 HCl，再用水彻底冷却，待大量结晶析出后，吸滤。产物于烘箱中在 105℃下烘干 20min，滤液回收。计算收率。

**2. 二氯化五氨·一氯合钴(Ⅲ) 的制备**

在锥形瓶中将 1g $NH_4Cl$ 溶于 6mL 浓氨水中，待完全溶解后，分数次加入 2g 研细的 $CoCl_2 \cdot 6H_2O$，同时摇动锥形瓶，加完后继续摇动使溶液成棕色稀浆。再向其中滴加 2～3mL 30%的 $H_2O_2$ 溶液，滴加同时摇动锥形瓶，当固体完全溶解且溶液中停止起泡时，慢慢加入 6mL 浓 HCl，同时摇动锥形瓶，并在水浴上加热 10～15min，温度不超过 85℃并不停地摇动，然后在室温下冷却并摇动，待完全冷却后，过滤。用冷水分数次洗涤沉淀，接着用 5mL 冷的 $6mol \cdot L^{-1}$ HCl 洗涤，产物于烘箱中在 105℃下烘干 20min，滤液回收。计算收率。

**3. 配合物摩尔电导率的测定**

所有溶液的制备均使用蒸馏水。在配合物的水溶液配制之后要立即进行测量，因为静置时间过长会发生显著的分解。

① 配制 $0.02mol \cdot L^{-1}$ KCl 水溶液，根据对其测得的电导，求得电导池常数 $K$。

② 配制 150mL $0.001mol \cdot L^{-1}$ $[Co(NH_3)_6]Cl_3$ 水溶液并测量电导，计算其摩尔电导率，推测配合物中所含的离子数。

③ 配制 150mL $0.001mol \cdot L^{-1}$ $[CoCl(NH_3)_5]Cl_2$ 水溶液并测量电导，计算其摩尔电

导率，推测配合物中所含的离子数。

**【数据记录和结果处理】**

**1. 收率**

见表 4-7。

**表 4-7　钴氨配合物的制备收率**

| 配合物 | $CoCl_2 \cdot 6H_2O$ 加入量 | $NH_4Cl$ 加入量 | 氨水加入量 | 产物质量 | 收率 |
|---|---|---|---|---|---|
| $[Co(NH_3)_6]Cl_3$ | | | | | |
| $[CoCl(NH_3)_5]Cl_2$ | | | | | |

**2. 离子数**

见表 4-8。

**表 4-8　钴氨配合物的摩尔电导率与离子构型、离子数**

| 配合物 | 摩尔电导率 $\Lambda_m/S \cdot cm^2 \cdot mol^{-1}$ | 离子数 | 离子构型 |
|---|---|---|---|
| $[Co(NH_3)_6]Cl_3$ | | | |
| $[CoCl(NH_3)_5]Cl_2$ | | | |

# 第五章　综合设计实验

## 实验二十七　水中溶解氧的测定

**【实验目的】**

1. 学习并练习水的取样方法。
2. 掌握碘量法测定水中溶解氧的原理。
3. 熟悉碘量法测定水中溶解氧的方法。

**【预习与思考】**

1. 水中溶解氧的测定还有哪些方法?
2. 若水样中含有 $Fe^{3+}$，将如何影响测定结果？如何消除 $Fe^{3+}$ 的干扰?
3. 当水被还原性杂质污染时，应该如何处理以消除杂质的影响?
4. 为什么测定溶解氧时切勿使样品接触过多空气?
5. 若没有专用的溶解氧测定瓶，可以考虑用什么代替?

**【基本原理】**

地面水与大气接触以及某些含叶绿素的水生植物在其中进行生化作用，此时水中溶解的一些氧气称为溶解氧。水中溶解氧的含量随水的深度的加深而减少，也与空气中的氧分压、大气压力和水的温度有关。

溶解氧的测定一般常采用碘量法。

二价锰在碱性溶液中生成白色的氢氧化亚锰沉淀：

$$MnSO_4 + 2NaOH \longrightarrow Mn(OH)_2(s) + Na_2SO_4$$

水中的溶解氧立即将生成的 $Mn(OH)_2$ 沉淀氧化成棕色的 $Mn(OH)_4$ 沉淀：

$$2Mn(OH)_2(s) + O_2 + 2H_2O \longrightarrow 2Mn(OH)_4(s)$$

加入酸后，$Mn(OH)_4$ 沉淀溶解并能够氧化 $I^-$，生成一定量的 $I_2$：

$$Mn(OH)_4(s) + 2KI + 2H_2SO_4 \longrightarrow MnSO_4 + I_2(s) + K_2SO_4 + 4H_2O$$

生成的 $I_2$ 用 $Na_2S_2O_3$ 标准溶液滴定：

$$2Na_2S_2O_3 + I_2(s) \longrightarrow Na_2S_4O_6 + 2NaI$$

因此，$O_2$ 与 $S_2O_3^{2-}$ 存在下列关系：

$$n_{O_2} : n_{S_2O_3^{2-}} = 1 : 4$$

由所用 $Na_2S_2O_3$ 的浓度和体积，计算水中溶解氧的含量：

$$溶解氧\ (O_2,\ mg \cdot L^{-1}) = \frac{c(Na_2S_2O_3)V(Na_2S_2O_3)M}{4V}$$

式中，$c(Na_2S_2O_3)$ 的单位为 $mol \cdot L^{-1}$；$V(Na_2S_2O_3)$ 和 $V$ 的单位分别为 mL 和 L；$M$ 为氧的摩尔质量，$32.00g \cdot mol^{-1}$。

**【实验用品】**

仪器：分析天平，溶解氧测定瓶，锥形瓶（250mL），碱式滴定管（50mL），滴定台，移液管

(25mL) 3支，吸量管 (2mL) 3支，量筒 (100mL)，烧杯 (1000mL 1只，500mL 1只)。

药品：$H_2SO_4$ (3mol·$L^{-1}$)，$Na_2S_2O_3$ (0.01mol·$L^{-1}$)，$K_2Cr_2O_7$ 基准溶液 [$c(\frac{1}{6}K_2Cr_2O_7)$=0.01000mol·$L^{-1}$]，$MnSO_4$(550g·$L^{-1}$)，碱性KI溶液 (500.0g NaOH溶于400.0mL水中，150.0g KI溶于200.0mL水中，将两溶液混合后稀释至1L，静置一段时间倾出上层清液，贮存于棕色瓶中)，NaOH(s)，KI(s)。

其他：淀粉溶液 (1%)，乳胶管。

**【实验步骤】**

**1. $Na_2S_2O_3$ 标准溶液的标定**

在250mL锥形瓶中加入50.0mL水和5.0mL 3.0mol·$L^{-1}$硫酸，用移液管移取25.00mL $K_2Cr_2O_7$ 基准溶液，加入1.0g KI，在暗处放置5min后，用 $Na_2S_2O_3$ 溶液滴至淡黄色，加入1.0mL 1%淀粉溶液，继续滴定至蓝色刚褪去，即为滴定终点，计算$c(Na_2S_2O_3)$。

**2. 水中溶解氧的测定**

(1) 取样　将乳胶管一端接水龙头，另一端插入溶解氧测定瓶瓶底，待水溢出几分钟后，取出乳胶管，迅速塞紧塞子。

(2) 反应　取好水样后，取下瓶塞，用吸量管紧靠瓶口内壁，插入样品液面下0.5cm，准确加入1.0mL 550g·$L^{-1}$ $MnSO_4$ 溶液，再用同样的方法加入2.0mL碱性KI溶液，盖紧瓶塞。将瓶反复颠倒，使之混合均匀后，放置5min，待沉淀下降至瓶底，再用上述方法加1.5mL 3mol·$L^{-1}$硫酸，塞紧瓶塞，颠倒混合至沉淀完全溶解，此时溶液中因有碘析出而呈黄色。

(3) 滴定　移取100.0mL上述溶液于250mL锥形瓶中，用 $Na_2S_2O_3$ 标准溶液滴定至淡黄色后，加入1.0mL 1%淀粉溶液，继续滴定至蓝色恰好消失即为滴定终点。

# 实验二十八　含 Cr(Ⅵ) 废水的处理

**【实验目的】**

1. 了解含 Cr(Ⅵ) 废水的常用处理方法。

2. 了解比色法测定 Cr(Ⅵ) 的原理和方法。

**【预习与思考】**

1. 本实验以吸光度求得的是处理后的废水中的 Cr(Ⅵ) 含量，$Cr^{3+}$ 的存在对测定有无影响？如何测定处理后的废水中的总铬含量？

2. 本实验比色测定中所用的各种玻璃器皿能否用铬酸洗液洗涤？如何洗涤可保证实验结果的准确性？

**【基本原理】**

含铬的工业废水，其铬的存在形式多为 Cr(Ⅵ) 及 Cr(Ⅲ)。Cr(Ⅵ) 的毒性比 Cr(Ⅲ) 大 100 倍，它能诱发皮肤溃疡、贫血、肾炎及神经发炎等。工业废水排放时，要求 Cr(Ⅵ) 的含量不超过 $0.3mg \cdot L^{-1}$，而生活饮用水和地面水，则要求 Cr(Ⅵ) 的含量不超过 $0.05mg \cdot L^{-1}$。Cr(Ⅵ) 的除去方法，通常在酸性条件下用还原剂将 Cr(Ⅵ) 还原为 Cr(Ⅲ)，如：

$$Cr_2O_7^{2-} + 6Fe^{2+} + 14H^+ \longrightarrow 2Cr^{3+} + 6Fe^{3+} + 7H_2O$$

$$CrO_4^{2-} + 3Fe^{2+} + 8H^+ \longrightarrow Cr^{3+} + 3Fe^{3+} + 4H_2O$$

然后在碱性条件下，将 Cr(Ⅲ) 沉淀为 $Cr(OH)_3$，经过滤除去沉淀而使水净化。

比色法测定微量 Cr(Ⅵ)，常用二苯碳酰二肼 [$CO(NH—NH—C_6H_5)_2$]，在微酸性条件下作为显色剂，生成紫红色化合物，其最大吸收波长在 540nm 处。

**【实验用品】**

仪器：721（或 722）型分光光度计，容量瓶（500mL，1000mL，7 只 25mL），吸量管（1mL，5mL，10mL），量筒（5mL）。

药品：$H_2SO_4(6mol \cdot L^{-1})$，$FeSO_4 \cdot 7H_2O(s)$，$NaOH(6mol \cdot L^{-1})$，二苯胺磺酸钠（质量分数为 0.005）。

Cr(Ⅵ) 标准溶液：称取 0.1414g $K_2Cr_2O_7$（已在 140℃左右干燥 2h）溶于适量蒸馏水中，然后用容量瓶定容至 500mL，此溶液含 Cr(Ⅵ) 量为 $100mg \cdot L^{-1}$。准确吸取上述标准溶液 10.00mL，置于 1000mL 容量瓶中，用蒸馏水定容至标线，此溶液 Cr(Ⅵ) 含量为 $1.00mg \cdot L^{-1}$。

二苯碳酰二肼乙醇溶液：称取邻苯二甲酸酐 2g，溶于 50mL 乙醇中，再加入二苯碳酰二肼 0.25g，溶解后贮于棕色瓶中，此溶液可保存两星期左右。

硫磷混酸：150mL 浓硫酸与 300mL 水混合，冷却，再加 150mL 浓磷酸，然后稀释至 1000mL。

**【实验步骤】**

**1. 除去含 Cr(Ⅵ) 废水中的 Cr(Ⅵ)**

视含 Cr(Ⅵ) 废水的酸碱性及含量高低等具体情况，可先在实验室进行小型试验。具体步骤如下。

首先检查废水的酸碱性，若为中性或碱性，可用工业硫酸（或不含有害物质的工业副产品硫酸）调节废水至强酸性。

取出一定量的上述溶液，滴入几滴二苯胺磺酸钠指示剂，使溶液呈紫红色，慢慢加入 $FeSO_4(s)$ 或 $FeSO_4$ 饱和溶液并充分搅拌，直至溶液变为绿色，再多加入所加 $FeSO_4$ 的

2%左右，加热，继续充分搅拌 10min。

将 CaO 粉末或 NaOH 溶液加至上述热溶液中，直至有大量棕黄色［Cr(Ⅵ) 含量高时，可达棕黑色］沉淀产生，并使 pH 在 10 左右。

待溶液冷却后过滤，滤液应基本无色。该水样留作下面分析 Cr(Ⅵ) 含量用。

**2. 水样的测定**

(1) 工作曲线的绘制　在 6 个 25mL 容量瓶中，用吸管分别加入 0.05mL、1.00mL、2.00mL、4.00mL、6.00mL、8.00mL 的 Cr(Ⅵ) ($1.00mg \cdot L^{-1}$) 标准液，加入硫磷混酸 0.5mL，加蒸馏水至 20mL 左右，然后加入 1.5mL 二苯碳酰二肼溶液，用蒸馏水稀释至刻度，摇匀。放置 10min 后，立即以水为参比溶液，在 540nm 波长下，测出各溶液的吸光度，并绘出吸光度 $A$ 与 Cr(Ⅵ) 含量的工作曲线 ($A$-$m$[Cr(Ⅵ)]/$\mu$g 曲线)。

(2) 水样中 Cr(Ⅵ) 的测定　将上述水样首先用 $6mol \cdot L^{-1}$ $H_2SO_4$ 调至 pH=7 左右，准确量取 20mL 水样置于 25mL 容量瓶中，按上法显色，定容，在同样条件下测出吸光度值，并从工作曲线上求出相应的 $m$[Cr(Ⅵ)](单位为 $\mu$g)，然后计算水样中 Cr(Ⅵ) 的含量 (单位为 $mg \cdot L^{-1}$)。

**【注意事项】**

① Cr(Ⅵ) 的还原需在酸性条件下进行，故必须首先检查废水的酸碱性。

② 若废水中 Cr(Ⅵ) 含量在 $1g \cdot L^{-1}$ 以下，可将 $FeSO_4 \cdot 7H_2O$ 配成饱和溶液加入，这样易控制 $Fe^{2+}$ 的加入量。

③ 二苯碳酰二肼溶液应接近无色，如已变成棕色，则不宜使用。

④ 比色测定时最适宜的显色酸度为 $0.2mol \cdot L^{-1}$ 左右。

## 实验二十九 铁黄颜料的制备及铁黄中氢氧根含量的测定

**【实验目的】**

1. 了解用亚铁的盐类制取氧化铁系列颜料的原理和基本方法。

2. 了解外界条件的控制对晶状物质的形成和物理性质的影响。

3. 学习和掌握容量分析中返滴定法对实际样品中待测组分的测定方法。

**【预习与思考】**

1. 返滴定剩余酸，应选用何种指示剂？

2. 在铁黄制备过程中，虽不断补充碱液，但溶液的 pH 仍不断降低，为什么？

3. 在洗涤颜料浆液的过程中，如何检验 $SO_4^{2-}$ 的存在？

**【基本原理】**

铁黄是一种无毒颜料，其遮盖力强于任何其他黄色颜料，这使其能广泛地应用于建筑、涂料、橡胶、文教用品等工业中，同时还可用作医药上的糖衣着色剂和化妆品的色料。本实验采用亚铁盐溶液氧化法制备铁黄颜料，其工艺过程如下。

以 $FeSO_4$ 为原料，加入沉淀剂 $Na_2CO_3$，控制体系中 $FeSO_4$ 与 $Na_2CO_3$ 的配比和 pH，将生成的 $Fe(OH)_2$ 通入空气氧化，即可制得羟基氧化铁（FeOOH），然后抽滤，洗涤，将沉淀加热制得铁黄。反应方程式为：

$$Fe^{2+} + 2OH^- \longrightarrow Fe(OH)_2$$

$$4Fe(OH)_2 + O_2 \longrightarrow 4FeOOH\downarrow + 2H_2O$$

铁黄可看作组成为 $Fe_2O_3 \cdot xH_2O$ 的铁的氧化物水合物，将铁黄在 270℃下加热，铁黄发生明显相变，转变为铁红（$Fe_2O_3$）。本实验中要求学生测定铁黄样品中羟基（—OH）的含量，以证实铁黄的最简化学式。铁黄作为 $Fe^{3+}$ 氧化物水合物的一种，显然难溶于水，因此，与其他难溶性碱性氧化物相同，测定其样品的碱量，必须用返滴定法。

本实验先用标准 HCl 溶液溶解铁黄样品，然后以标准碱滴定剩余的盐酸。但由于 $Fe^{3+}$ 的水解，如不采取措施，在用碱滴定剩余酸时，必然连同 $Fe^{3+}$ 一起被滴定。因此，需要对 $Fe^{3+}$ 实施掩蔽，常使用的掩蔽剂为 $F^-$，利用 $F^-$ 与 $Fe^{3+}$ 生成稳定配合物 $[FeF_6]^{3-}$ 这一特征，可使 $Fe^{3+}$ 直到 pH＝9～10 不水解。

**【实验用品】**

仪器：吸滤装置，烘箱，分析天平，碱式滴定管，蒸发皿，锥形瓶（250mL）3 只，烧杯（500mL）1 只。

药品：$FeSO_4$(s)，$Na_2CO_3$(s)，$H_2SO_4$($1mol \cdot L^{-1}$)，标准 HCl 溶液（$0.5000mol \cdot L^{-1}$），标准 NaOH 溶液（$0.5000mol \cdot L^{-1}$），NaOH(s)，$NH_4HF_2$(s)，NaF(s)。

其他：酚酞指示剂，精密 pH 试纸。

**【实验步骤】**

**1. 铁黄的制备**

配制 150mL $0.25mol \cdot L^{-1}$ $Na_2CO_3$ 于 500mL 烧杯中，在水浴条件下，控制反应温度为 45～50℃，恒温后，搅拌下缓慢加入 150mL 纯化后的 $FeSO_4$ 溶液（约 $1mol \cdot L^{-1}$），pH 控制在 3～4，反应液中产生灰白色沉淀。开动真空泵，通空气 45min，观察沉淀逐渐由灰白色→灰绿色→深绿色→棕黄色。停止反应，减压过滤洗涤。抽干后，将沉淀置于蒸发皿中。

将装有沉淀的蒸发皿置于烘箱中，温度控制在 120℃，恒温 1h，取出称重，计算产率。

**2. 铁黄中氢氧根含量的测定**

准确称取铁黄样品（样品质量根据计算确定）于 250mL 锥形瓶中，加入过量的标准 HCl 溶液，加热溶解，冷却后加入掩蔽剂，然后用标准 NaOH 溶液滴定剩余的 HCl 溶液。

**【数据记录和结果处理】**

根据滴定数据，计算样品中 $OH^-$ 含量。

# 实验三十　无机纸上色谱

**【实验目的】**

1. 了解无机纸上色谱法分离的原理和操作技术。
2. 掌握如何确定不同组分的比移值（$R_f$）。
3. 掌握用无机纸上色谱法鉴定分析试样中的 $Cu^{2+}$、$Fe^{3+}$、$Co^{2+}$、$Ni^{2+}$ 的方法。

**【预习与思考】**

1. 无机纸上色谱法分离各组分的原理是什么？
2. 什么是固定相？什么是流动相？实验中什么作固定相？什么作流动相？
3. 实验中怎样才能得到好的无机纸上色谱谱图？在操作中应注意什么问题？

**【基本原理】**

无机纸上色谱法是以滤纸作为载体的层析分离法。滤纸的基本成分是一种极性纤维素，对水等极性溶剂有很强的亲和力，能吸附占本身质量20%的水分。这部分水保持固定，称为固定相；有机溶剂在固定相的表面上流动，称为流动相，又称展开剂。常用的展开剂通常是由有机溶剂、酸和水混合配成的。具体组成取决于分离的对象。在分离过程中，由于毛细管作用，展开剂沿滤纸向下或向上慢慢扩展，与滤纸上的固定相相遇。当它经过点放在滤纸上的试液时，由于试样组分在两相中都有一定的溶解度，因而被分离的组分就在两相之间不断地进行分配，并达到分配平衡。分配平衡的平衡常数又叫做分配系数，由于各组分的分配系数不同而移动速度不同。分配系数大的移动速度快，移动的距离远；分配系数小的移动速度慢，移动的距离近，从而使各组分逐个分开。

无机纸上色谱

在无机纸上色谱层析分离过程中，各组分在纸上移动的距离通常用比移值（$R_f$）来表示：

$$R_f=\frac{\text{原点到层析点中心的距离}}{\text{原点到溶剂前沿的距离}}$$

比移值的示意图如图5-1所示。图中A物质的 $R_f=\frac{a}{c}$，B物质的 $R_f=\frac{b}{c}$。

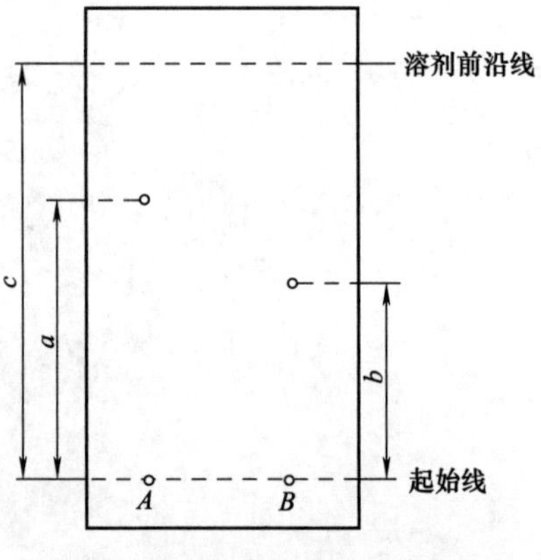


图5-1　比移值 $R_f$ 示意图

A—A组分点样点；B—B组分点样点；
a—A组分斑点中心至原点的距离；
b—B组分斑点中心至原点的距离；
c—溶剂前沿至原点的距离

在一定条件下，无论层析时间多长，前沿上升，斑点也跟着上升，但它们的比值不变。对于某组分，在一定层析条件下，$R_f$ 有确定的数值。因此可以根据比移值 $R_f$ 进行定性分析。

$R_f$ 值最小为0，即斑点在原地不动；最大为1，即该组分随溶剂扩展到前沿。从各组分 $R_f$ 值之间相差大小可以判断能否分离。$R_f$ 值相差越大，分离效果越好，一般情况下，$R_f$ 值相差0.02即可以相互分离。

试样在滤纸上展开以后，多数情况下是无色的，无法确定各组分的位置，所以要根据物质的特性喷洒适宜的显色剂进行显色，从而得到色谱图。根据 $R_f$ 值及斑点颜色（与已知试样对照）即可判断溶液中存在何种组分。

本实验用纸上色谱法分离与鉴定溶液中的 $Cu^{2+}$、$Fe^{3+}$、$Co^{2+}$、$Ni^{2+}$。

**【实验用品】**

仪器：广口瓶（500mL）2 个，量筒（50mL，10mL），烧杯（250mL），镊子，点滴板，搪瓷盘（30cm×50cm），喉头喷雾器，小刷子，尺子。

药品：HCl(浓)，$NH_3 \cdot H_2O$(浓)，$FeCl_3$(0.1mol·$L^{-1}$)，$CoCl_2$(1mol·$L^{-1}$)，$NiCl_2$(1mol·$L^{-1}$)，$CuCl_2$(1mol·$L^{-1}$)，$K_4[Fe(CN)_6]$(0.1mol·$L^{-1}$)，$K_3[Fe(CN)_6]$(0.1mol·$L^{-1}$)。

其他：丙酮，丁二酮肟，色层滤纸（5cm×9cm）1 张，普通滤纸 1 张，毛细管 5 根。

**【实验步骤】**

**1. 准备工作**

① 在一个 500mL 广口瓶中加入 17mL 丙酮，2mL HCl（浓）及 1mL 去离子水，配制成展开剂，盖好瓶盖。

② 在另一 500mL 广口瓶中放入一个盛有 $NH_3 \cdot H_2O$（浓）的开口小滴瓶，盖好广口瓶。

③ 在长 11cm、宽 5cm 的滤纸上，用铅笔画 4 条间隔为 1cm 的竖线平行于长边，在纸上端 1cm 处和下端 2cm 处各画出一条横线，在纸条上端画好的各小方格内标出 $Fe^{3+}$、$Co^{2+}$、$Ni^{2+}$、$Cu^{2+}$、未知液 5 种样品的名称。最后按 4 条竖线折叠五棱柱体（见图 5-2）。

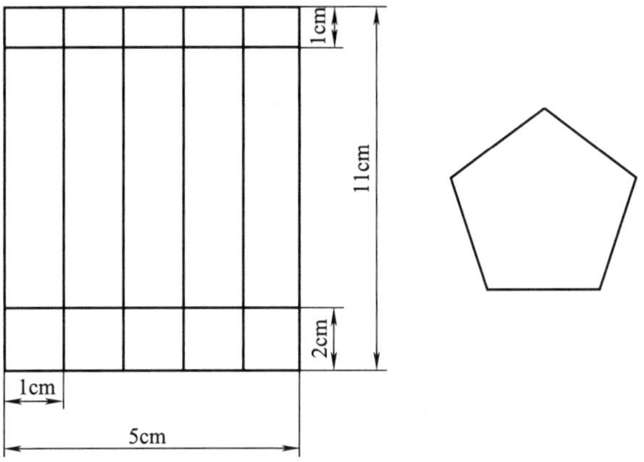


图 5-2　纸上色谱用纸的准备方法

④ 在干净、干燥的点滴板中选择 5 个孔穴，分别滴几滴 $FeCl_3$ 溶液、$CoCl_2$ 溶液、$NiCl_2$ 溶液、$CuCl_2$ 溶液及未知液（未知液是由前四种溶液中任选几种，以等体积混合而成）。再各放入 1 支毛细管。

**2. 加样**

① 取 1 片普通滤纸作练习用。用毛细管吸取溶液后垂直触到滤纸上，当滤纸上形成直径为 0.3～0.5cm 的圆形斑点时，立即提起毛细管。反复练习几次，直到能做出小于或接近直径为 0.5cm 斑点为止。

② 按所标明的样品名称，在滤纸下端横线上分别加样。将加样后的滤纸置于通风处晾干。

**3. 展开**

按滤纸上的折痕重新折叠一次。用镊子将滤纸五棱柱体垂直放入盛有展开剂的广口瓶中，盖好瓶盖，观察各种离子在滤纸上展开的速度及颜色。当溶剂前沿接近纸上端横线时，用镊子将滤纸取出，用铅笔标记出溶剂前沿的位置，然后放入大烧杯中，于通风处晾干。

**4. 斑点显色**

对本实验中的 4 种离子可采用下面两种方法显色。

① 将滤纸置于充满氨气的广口瓶中，5min 后取出滤纸，观察并记录斑点的颜色。其中 $Ni^{2+}$ 的颜色较浅，可用小刷子蘸取丁二酮肟溶液快速涂抹，记录 $Ni^{2+}$ 所形成斑点的颜色。

② 将滤纸放在搪瓷盘中，用喉头喷雾器向纸上喷洒 $K_3[Fe(CN)_6]$ 溶液与 $K_4[Fe(CN)_6]$ 溶液的等体积混合液，观察并记录斑点的颜色。

**5. 确定未知液中含有的离子**

观察未知液在纸上形成的数量、颜色和位置，分别与已知离子斑点的颜色、位置相对照，便可以确定未知液中含有哪几种离子。

**6. $R_f$ 值的测定**

用尺分别测量溶剂移动的距离和离子移动的距离，然后计算出 4 种离子的 $R_f$ 值。

**【数据记录和结果处理】**

① 展开剂的组成（体积比）

丙酮：盐酸（浓）：水＝____________。

② 已知离子斑点的颜色和 $R_f$ 值：计算后填入表 5-1 中。

**表 5-1 纸上色谱法分离鉴定结果**

| 项　目 | | $Fe^{3+}$ | $Co^{2+}$ | $Ni^{2+}$ | $Cu^{2+}$ |
|---|---|---|---|---|---|
| 斑点颜色 | $K_3[Fe(CN)_6]+K_4[Fe(CN)_6]$ | | | | |
| | $NH_3/g$ | | | | |
| 展开剂移动的距离($c$)/cm | | | | | |
| 离子移动的距离($a$)/cm | | | | | |
| $R_f=\frac{a}{c}$ | | | | | |

③ 未知液中含有的离子为：________________________。

# 实验三十一　过氧化钙的制备及含量分析

**【实验目的】**

1. 综合练习无机化合物的制备的操作。
2. 了解制备过氧化钙的基本原理和方法。
3. 掌握过氧化钙含量的分析方法。

**【预习与思考】**

1. $CaO_2$ 如何贮存？为什么？
2. 写出在酸性条件下用 $KMnO_4$ 定性鉴定 $CaO_2$ 的反应方程式。
3. $KMnO_4$ 是氧化还原滴定中最常用的氧化剂之一，该滴定通常在酸性溶液中进行，一般常用稀 $H_2SO_4$。本实验为何用稀 $H_2SO_4$？用稀 HCl 代替稀 $H_2SO_4$ 对测定结果有无影响？如何证实？

**【基本原理】**

过氧化钙一般通过钙盐或氢氧化钙与过氧化氢反应制得。因为过氧化氢分解速度随温度升高而迅速加快，因此，一般是在低温下合成，在水溶液中析出的为 $CaO_2 \cdot 8H_2O$，

$$Ca^{2+} + H_2O_2 + 2NH_3 \cdot H_2O + 6H_2O = CaO_2 \cdot 8H_2O(s) + 2NH_4^+$$

该反应通常在 −3～2℃ 下进行，再于 150℃ 左右脱水干燥，即得产品。

**【实验用品】**

仪器：吸滤瓶，布氏漏斗，分析天平，酸式滴定管，烧杯（25mL）2 个，碘量瓶（25mL）3 个，点滴板，烘箱。

药品：$CaCl_2 \cdot 6H_2O$（或 $CaCl_2$，s），$H_2O_2$（30%），$NH_3 \cdot H_2O$（6mol·L$^{-1}$），$KMnO_4$（0.02mol·L$^{-1}$），$H_2SO_4$（2mol·L$^{-1}$），冰，HCl 溶液（2mol·L$^{-1}$），HAc 溶液（36%），KI(s)。

其他：0.01mol·L$^{-1}$ $Na_2S_2O_3$ 标准溶液，淀粉溶液（1%）。

**【实验步骤】**

**1. 过氧化钙的制备**

称取 5.5g $CaCl_2 \cdot 6H_2O$（若用 $CaCl_2$，请根据分子量计算加入量），用 5mL 水溶解，加入 15mL 30% $H_2O_2$ 溶液，边搅边滴入 5mL 6mol·L$^{-1}$ $NH_3 \cdot H_2O$，最后再加入 10mL 冷水，置冰水中冷却半小时。抽滤，用少量冷水洗涤晶体 2～3 次，晶体抽干后，取出置于烘箱内在 150℃ 下烘 0.5～1h。冷却后称重，计算产率。

**2. 产品检验**

（1）过氧化钙的定性鉴定　在点滴板上滴 1 滴 0.02mol·L$^{-1}$ $KMnO_4$ 溶液，加 1 滴 2mol·L$^{-1}$ $H_2SO_4$ 酸化，然后加少量制备的 $CaO_2$ 粉末，搅匀，若有气泡逸出，且 $MnO_4^-$ 褪色，证明有 $CaO_2$ 存在。

（2）过氧化钙含量分析　于干燥的 25mL 碘量瓶中准确称取 0.03000g $CaO_2$ 晶体，加 3mL 去离子水，0.4000g KI(s)，摇匀。在暗处放置 30min，加 4 滴 36% HAc 溶液，用 0.01mol·L$^{-1}$ $Na_2S_2O_3$ 标准溶液滴定，近终点时，加 3 滴 1% 淀粉溶液，然后继续滴定至蓝色消失。同时做空白试验。$CaO_2$ 质量分数计算如下：

$$w(CaO_2) = \frac{c(V_1 - V_2) \times 0.0721}{2m} \times 100\%$$

式中 $V_1$——滴定样品时所消耗的 $Na_2S_2O_3$ 溶液的体积，mL；

$V_2$——空白试验时所消耗的 $Na_2S_2O_3$ 溶液的体积，mL；

$c$——$Na_2S_2O_3$ 标准溶液的浓度，$mol \cdot L^{-1}$；

$m$——样品的质量，g；

0.0721——每毫摩尔 $CaO_2$ 的质量，$g \cdot mmol^{-1}$。

# 实验三十二 微波辐射法制备磷酸锌

**【实验目的】**

1. 了解微波辐射法合成原理。
2. 了解用微波辐射法制备磷酸锌的方法。
3. 掌握微型吸滤的基本操作。

**【预习与思考】**

1. 制备磷酸锌的方法还有哪些?
2. 定性鉴定磷酸锌的反应原理是什么?写出反应方程式。
3. 为什么微波辐射加热能显著缩短反应时间?
4. 使用微波炉要注意哪些事项?
5. 加尿素的目的是什么?

**【基本原理】**

**1. 微波辐射**

微波属于电磁波的一种,频率范围为 $3\times10^{10}\sim3\times10^{12}s^{-1}$,介于无线电波与红外辐射之间。微波作为能源被广泛应用于工业、农业、医疗和化工等方面。采用微波加热物质不同于常规电炉加热。常规加热速度慢,能量利用率低;微波加热物质时,物质吸收能量的多少由物质本身状态决定。微波作用的物质必须具有较高的电偶极矩或磁偶极矩,微波辐射使极性分子高速旋转,分子间不断碰撞和摩擦而产生热,这种生热方式称为"内加热方式",其能量利用率高,加热迅速、均匀,而且可防止物质在加热过程中分解变质。

1986 年 Gedye 发现微波可以显著加快有机化合物合成,此后微波技术在化学中的应用日益受到重视。1988 年 Baghurst 首次利用微波技术合成了 $KVO_3$、$BaWO_4$ 等无机化合物。

总之,微波在化学中的应用开辟了微波化学的新领域。微波辐射有三个特点:一是在大量离子存在时能快速加热;二是快速达到反应温度;三是起着分子水平意义上的搅拌作用。

**2. 磷酸锌[$Zn_3(PO_4)_2\cdot2H_2O$]的制备**

磷酸锌[$Zn_3(PO_4)_2\cdot2H_2O$]是一种新型防锈颜料,利用它可配制各种防锈涂料,后者可代替氧化铅作为底漆。制备磷酸锌通常用 $ZnSO_4$、$H_3PO_4$ 和尿素在水浴加热下反应,反应过程中尿素分解放出 $NH_3$ 并生成铵盐。若采用常规加热,该反应需 4h 完成,本实验用微波加热的方法,时间缩短为 10min。反应方程式:

$$3ZnSO_4+2H_3PO_4+3(NH_2)_2CO+7H_2O = Zn_3(PO_4)_2\cdot4H_2O+3(NH_4)_2SO_4+3CO_2\uparrow$$

所得的四水合晶体在 110℃烘箱中脱水即得二水合晶体。

**【实验用品】**

仪器:微波炉,微型吸滤装置,烧杯(50mL,100mL),量筒(10mL),表面皿。

药品:$ZnSO_4\cdot7H_2O$(s),尿素(s),$H_3PO_4$,无水乙醇。

**【实验步骤】**

称取 2g $ZnSO_4$ 于 50mL 烧杯中,加 1g 尿素和 1mL $H_3PO_4$,再加入 20mL 水搅拌,使之溶解,把烧杯放置在 100mL 烧杯水浴中,盖上表面皿,放进微波炉里,用大火挡(约 600W)辐射 10min。当烧杯内隆起白色泡沫状物质时,停止辐射加热,将烧杯取出,用去离子水浸取、洗涤数次,然后吸滤,晶体用水洗涤至滤液无 $SO_4^{2-}$。产品在 110℃烘箱中脱水得到 $Zn_3(PO_4)_2\cdot2H_2O$,称重,计算产率。

# 实验三十三　水热法制备 $SnO_2$ 纳米粉

**【实验目的】**

1. 了解纳米的概念和水热法制备纳米氧化物的原理及实验方法。

2. 研究 $SnO_2$ 纳米粉制备的工艺条件。

3. 学习用透射电子显微镜检测超细微粒的粒径。

4. 学习用 X 射线衍射法（XRD）确定产物的物相。

**【预习与思考】**

1. 水热法合成无机材料具有哪些特点？

2. 用水热法合成纳米氧化物时，对物质本身有哪些要求？从化学热力学和动力学角度进行定性分析。

3. 水热法制备纳米 $SnO_2$ 微粉过程中，哪些因素影响产物粒子的大小及分布？

4. 在洗涤纳米粒子沉淀物的过程中，如何防止沉淀物胶溶？

5. 如何减少纳米粒子在干燥过程中的团聚？

**【基本原理】**

纳米粒子通常是指粒径大约为 1～100nm 的超微颗粒。物质处于纳米尺度状态时，其许多性质既不同于原子、分子，又不同于大块体相物质，而构成物质的一种新的状态。

处于纳米尺度的粒子，其电子的运动受到颗粒边界的束缚而被限制在纳米尺度内，当粒子的尺寸可以与其中电子（或空穴）的 de Broglie 波长相近时，电子运动呈现显著的波粒二象性，此时材料的光、电、磁性质出现许多新的特征和效应。纳米材料位于表、界面上的原子数足以与粒子内部的原子数相抗衡，总表面能大大增加。粒子的表、界面化学性质异常活泼，可能产生宏观量子隧道效应、介电限域效应等。纳米粒子的新特性为物理学、电子学、化学和材料科学等开辟了全新的研究领域。

纳米材料的合成方法有气相法、液相法和固相法。其中气相法包括：化学气相沉积、激光气相沉积、真空蒸发和电子束或射频束溅射等；液相法包括溶胶-凝胶（Sol-Gel）法、水热法和共沉淀法。制备纳米氧化物微粉常用水热法，其优点是产物直接为晶态，无须经过焙烧晶化过程，可以减少颗粒团聚，同时粒度比较均匀，形态也比较规则。

$SnO_2$ 是一种半导体氧化物，它在传感器、催化剂和透明导电薄膜等方面具有广泛用途。纳米 $SnO_2$ 具有很大的比表面积，是一种很好的气敏和湿敏材料。

本实验以水热法制备 $SnO_2$ 微粉。

**【实验用品】**

仪器：100mL 不锈钢压力釜（有聚四氟乙烯衬里），恒温箱（带控温装置），磁力搅拌器，抽滤水泵，酸度计，离心机，多晶 X 射线衍射仪，透射电子显微镜。

药品：$SnCl_4 \cdot 5H_2O(s)$，KOH(s)，乙酸，乙酸铵（s），乙醇（95%）。

**【实验步骤】**

**1. 原料及反应原理**

以 $SnCl_4$ 为原料，利用水解产生的 $Sn(OH)_4$ 脱水缩合晶化产生 $SnO_2$ 纳米微晶。

$$SnCl_4 + 4H_2O \xlongequal{} Sn(OH)_4(s) + 4HCl$$

$$nSn(OH)_4 \xlongequal{} nSnO_2 + 2nH_2O$$

**2. 反应条件的选择**

水热反应的条件，如反应物的浓度、温度、介质的 pH、反应时间等对反应物的物相、形态、粒子尺寸及其分布均有较大影响。

反应温度适度升高能促进 $SnCl_4$ 的水解及 $Sn(OH)_4$ 的脱水缩合，利于重结晶，但温度太高将导致 $SnO_2$ 微晶长大。本实验反应温度控制在 120～160℃范围内。

反应介质的酸度较高，$SnCl_4$ 的水解受到抑制，生成的 $Sn(OH)_4$ 较少，反应液中残留 $Sn^{4+}$ 多，将产生 $SnO_2$ 微晶并造成粒子间的聚结，导致硬团聚；反应介质的酸度较低时，$SnCl_4$ 水解完全，形成大量 $Sn(OH)_4$，进一步脱水缩合晶化成 $SnO_2$ 纳米微晶。本实验介质的酸度控制在 pH 为 1～2。

水热反应时间在 2h 左右。反应容器是聚四氟乙烯衬里的不锈钢压力釜，密封后置于恒温箱中控温。

**3. 产物的后处理**

从压力釜取出的产物经过减压过滤后，用含乙酸铵的混合液洗涤多次，再用 95% 乙醇溶液洗涤，继而干燥，研细。

**4. 产物表征**

（1）物相分析　用多晶 X 射线衍射仪测定产物物相（见图 5-3），在 JCPDS 卡片集中查出 $SnO_2$ 的多晶标准衍射卡片，将样品的 $d$ 值和相对强度与标准卡片的数据相对照，确定产物是否是 $SnO_2$。

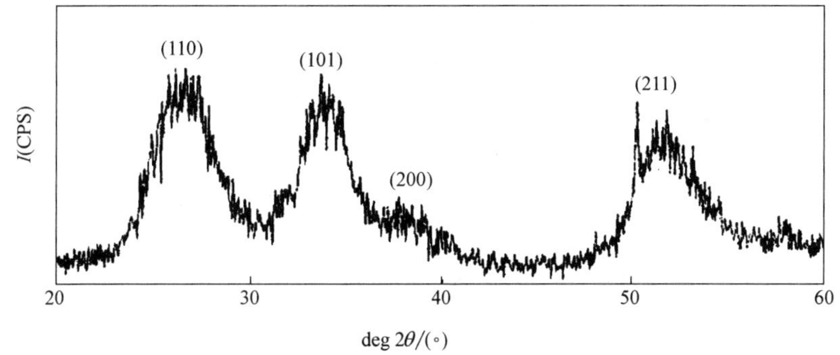


图 5-3　纳米 $SnO_2$ 的多晶 X 射线衍射图

（2）粒子大小的分析与观察　由多晶 X 射线衍射峰的半峰宽，用谢乐（Scherrer）公式计算样品 $hkl$ 方向上的平均晶粒尺寸。

$$D_{hkl}=\frac{K\lambda}{\beta \cdot \cos\theta_{hkl}}$$

式中　$\beta$——$hkl$ 的衍射峰的半峰宽（一般可取为半峰宽）；

$K$——常数，通常取 0.9；

$\theta_{hkl}$——$hkl$ 的衍射峰的衍射角；

$\lambda$——X 射线的波长。

用透射电子显微镜（TEM）直接观察样品离子的尺寸与形貌。

# 实验三十四 常见阴离子未知液的测定

**【实验目的】**

1. 熟悉常见阴离子的有关性质。

2. 掌握常见阴离子的鉴定反应。

3. 了解常见阴离子的分离检出方案，培养综合应用的能力。

**【预习与思考】**

1. 在中性或弱碱性阴离子试液中，加入 $BaCl_2$ 溶液，如有白色沉淀析出，可能存在的离子有哪些？沉淀析出后加酸酸化，如溶液仍呈白色浑浊，能否判断一定会有 $SO_4^{2-}$ 存在？

2. 以棕色环法鉴定 $NO_3^-$ 时，溶液能否搅动？为什么？

3. 以 KI 法鉴定 $NO_2^-$ 时，若 KI 溶液变黄，还能否使用？为什么？

4. $Cl^-$、$Br^-$、$I^-$ 混合物分析中，为何以 $(NH_4)_2CO_3$ 处理卤化银沉淀？可用什么溶液代替？

5. 在酸性条件下可使 $KI^-$ 淀粉溶液变蓝，使 $KMnO_4$ 溶液褪色和使 $I_2$-淀粉溶液褪色的阴离子各有哪些？

6. 为什么用 $PbCO_3$ 或者 $CdCO_3$ 可以除去 $S^{2-}$？

7. 钡组阴离子检验中为什么要强调新配制的 $6mol \cdot L^{-1}$ 氨水？

**【实验过程提示】**

利用阴离子的分析特性对试液首先进行初步实验（包括溶液酸碱性实验、挥发性实验、氧化还原实验等），分析并初步确定可能存在的离子，然后根据阴离子性质差异和特征反应进行分离鉴定。若某些离子在鉴定时发生相互干扰，应先分离后鉴定。为了提高分析结果的准确性，应进行“空白试验”和“对照试验”。

① 从表 5-2 中找出最容易判断的离子先进行检验，如在第一列氧化性阴离子的检验中，如果有蓝色出现，证明有 $NO_2^-$，还可在滴加硫酸酸化后，再加几滴 $CCl_4$ 和 2 滴 KI 溶液，振荡试管，如果 $CCl_4$ 层显紫色，表示存在 $NO_2^-$（11 种阴离子中只有 $NO_2^-$ 有这种反应）。

**表 5-2 阴离子的初步检验**

| 阴离子＼试剂 | KI-淀粉溶液（$2mol \cdot L^{-1}$ 硫酸酸化） | 稀硫酸 | 氯化钡（中性或弱碱性） | 硝酸银（稀硝酸） | 高锰酸钾（稀硫酸） | 碘-淀粉溶液（稀硫酸） |
|---|---|---|---|---|---|---|
| $NO_2^-$ | 变蓝 | 气体 | | | 褪色 | |
| $NO_3^-$ | | | | | | |
| $SO_4^{2-}$ | | | 白色沉淀 | | | |
| $SO_3^{2-}$ | | 气体 | 白色沉淀 | | 褪色 | 褪色 |
| $S_2O_3^{2-}$ | | 气体 | 白色沉淀（浓度 $\geqslant 0.04mol \cdot L^{-1}$） | 沉淀白→黄→棕→黑 | 褪色 | 褪色 |
| $S^{2-}$ | | 气体 | | 黑色沉淀 | 褪色 | 褪色 |
| $PO_4^{3-}$ | | | 白色沉淀 | | | |
| $CO_3^{2-}$ | | 气体 | 白色沉淀 | | | |
| $Cl^-$ | | | | 白色沉淀 | | |
| $Br^-$ | | | | 淡黄色沉淀 | 褪色 | |
| $I^-$ | | | | 黄色沉淀 | 褪色 | |

② 酸碱性实验中先用 pH 试纸测定。若显强酸性，则不可能存在碳酸根、亚硝酸根、硫离子、亚硫酸根、硫代硫酸根；如果显碱性，硫酸酸化后，轻敲管底，也可稍微加热，观察有无气泡（离子浓度不高时就不一定能观察到明显的气泡）。

③ 银组阴离子检验中，黑色沉淀可能掩盖其他颜色的沉淀，所以要认真观察是否溶于或部分溶于 $6mol \cdot L^{-1}$ 硝酸溶液，以推断有无卤素离子存在的可能。

④ 高锰酸钾检验法如果现象不明显，可温热之。

⑤ 钡组阴离子检验中显弱碱性要加新配制的 $6mol \cdot L^{-1}$ 氨水。

**【实验用品】**

仪器：离心机，酒精灯，试管，点滴板，恒温水浴。

药品：$HCl(6mol \cdot L^{-1})$，$HNO_3(2mol \cdot L^{-1}$，$6mol \cdot L^{-1}$，浓)，$H_2SO_4(2mol \cdot L^{-1}$，浓)，$Na_2[Fe(CN)_5NO]$ 试剂（1%，新配），$(NH_4)_2MoO_4$ 试剂，$AgNO_3(0.1mol \cdot L^{-1})$，$KMnO_4(0.01mol \cdot L^{-1})$，$BaCl_2(1mol \cdot L^{-1})$，饱和 $ZnSO_4$，饱和 $Ba(OH)_2$，$(NH_4)_2CO_3$（12%），$NH_3 \cdot H_2O(6mol \cdot L^{-1})$，$NaNO_2(0.1mol \cdot L^{-1})$，$HAc(2mol \cdot L^{-1}$，$6mol \cdot L^{-1})$，$K_4[Fe(CN)_6](0.1mol \cdot L^{-1})$，$Cl_2$ 水溶液；$KI(0.1mol \cdot L^{-1})$，$I_2$ 水，$CCl_4$，$FeSO_4 \cdot 7H_2O(s)$，锌粉，$PbCO_3(s)$。

其他：淀粉溶液，尿素，pH 试纸。

**【实验步骤】**

领取未知液一份，拟定实验分析步骤，确定未知溶液中含有哪些阴离子。

# 实验三十五 常见阳离子未知液的测定

**【实验目的】**

1. 熟悉常见阳离子的有关性质。

2. 掌握常见阳离子的鉴定反应。

3. 了解分离检出常见阳离子的方法和鉴定方案，培养综合应用的能力。

**【预习与思考】**

① 总结常见阳离子的检出方法，写出反应条件、现象及反应方程式。

② 向未知液中滴加 HCl，如果没有白色沉淀，能否说明 $Ag^+$、$Pb^{2+}$ 都不存在？如果生成沉淀经用热水和氨水反复处理后，还有不溶物，这可能是什么物质？

③ 如果未知液中有 $Bi^{3+}$，而检验时根本没检验出来或检出反应不明显，试分析造成漏检的原因。

④ 怎样用下列方法分离 $Ba^{2+}$ 和 $Pb^{2+}$：a. 利用化合物溶解度的差异；b. 利用难溶化合物在酸碱中溶解性的差异；c. 利用配合性的差异；d. 利用氧化还原性的差异。

⑤ 如果未知液呈碱性，哪些离子可能不存在？

⑥ 本实验的分组方案使用了哪些基本化学原理？你能用化学原理对某些步骤所采取的分离方式作出解释吗？

⑦ 为什么在混合离子分离过程中，为使沉淀老化需要加热，而加热方法最好采用水浴加热？

⑧ 为什么进行“空白试验”和“对照试验”会提高分析结果的准确性？

⑨ 为什么每步获得沉淀后，都要将沉淀用少量带有沉淀剂的稀溶液或去离子水洗涤 1～2 次？

**【基本原理】**

**1. 分组**

阳离子的种类较多，个别检出时，容易发生相互干扰，所以一般阳离子分析都是利用阳离子的某些共同特性，先分成几组，然后再根据阳离子的个性加以检出。实验室常用的混合阳离子分组法有硫化氢系统法和两酸两碱系统法。

（1）硫化氢系统法　依据的主要是各阳离子硫化物以及它们的氯化物、碳酸盐和氢氧化物的溶解度不同，按照一定顺序加入分离试剂，把阳离子分成五个组。然后在各组内根据各个阳离子的特性进一步分离和鉴定。硫化氢系统的优点是系统严谨，分离比较完全，能较好地与离子特性及溶液中离子平衡等理论相结合，但缺点是硫化氢气体有毒，会污染空气、污染环境且操作步骤繁杂。

本实验以两酸两碱系统法为例，将常见的 20 多种阳离子分为六组，分别进行分离鉴定。

（2）两酸两碱系统法　基本思路是：先用 HCl 溶液将能形成氯化物沉淀的 $Ag^+$、$Pb^{2+}$、$Hg_2^{2+}$ 分离出去；再用 $H_2SO_4$ 溶液将能形成难溶硫酸盐的 $Ba^{2+}$、$Pb^{2+}$、$Ca^{2+}$ 分离出去；然后用 $NH_3 \cdot H_2O$ 和 NaOH 溶液将剩余的离子进一步分组，分组之后再进行个别检出。

本实验按图 5-4 所给试剂将阳离子分组，然后再根据离子的特性，加以分离鉴定。

**第一组（盐酸组）阳离子的分离**　根据 $PbCl_2$ 可溶于 $NH_4Ac$ 和热水中，而 AgCl 可溶于氨水中，分离本组离子并鉴定（见图 5-5）。

**第二组（硫酸组）阳离子的分离**　详见见图 5-6。

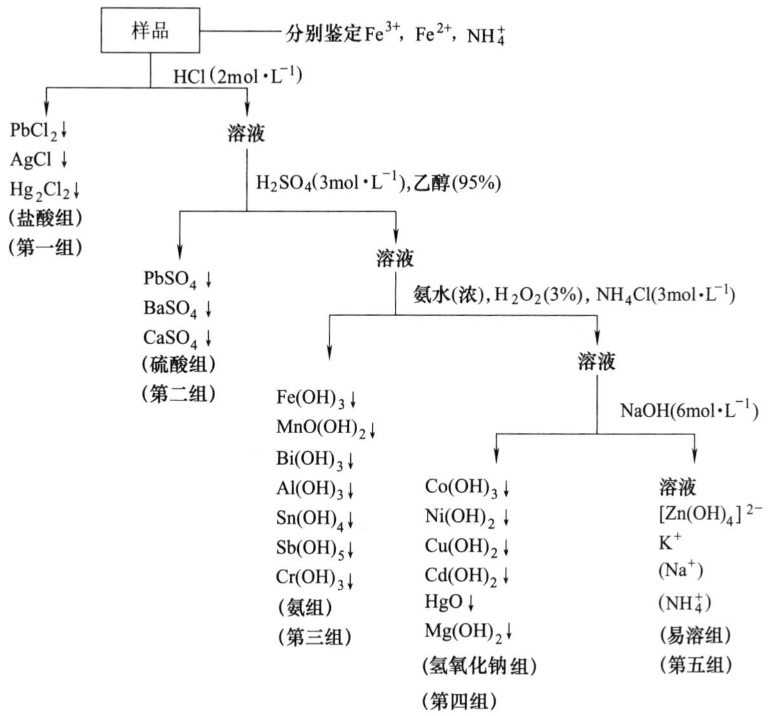


图 5-4　两酸两碱系统法混合阳离子分组示意

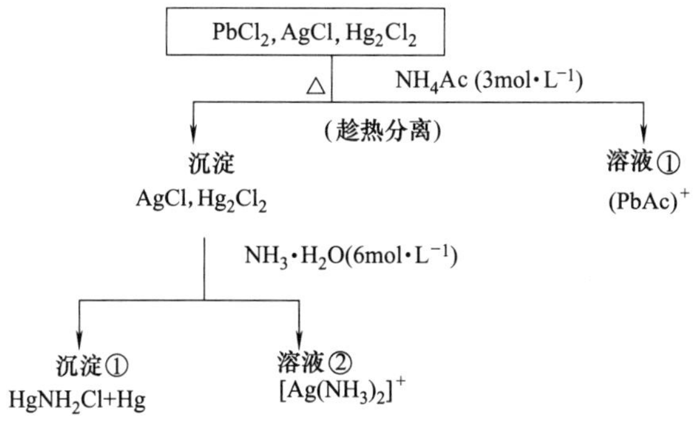


图 5-5　第一组阳离子的分离

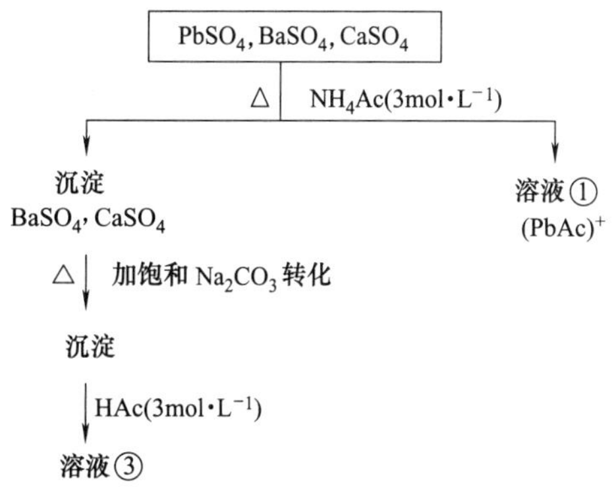


图 5-6　第二组阳离子的分离

**第三组（氨组）阳离子的分离**　详见见图 5-7。

**第四组（氢氧化钠组）阳离子的分离**　将氢氧化钠组所得的沉淀溶于 $2.0mol \cdot L^{-1}$ $HNO_3$ 溶液中，得 $Co^{2+}$、$Ni^{2+}$、$Cu^{2+}$、$Cd^{2+}$、$Hg^{2+}$、$Mg^{2+}$ 混合溶液，将该溶液按图 5-8 进行分离。

**第五组（易溶组）阳离子的鉴定**　易溶组阳离子虽然是在阳离子分组后最后一步获得的，但该组阳离子的鉴定，除 $[Zn(OH)_4]^{2-}$ 外，最好取原试液进行，以免阳离子分离中引入的大量 $Na^+$、$NH_4^+$ 对检验结果产生干扰。对于本组阳离子，本实验仅要求掌握 $NH_4^+$ 的鉴定。

**2. 阳离子的鉴定**

（1）$Pb^{2+}$ 的鉴定　取溶液①，设计方案鉴定 $Pb^{2+}$。

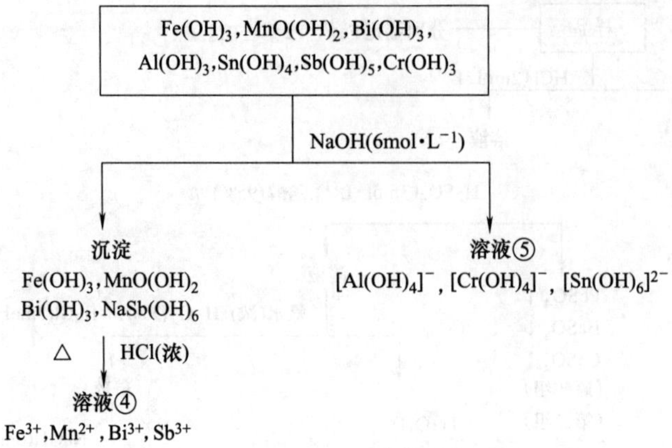


图 5-7　第三组阳离子的分离

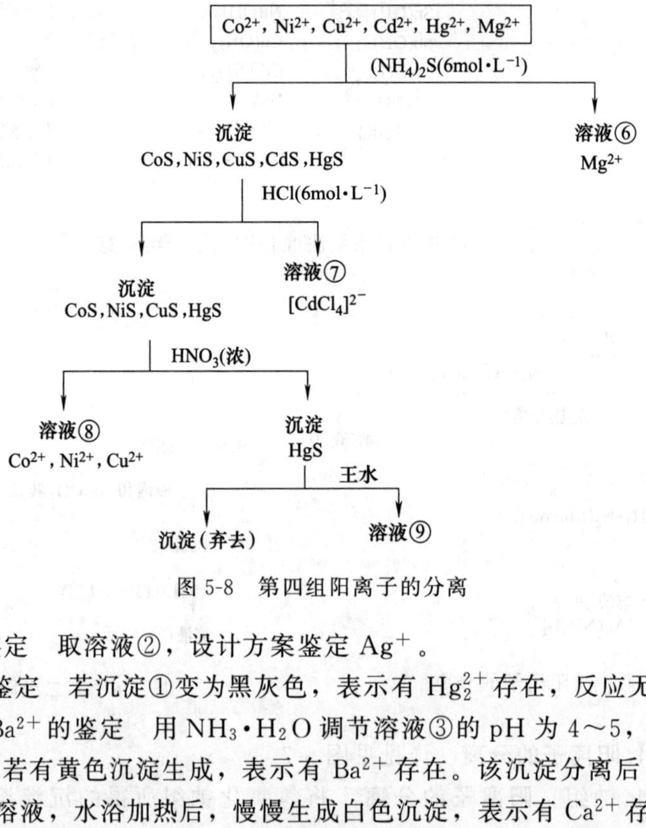


图 5-8　第四组阳离子的分离

(2) $Ag^{+}$的鉴定　取溶液②，设计方案鉴定 $Ag^{+}$。

(3) $Hg_2^{2+}$的鉴定　若沉淀①变为黑灰色，表示有 $Hg_2^{2+}$存在，反应无其他离子干扰。

(4) $Ca^{2+}$与 $Ba^{2+}$的鉴定　用 $NH_3 \cdot H_2O$ 调节溶液③的 pH 为 4～5，加入 0.1mol·$L^{-1}$ 的 $K_4CrO_4$ 溶液，若有黄色沉淀生成，表示有 $Ba^{2+}$存在。该沉淀分离后，在清液中加入饱和 $(NH_4)_2C_2O_4$ 溶液，水浴加热后，慢慢生成白色沉淀，表示有 $Ca^{2+}$存在。

注：$BaSO_4$ 转化 $BaCO_3$ 为较难，必要时可用饱和 $Na_2CO_3$ 溶液进行多次转化。

(5) $Fe^{3+}$、$Mn^{2+}$、$Bi^{3+}$、$Sb^{3+}$的鉴定　分别取溶液④ 2 滴，设计方法鉴定 $Fe^{3+}$、$Mn^{2+}$。$Bi^{3+}$、$Sb^{3+}$的鉴定相互干扰，先将二者分离后再分别鉴定。

(6) $Cr^{3+}$的鉴定　取溶液⑤ 10 滴，设计方法鉴定 $Cr^{3+}$。

(7) $Al^{3+}$的鉴定（不作基本要求）　用溶液⑤ 10 滴，用 6mol·$L^{-1}$ HAc 酸化，调 pH 为 6～7，加 3 滴铝试剂，摇荡后，放置片刻，加 6mol·$L^{-1}$ $NH_3 \cdot H_2O$ 碱化，水浴加热，如有红色絮状沉淀出现，表示有 $Al^{3+}$存在。

(8) $Sn^{4+}$的鉴定　取溶液⑤ 10 滴，用 6mol·$L^{-1}$ HCl 溶液酸化，加入少量铁粉，水浴

加热至作用完全，取上层清液，加 1 滴浓盐酸，加 2 滴 $HgCl_2$ 溶液，若有白色或灰黑色沉淀析出，表示有 $Sn^{4+}$ 存在。

(9) $Cd^{2+}$ 的鉴定　取溶液⑦ 5 滴，设计方法鉴定 $Cd^{2+}$。

(10) $Co^{2+}$、$Ni^{2+}$、$Cu^{2+}$ 的鉴定　分别取溶液⑧ 5 滴，设计方法鉴定 $Co^{2+}$，$Ni^{2+}$，$Cu^{2+}$。

(11) $Hg^{2+}$ 的鉴定　取溶液⑨10 滴，设计方案鉴定 $Hg^{2+}$。

(12) $Zn^{2+}$ 的鉴定　取第五组溶液 10 滴，设计方案鉴定 $Zn^{2+}$。

(13) $NH_4^+$ 的鉴定　取原未知液 10 滴，设计方案鉴定 $NH_4^+$。

**【实验用品】**

仪器：离心机，煤气灯，试管，点滴板，水浴锅，胶头滴管。

药品：$H_2SO_4$($1mol \cdot L^{-1}$，$3mol \cdot L^{-1}$)，HCl 溶液（$2mol \cdot L^{-1}$，浓)，$HNO_3$($2mol \cdot L^{-1}$，$6mol \cdot L^{-1}$)，HAc($6mol \cdot L^{-1}$)，$H_2S$（饱和)，NaOH($2mol \cdot L^{-1}$，$6mol \cdot L^{-1}$)，$NH_3 \cdot H_2O$($2mol \cdot L^{-1}$，$6mol \cdot L^{-1}$，浓)，KCNS($0.1mol \cdot L^{-1}$)，KI($0.1mol \cdot L^{-1}$)，$K_4CrO_4$($0.1mol \cdot L^{-1}$)，$K_4[Fe(CN)_6]$($0.1mol \cdot L^{-1}$)，$Na_2CO_3$($0.5mol \cdot L^{-1}$，饱和)，$Na_2S$($0.1mol \cdot L^{-1}$)，NaAc($3mol \cdot L^{-1}$)，EDTA（饱和)，$NH_4Ac$($3mol \cdot L^{-1}$)，$NH_4Cl$($3mol \cdot L^{-1}$)，$(NH_4)_2S$($6mol \cdot L^{-1}$)，$(NH_4)_2C_2O_4$(饱和)，$SnCl_2$($0.1mol \cdot L^{-1}$)，$HgCl_2$($0.1mol \cdot L^{-1}$)，$H_2O_2$(3%)，$NaBiO_3$(s)，KSCN(s)。

其他：奈斯勒试剂，铝片，锡片，乙醇（95%)，戊醇，丙酮，$CCl_4$，丁二酮肟，二苯硫腙，pH 试纸，滤纸条。

**【实验步骤】**

领取未知液一份，利用两酸两碱法设计分析其中可能含有的阳离子，拟定实验分析步骤，确定未知溶液中含有哪些阳离子。

# 附　　录

## 附录一　实验常用仪器介绍

| 仪　器 | 规　格 | 用　途 | 注意事项 |
|---|---|---|---|
| 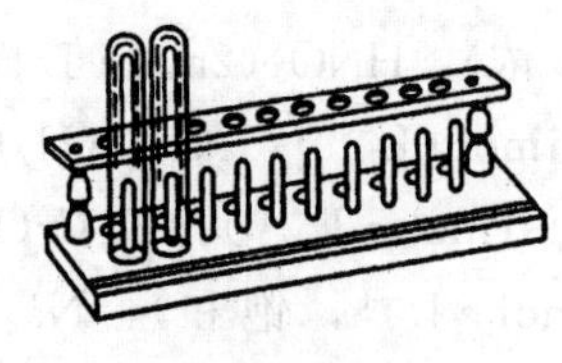<br>试管和试管架 | 分硬质试管、软质试管、普通试管、离心试管<br>普通试管以管口外径(mm)×长度(mm)表示，离心试管以其容积(mL)表示<br>试管架有木质的、铝质的和塑料的等 | 用作少量试液的反应容器，便于操作和观察<br>离心试管还可用于定性分析中的沉淀分离<br>试管架用于存放试管 | 加热后不能骤冷，以防试管破裂<br>盛试液不超过试管的1/3～1/2 |
| <br>试管夹 | 竹制、钢丝制 | 用于夹拿试管 | 防止烧损(竹质)或防止锈蚀(钢丝) |
| <br>毛刷 | 以大小和用途表示，如试管刷、烧杯刷等 | 洗刷玻璃仪器 | 谨防刷子顶端的铁丝撞破玻璃仪器 |
| <br>烧杯 | 以容积(mL)表示 | 用于盛放试剂或用作反应器 | 加热时应放在石棉网上 |
| <br>锥形瓶 | 以容积(mL)表示 | 反应容器。振荡方便，常用于滴定操作 | 加热时应放在石棉网上 |
| 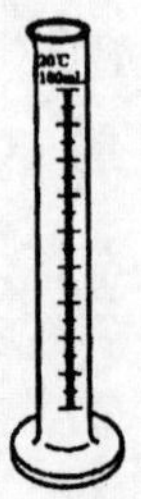<br>量筒 | 以容积(mL)表示 | 用于量取一定体积的液体 | 不能受热 |

续表

| 仪　　器 | 规　　格 | 用　　途 | 注意事项 |
|---|---|---|---|
| 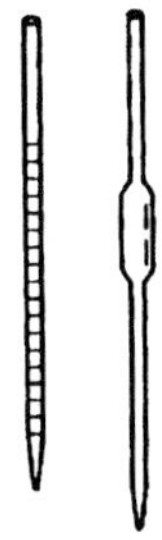<br>吸量管和移液管 | 以刻度最大标度(mL)表示<br>玻璃质,移液管为单刻度,吸量管有分刻度 | 用于精确移取一定体积的液体 | 不能加热<br>用后应洗净,置于吸管架上,以免沾污 |
| 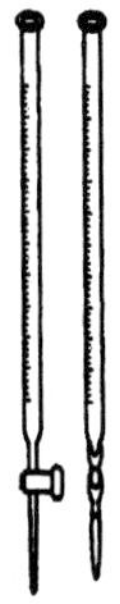<br>滴定管 | 以刻度最大标度(mL)表示<br>玻璃质,分酸式滴定管和碱式滴定管两种,管身为无色或棕色<br>聚四氟乙烯活塞滴定管是酸碱通用滴定管 | 用于滴定或量取较准确体积的液体 | 不能加热或量取热的液体<br>不能用毛刷洗涤内管壁<br>酸式滴定管、碱式滴定管的玻璃活塞配套使用,不能互换 |
| 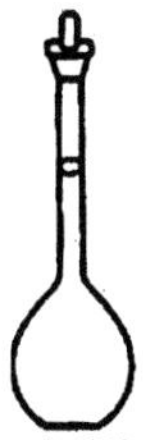<br>容量瓶 | 以容积(mL)表示 | 用于配制准确浓度的溶液 | 不能受热 |
| <br>称量瓶 | 以外径(mm)×高(mm)表示 | 用于准确称取固体 | |
| <br>干燥器 | 以外径(mm)表示 | 用于干燥或保存试剂 | 不得放入过热物品 |
| <br>药匙 | 牛角、瓷质、塑料或不锈钢制 | 取固体试剂 | 试剂专用,不得混用 |

续表

| 仪器 | 规格 | 用途 | 注意事项 |
| --- | --- | --- | --- |
|  滴瓶 | 以容积(mL)表示 | 用于盛放试液或溶液 | 滴管不得互换,不能长期盛放浓碱液 |
| 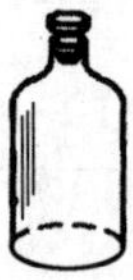 细口瓶  广口瓶 | 以容积(mL)表示 | 细口瓶和广口瓶分别用于盛放液体试剂和固体试剂 | 盛放碱性试剂时应使用橡皮或塑料瓶塞 |
|  表面皿 | 以口径(mm)表示 | 盖在烧杯上 | 不得用火加热 |
|  漏斗 | 以口径(mm)表示 | 用于过滤 | 不得用火加热 |
| 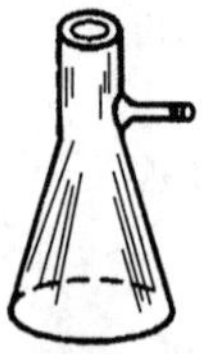 吸滤瓶  布氏漏斗 | 布氏漏斗为瓷质,以容量(mL)或口径(mm)表示,吸滤瓶以容积(mL)表示 | 用于减压过滤 | 不得用火加热 |
| 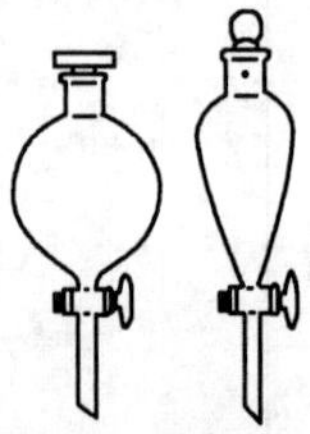 分液漏斗 | 以容积(mL)和形状(球形、梨形)表示 | 梨形分液漏斗用于分离互不相溶的液体,球形分液漏斗用于发生气体装置中的加液漏斗 | 不得用火加热 |
|  蒸发皿 | 以口径(mm)或容积(mL)表示,材质有瓷、石英、铂等 | 用于蒸发液体或溶液 | 一般忌骤冷、骤热,视试液性质选用不同材质的蒸发皿 |
|  坩埚 | 以容积(mL)表示。材质有瓷、石英、铁、镍、铂等 | 用于灼烧试剂 | 一般忌骤冷、骤热,依试剂性质选用不同材质的坩埚 |

续表

| 仪　器 | 规　格 | 用　途 | 注意事项 |
| --- | --- | --- | --- |
|  坩埚钳 | 以长度(cm)表示<br>金属(铜、铁)制品。<br>有长短不一的各种规格 | 夹持坩埚加热，或往热源(电炉、煤气灯、马弗炉)中取放坩埚 | 使用前钳尖应预热，用后钳尖应向上放在桌面上或石棉网上 |
|  泥三角 | 有大小之分 | 支承灼烧坩埚 | |
| 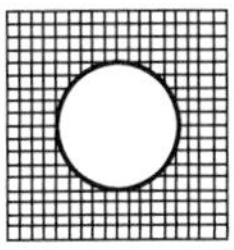 石棉网 | 有大小之分 | 支承受热器皿 | 不能与水接触 |
| 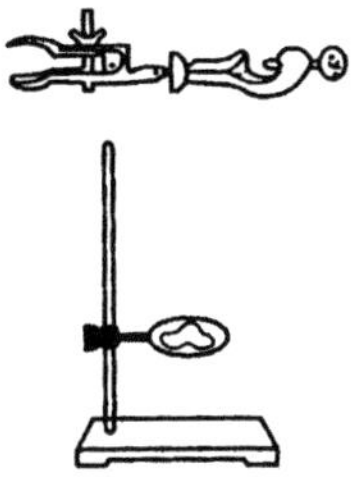 铁夹和铁架台 | | 用于固定或放置容器 | |
|  三角架 | 有大小、高低之分 | 支承较大或较重的加热容器 | |
|  研钵 | 以口径(mm)表示，材质有瓷、玻璃、玛瑙或铁等 | 用于研磨固体试剂 | 不得用火加热。依固体的性质选用不同材质的研钵 |
|  燃烧匙 | | 用于燃烧物质 | |
| 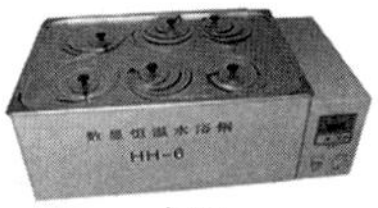 水浴 | 箱外壳用冷轧钢板，表面烘漆，内胆采用不锈钢制成，中层用聚胺脂隔热，并装有恒湿控制器、电热器 | 用于水浴加热 | |

续表

| 仪器 | 规格 | 用途 | 注意事项 |
|---|---|---|---|
|  点滴板 | 透明玻璃质或瓷质。分黑釉和白釉。按凹穴的多少区分 | 用作同时进行多个不需分离的少量沉淀反应的容器。根据生成的沉淀以及反应溶液的颜色选用黑、白或透明点滴板 | 不能加热。<br>不能用于含氢氟酸溶液或浓碱液的反应 |
| 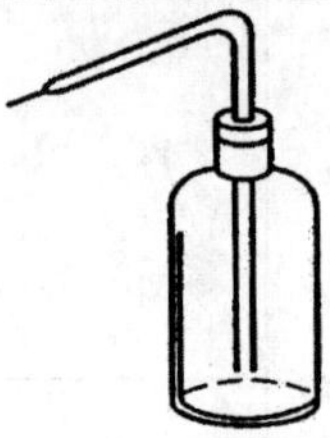 洗瓶 | 塑料质。以容积(mL)表示,一般为250mL、500mL | 装蒸馏水或去离子水用。用于挤出少量水洗沉淀或洗仪器用 | 不能漏气,远离火源 |

# 附录二　化学元素的序数与相对原子质量

| 中文名 | 符号 | 原子序数 | 相对原子质量 | 中文名 | 符号 | 原子序数 | 相对原子质量 |
|---|---|---|---|---|---|---|---|
| 氢 | H | 1 | 1.0079 | 铬 | Cr | 24 | 51.996 |
| 氦 | He | 2 | 4.0026 | 锰 | Mn | 25 | 54.938 |
| 锂 | Li | 3 | 6.941 | 铁 | Fe | 26 | 55.847 |
| 铍 | Be | 4 | 9.0122 | 钴 | Co | 27 | 58.933 |
| 硼 | B | 5 | 10.811 | 镍 | Ni | 28 | 58.693 |
| 碳 | C | 6 | 12.011 | 铜 | Cu | 29 | 63.546 |
| 氮 | N | 7 | 14.007 | 锌 | Zn | 30 | 65.39 |
| 氧 | O | 8 | 15.999 | 镓 | Ga | 31 | 69.723 |
| 氟 | F | 9 | 18.998 | 锗 | Ge | 32 | 72.61 |
| 氖 | Ne | 10 | 20.180 | 砷 | As | 33 | 74.922 |
| 钠 | Na | 11 | 22.990 | 硒 | Se | 34 | 78.96 |
| 镁 | Mg | 12 | 24.305 | 溴 | Br | 35 | 79.904 |
| 铝 | Al | 13 | 26.982 | 氪 | Kr | 36 | 83.80 |
| 硅 | Si | 14 | 28.086 | 铷 | Rb | 37 | 85.468 |
| 磷 | P | 15 | 30.974 | 锶 | Sr | 38 | 87.62 |
| 硫 | S | 16 | 32.066 | 钇 | Y | 39 | 88.906 |
| 氯 | Cl | 17 | 35.453 | 锆 | Zr | 40 | 91.224 |
| 氩 | Ar | 18 | 39.948 | 铌 | Nb | 41 | 92.906 |
| 钾 | K | 19 | 39.098 | 钼 | Mo | 42 | 95.94 |
| 钙 | Ca | 20 | 40.078 | 锝 | Tc | 43 | 98 |
| 钪 | Sc | 21 | 44.956 | 钌 | Ru | 44 | 101.07 |
| 钛 | Ti | 22 | 47.88 | 铑 | Rh | 45 | 102.906 |
| 钒 | V | 23 | 50.942 | 钯 | Pd | 46 | 106.42 |

续表

| 中文名 | 符　号 | 原子序数 | 相对原子质量 | 中文名 | 符　号 | 原子序数 | 相对原子质量 |
|---|---|---|---|---|---|---|---|
| 银 | Ag | 47 | 107.868 | 锇 | Os | 76 | 190.23 |
| 镉 | Cd | 48 | 112.411 | 铱 | Ir | 77 | 192.22 |
| 铟 | In | 49 | 114.82 | 铂 | Pt | 78 | 195.08 |
| 锡 | Sn | 50 | 118.71 | 金 | Au | 79 | 196.967 |
| 锑 | Sb | 51 | 121.757 | 汞 | Hg | 80 | 200.59 |
| 碲 | Te | 52 | 127.60 | 铊 | Tl | 81 | 204.383 |
| 碘 | I | 53 | 126.905 | 铅 | Pb | 82 | 207.2 |
| 氙 | Xe | 54 | 134.29 | 铋 | Bi | 83 | 208.980 |
| 铯 | Cs | 55 | 132.905 | 钋 | Po | 84 | 209 |
| 钡 | Ba | 56 | 137.327 | 砹 | At | 85 | 210 |
| 镧 | La | 57 | 138.906 | 氡 | Rn | 86 | 222 |
| 铈 | Ce | 58 | 140.115 | 钫 | Fr | 87 | 223 |
| 镨 | Pr | 59 | 140.908 | 镭 | Ra | 88 | 226.025 |
| 钕 | Nd | 60 | 144.24 | 锕 | Ac | 89 | 227 |
| 钷 | Pm | 61 | 145 | 钍 | Th | 90 | 232.038 |
| 钐 | Sm | 62 | 150.36 | 镤 | Pa | 91 | 213.036 |
| 铕 | Eu | 63 | 151.965 | 铀 | U | 92 | 238.029 |
| 钆 | Gd | 64 | 157.25 | 镎 | Np | 93 | 237.048 |
| 铽 | Tb | 65 | 158.925 | 钚 | Pu | 94 | 244 |
| 镝 | Dy | 66 | 162.5 | 镅 | Am | 95 | 243 |
| 钬 | Ho | 67 | 164.930 | 锔 | Cm | 96 | 247 |
| 铒 | Er | 68 | 167.26 | 锫 | Bk | 97 | 247 |
| 铥 | Tm | 69 | 168.934 | 锎 | Cf | 98 | 251 |
| 镱 | Yb | 70 | 173.04 | 锿 | Es | 99 | 252 |
| 镥 | Lu | 71 | 174.967 | 镄 | Fm | 100 | 257 |
| 铪 | Hf | 72 | 178.49 | 钔 | Md | 101 | 258 |
| 钽 | Ta | 73 | 180.950 | 锘 | No | 102 | 259 |
| 钨 | W | 74 | 183.85 | 铹 | Lr | 103 | 260 |
| 铼 | Re | 75 | 186.207 | | | | |

# 附录三　常见物质的 $\Delta_f H_m^\ominus$、$\Delta_f G_m^\ominus$ 和 $S_m^\ominus$ （298.15K）

| 物　质 | $\Delta_f H_m^\ominus$/kJ·mol$^{-1}$ | $\Delta_f G_m^\ominus$/kJ·mol$^{-1}$ | $S_m^\ominus$/J·K$^{-1}$·mol$^{-1}$ |
|---|---|---|---|
| Ag(s) | 0 | 0 | 42.55 |
| $Ag_2O$(s) | −31.05 | −11.20 | 121.3 |
| Al(s) | 0 | 0 | 28.3 |
| $Al_2O_3$(α,刚玉) | −1675.7 | −1582.3 | 50.93 |
| $Br_2$(l) | 0 | 0 | 152.23 |

续表

| 物　质 | $\Delta_f H_m^\ominus/kJ\cdot mol^{-1}$ | $\Delta_f G_m^\ominus/kJ\cdot mol^{-1}$ | $S_m^\ominus/J\cdot K^{-1}\cdot mol^{-1}$ |
|---|---|---|---|
| C(s,金刚石) | 1.895 | 2.90 | 2.38 |
| C(s,石墨) | 0 | 0 | 5.74 |
| $CCl_4$(s) | 135.4 | −65.20 | 216.4 |
| CO(g) | −110.52 | −137.17 | 197.67 |
| $CO_2$(g) | −393.51 | −394.36 | 213.74 |
| Ca(s) | 0 | 0 | 41.4 |
| $CaCO_3$(s,方解石) | −1206.92 | −1128.8 | 92.9 |
| CaO(s) | −635.09 | −604.03 | 39.75 |
| $Ca(OH)_2$(s) | −986.59 | −896.69 | 76.1 |
| $Cl_2$(g) | 0 | 0 | 223.07 |
| Cu(s) | 0 | 0 | 33.15 |
| CuO(s) | −157.3 | −129.7 | 42.63 |
| $Cu_2O$(s) | −168.6 | −146.0 | 93.14 |
| $F_2$(g) | 0 | 0 | 202.78 |
| Fe(α) | 0 | 0 | 27.3 |
| $FeCl_2$(s) | −341.8 | −302.3 | 117.9 |
| $FeCl_3$(s) | −399.5 | −334.1 | 142 |
| FeO(s) | −272.0 | | |
| $Fe_2O_3$(s,赤铁矿) | −824.2 | 742.2 | 87.40 |
| $Fe_3O_4$(s,磁铁矿) | −1118.4 | 1015.4 | 146.4 |
| $H_2$(g) | 0 | 0 | 130.68 |
| HBr(g) | −36.40 | −53.45 | 198.70 |
| HCl(g) | −92.31 | −95.30 | 186.91 |
| HF(g) | −271.1 | −273.2 | 173.78 |
| HI(g) | 26.48 | 1.70 | 206.59 |
| $HNO_3$(g) | −135.06 | −74.72 | 266.38 |
| $HNO_3$(l) | −174.10 | −80.71 | 155.60 |
| $H_3PO_4$(s) | −1279 | −1119 | 110.5 |
| $H_2S$(g) | −20.63 | −33.56 | 205.79 |
| $H_2O$(l) | −285.83 | −237.13 | 69.91 |
| $H_2O$(g) | −241.82 | −228.57 | 188.83 |
| $I_2$(s) | 0 | 0 | 116.14 |
| $I_2$(g) | 62.44 | 19.33 | 260.69 |
| Mg(s) | 0 | 0 | 32.5 |
| $MgCl_2$(s) | −641.83 | −592.3 | 89.5 |
| MgO(s) | −601.83 | −569.55 | 27 |
| $Mg(OH)_2$(s) | −924.66 | −833.68 | 63.14 |
| Na(s) | 0 | 0 | 51.0 |
| $Na_2CO_3$(s) | −1130.68 | −1044.44 | 134.98 |
| $NaHCO_3$(s) | −950.81 | −851.0 | 101.7 |
| NaCl(s) | −411.15 | −384.14 | 72.13 |
| $Na_2O$(s) | −416 | −377 | 72.8 |
| $N_2$(g) | 0 | 0 | 191.61 |
| $NH_3$(g) | −46.11 | −16.45 | 192.45 |
| NO(g) | 90.25 | 86.55 | 210.76 |
| $NO_2$(g) | 33.18 | 51.31 | 240.06 |
| $N_2O$(g) | 82.05 | 104.20 | 219.85 |
| $N_2O_4$(g) | 9.16 | 97.89 | 304.29 |
| $N_2O_5$(g) | 11.3 | 115.1 | 355.7 |
| $O_2$(g) | 0 | 0 | 205.14 |

续表

| 物　质 | $\Delta_f H_m^\ominus$/kJ·mol$^{-1}$ | $\Delta_f G_m^\ominus$/kJ·mol$^{-1}$ | $S_m^\ominus$/J·K$^{-1}$·mol$^{-1}$ |
|---|---|---|---|
| $O_3$(g) | 142.7 | 163.2 | 238.93 |
| P(s,α,白磷) | 0 | 0 | 41.1 |
| P(红磷,三斜) | −18 | −12 | 22.8 |
| $P_4$(g) | 58.91 | 24.5 | 280.0 |
| S(s,正交) | 0 | 0 | 31.80 |
| $S_8$(g) | 102.3 | 46.63 | 430.98 |
| $SO_2$(g) | −296.83 | −300.19 | 248.22 |
| $SO_3$(g) | −395.72 | −371.06 | 256.76 |
| Si(s) | 0 | 0 | 18.8 |
| $SiCl_4$(l) | −687.0 | −619.83 | 240 |
| $SiCl_4$(g) | −657.01 | −616.98 | 330.7 |
| $SiO_2$(s,石英) | −910.94 | −856.64 | 41.84 |
| $SiO_2$(s,无定形) | −903.49 | −850.70 | 46.9 |
| Zn(s) | 0 | 0 | 41.6 |
| $ZnCO_3$(s) | −394.4 | −731.52 | 82.4 |
| $ZnCl_2$(s) | −415.1 | −369.40 | 111.5 |
| ZnO(s) | −348.28 | −318.30 | 43.64 |
| $CH_4$(g) | −74.81 | −50.72 | 186.26 |
| $C_2H_6$(g) | −84.68 | −32.82 | 229.60 |
| $C_3H_8$(g) | −103.85 | −23.37 | 270.02 |
| $C_2H_4$(g) | 52.26 | 68.15 | 219.56 |
| $C_2H_2$(g) | 226.73 | 209.20 | 200.94 |
| $C_6H_6$(l) | 49.04 | 124.45 | 173.26 |
| $C_6H_6$(g) | 82.93 | 129.73 | 269.31 |
| $CH_3OH$(l) | −238.66 | −166.27 | 126.8 |
| $C_2H_5OH$(l) | −277.69 | −174.78 | 160.7 |
| HCOOH(l) | −424.72 | −361.35 | 128.95 |
| $CH_3COOH$(l) | −484.5 | −389.9 | 159.8 |
| $(NH_2)_2CO$(s) | −332.9 | −196.7 | 104.6 |

# 附录四　常用酸碱试剂的浓度和密度

| 名　称 | 密度/g·mL$^{-1}$(20℃) | 质量分数/% | 物质的量浓度/mol·L$^{-1}$ |
|---|---|---|---|
| 浓硫酸 | 1.84 | 98 | 18 |
| 稀硫酸 | 1.06 | 9 | 1 |
| 浓硝酸 | 1.42 | 69 | 16 |
| 稀硝酸 | 1.07 | 12 | 2 |
| 浓盐酸 | 1.19 | 38 | 12 |
| 稀盐酸 | 1.03 | 7 | 2 |
| 磷酸 | 1.7 | 85 | 15 |
| 高氯酸 | 1.7 | 70 | 12 |
| 冰醋酸 | 1.05 | 99 | 17 |
| 稀醋酸 | 1.02 | 12 | 2 |
| 氢氟酸 | 1.13 | 40 | 23 |
| 氢溴酸 | 1.38 | 40 | 7 |
| 氢碘酸 | 1.70 | 57 | 7.5 |
| 浓氨水 | 0.88 | 28 | 15 |
| 稀氨水 | 0.98 | 4 | 2 |
| 浓氢氧化钠 | 1.43 | 40 | 14 |
| 稀氢氧化钠 | 1.09 | 8 | 2 |
| 饱和氢氧化钡 | | 2 | 0.1 |
| 饱和氢氧化钙 | | 0.15 | |

# 附录五 水在不同温度下的饱和蒸气压

| 温度 $t$/℃ | 饱和蒸气压 /$\times10^3$Pa | 温度 $t$/℃ | 饱和蒸气压 /$\times10^3$Pa | 温度 $t$/℃ | 饱和蒸气压 /$\times10^3$Pa |
|---|---|---|---|---|---|
| 0 | 0.61129 | 34 | 5.3229 | 68 | 28.576 |
| 1 | 0.65716 | 35 | 5.6267 | 69 | 29.852 |
| 2 | 0.70605 | 36 | 5.9453 | 70 | 31.176 |
| 3 | 0.75813 | 37 | 6.2795 | 71 | 32.549 |
| 4 | 0.81359 | 38 | 6.6298 | 72 | 33.972 |
| 5 | 0.87260 | 39 | 6.9969 | 73 | 35.448 |
| 6 | 0.93537 | 40 | 7.3814 | 74 | 36.978 |
| 7 | 1.0021 | 41 | 7.7840 | 75 | 38.563 |
| 8 | 1.0730 | 42 | 8.2054 | 76 | 40.205 |
| 9 | 1.1482 | 43 | 8.6463 | 77 | 41.905 |
| 10 | 1.2281 | 44 | 9.1075 | 78 | 43.665 |
| 11 | 1.3129 | 45 | 9.5898 | 79 | 45.487 |
| 12 | 1.4027 | 46 | 10.094 | 80 | 47.373 |
| 13 | 1.4979 | 47 | 10.620 | 81 | 49.324 |
| 14 | 1.5988 | 48 | 11.171 | 82 | 51.342 |
| 15 | 1.7056 | 49 | 11.745 | 83 | 53.428 |
| 16 | 1.8185 | 50 | 12.344 | 84 | 55.585 |
| 17 | 1.9380 | 51 | 12.970 | 85 | 57.815 |
| 18 | 2.0644 | 52 | 13.623 | 86 | 60.119 |
| 19 | 2.1978 | 53 | 14.303 | 87 | 62.499 |
| 20 | 2.3388 | 54 | 15.012 | 88 | 64.958 |
| 21 | 2.4877 | 55 | 15.752 | 89 | 67.496 |
| 22 | 2.6447 | 56 | 16.522 | 90 | 70.117 |
| 23 | 2.8104 | 57 | 17.324 | 91 | 72.823 |
| 24 | 2.9850 | 58 | 18.159 | 92 | 75.614 |
| 25 | 3.1690 | 59 | 19.028 | 93 | 78.494 |
| 26 | 3.3629 | 60 | 19.932 | 94 | 81.465 |
| 27 | 3.5670 | 61 | 20.873 | 95 | 84.529 |
| 28 | 3.7818 | 62 | 21.851 | 96 | 87.688 |
| 29 | 4.0078 | 63 | 22.868 | 97 | 90.945 |
| 30 | 4.2455 | 64 | 23.925 | 98 | 94.301 |
| 31 | 4.4953 | 65 | 25.022 | 99 | 97.759 |
| 32 | 4.7578 | 66 | 26.163 | 100 | 101.32 |
| 33 | 5.0335 | 67 | 27.347 | | |

# 附录六　弱酸、弱碱的解离常数

## 1. 弱酸的离解常数（298.15K）

| 弱　　酸 | 解离常数 $K_a^{\ominus}$ | | | |
|---|---|---|---|---|
| $H_3AsO_4$ | $K_{a1}^{\ominus}=6.0\times10^{-3}$； | $K_{a2}^{\ominus}=1.0\times10^{-7}$； | $K_{a3}^{\ominus}=3.2\times10^{-12}$ | |
| $H_3AsO_3$ | $K_{a}^{\ominus}=6.3\times10^{-10}$ | | | |
| $H_3BO_3$ | $K_{a}^{\ominus}=5.8\times10^{-10}$ | | | |
| $H_2B_4O_7$ | $K_{a1}^{\ominus}=1.0\times10^{-4}$； | $K_{a2}^{\ominus}=1.0\times10^{-9}$ | | |
| HBrO | $K_{a}^{\ominus}=2.0\times10^{-9}$ | | | |
| $H_2CO_3$ | $K_{a1}^{\ominus}=4.2\times10^{-7}$； | $K_{a2}^{\ominus}=5.6\times10^{-11}$ | | |
| HCN | $K_{a}^{\ominus}=6.2\times10^{-10}$ | | | |
| $H_2CrO_4$ | $K_{a1}^{\ominus}=9.5$； | $K_{a2}^{\ominus}=3.2\times10^{-7}$ | | |
| HClO | $K_{a}^{\ominus}=2.8\times10^{-8}$ | | | |
| HF | $K_{a}^{\ominus}=6.6\times10^{-4}$ | | | |
| HIO | $K_{a}^{\ominus}=2.3\times10^{-11}$ | | | |
| $HIO_3$ | $K_{a}^{\ominus}=0.16$ | | | |
| $H_5IO_6$ | $K_{a1}^{\ominus}=2.8\times10^{-2}$； | $K_{a2}^{\ominus}=5.0\times10^{-9}$ | | |
| $H_2MnO_4$ | | $K_{a2}^{\ominus}=7.1\times10^{-11}$ | | |
| $HNO_2$ | $K_{a}^{\ominus}=7.2\times10^{-4}$ | | | |
| $H_2O_2$ | $K_{a}^{\ominus}=2.2\times10^{-12}$ | | | |
| $H_3PO_4$ | $K_{a1}^{\ominus}=6.9\times10^{-3}$； | $K_{a2}^{\ominus}=6.2\times10^{-8}$； | $K_{a3}^{\ominus}=4.8\times10^{-13}$ | |
| $H_3PO_3$ | $K_{a1}^{\ominus}=6.3\times10^{-2}$； | $K_{a2}^{\ominus}=2.0\times10^{-7}$ | | |
| $H_2SO_4$ | | $K_{a2}^{\ominus}=1.0\times10^{-2}$ | | |
| $H_2SO_3$ | $K_{a1}^{\ominus}=1.3\times10^{-2}$； | $K_{a2}^{\ominus}=6.3\times10^{-8}$ | | |
| $H_2S$ | $K_{a1}^{\ominus}=1.1\times10^{-7}$； | $K_{a2}^{\ominus}=1.3\times10^{-13}$ | | |
| HSCN | $K_{a}^{\ominus}=1.41\times10^{-1}$ | | | |
| $H_2SiO_3$ | $K_{a1}^{\ominus}=1.7\times10^{-10}$； | $K_{a2}^{\ominus}=1.6\times10^{-12}$ | | |
| $H_2C_2O_4$ | $K_{a1}^{\ominus}=5.4\times10^{-2}$； | $K_{a2}^{\ominus}=6.4\times10^{-5}$ | | |
| HCOOH | $K_{a}^{\ominus}=1.77\times10^{-4}$ | | | |
| $CH_3COOH$ | $K_{a}^{\ominus}=1.75\times10^{-5}$ | | | |
| $ClCH_2COOH$ | $K_{a}^{\ominus}=1.4\times10^{-3}$ | | | |
| $CH_2CHCOOH$ | $K_{a}^{\ominus}=5.5\times10^{-5}$ | | | |
| $H_4Y$ | $K_{a1}^{\ominus}=1.0\times10^{-2}$ | $K_{a2}^{\ominus}=2.1\times10^{-3}$ | $K_{a3}^{\ominus}=6.9\times10^{-7}$ | $K_{a4}^{\ominus}=5.5\times10^{-11}$ |

## 2. 弱碱的离解常数（298.15K）

| 弱　　碱 | 解离常数 $K_b^{\ominus}$ |
|---|---|
| $NH_3\cdot H_2O$ | $K_{b}^{\ominus}=1.8\times10^{-5}$ |
| $NH_2$-$NH_2$ | $K_{b}^{\ominus}=9.8\times10^{-7}$ |
| $NH_2OH$ | $K_{b}^{\ominus}=9.1\times10^{-9}$ |
| $C_6H_5NH_2$ | $K_{b}^{\ominus}=4\times10^{-10}$ |
| $C_5H_5N$ | $K_{b}^{\ominus}=1.5\times10^{-9}$ |
| $(CH_2)_6N_4$ | $K_{b}^{\ominus}=1.4\times10^{-9}$ |

# 附录七 溶度积常数（298.15K）

| 难溶电解质 | $K_{sp}^{\ominus}$ | 难溶电解质 | $K_{sp}^{\ominus}$ |
|---|---|---|---|
| AgCl | $1.77\times10^{-10}$ | $Cu_2S$ | $2.5\times10^{-48}$ |
| AgBr | $5.35\times10^{-13}$ | CuS | $6.3\times10^{-36}$ |
| AgI | $8.52\times10^{-17}$ | $CuCO_3$ | $1.4\times10^{-10}$ |
| AgOH | $2.0\times10^{-8}$ | $Fe(OH)_2$ | $8.0\times10^{-16}$ |
| $Ag_2SO_4$ | $1.20\times10^{-5}$ | $Fe(OH)_3$ | $4\times10^{-38}$ |
| $Ag_2SO_3$ | $1.50\times10^{-14}$ | $FeCO_3$ | $3.2\times10^{-11}$ |
| $Ag_2S$ | $6.3\times10^{-50}$ | FeS | $6.3\times10^{-18}$ |
| $Ag_2CO_3$ | $8.46\times10^{-12}$ | $Hg(OH)_2$ | $3.0\times10^{-26}$ |
| $AgC_2O_4$ | $3.40\times10^{-11}$ | $Hg_2Cl_2$ | $1.3\times10^{-18}$ |
| $Ag_2CrO_4$ | $1.12\times10^{-12}$ | $Hg_2Br_2$ | $5.6\times10^{-23}$ |
| $Ag_2Cr_2O_7$ | $2.0\times10^{-7}$ | $Hg_2I_2$ | $4.5\times10^{-29}$ |
| $Ag_3PO_4$ | $1.4\times10^{-16}$ | $Hg_2CO_3$ | $8.9\times10^{-17}$ |
| $Al(OH)_3$ | $1.3\times10^{-33}$ | $HgBr_2$ | $6.2\times10^{-20}$ |
| $As_2S_3$ | $2.1\times10^{-22}$ | $HgI_2$ | $2.8\times10^{-29}$ |
| $Au(OH)_3$ | $5.5\times10^{-46}$ | $Hg_2S$ | $1.0\times10^{-47}$ |
| $BaF_2$ | $1.0\times10^{-6}$ | HgS(红) | $4\times10^{-53}$ |
| $Ba(OH)_2\cdot8H_2O$ | $2.55\times10^{-4}$ | HgS(黑) | $1.6\times10^{-52}$ |
| $BaSO_4$ | $1.08\times10^{-10}$ | $K_2[PtCl_6]$ | $1.1\times10^{-5}$ |
| $BaSO_3$ | $8\times10^{-7}$ | $Mg(OH)_2$ | $1.8\times10^{-11}$ |
| $BaCO_3$ | $5.1\times10^{-9}$ | $La(OH)_3$ | $2.0\times10^{-19}$ |
| $BaC_2O_4$ | $1.6\times10^{-7}$ | LiF | $3.8\times10^{-3}$ |
| $BaCrO_4$ | $1.17\times10^{-10}$ | $MgCO_3$ | $3.5\times10^{-8}$ |
| $Ba_3(PO_4)_2$ | $3.4\times10^{-23}$ | $Mn(OH)_2$ | $1.9\times10^{-13}$ |
| $Be(OH)_2$ | $1.6\times10^{-22}$ | MnS(无定形) | $2.5\times10^{-10}$ |
| $Bi(OH)_3$ | $4\times10^{-30}$ | MnS(结晶) | $2.5\times10^{-13}$ |
| BiOCl | $1.8\times10^{-31}$ | $MnCO_3$ | $1.8\times10^{-11}$ |
| $BiO(NO_3)$ | $2.82\times10^{-3}$ | $Ni(OH)_2$(新析出) | $2.0\times10^{-15}$ |
| $Bi_2S_3$ | $1\times10^{-97}$ | $NiCO_3$ | $6.6\times10^{-9}$ |
| $CaSO_4$ | $9.1\times10^{-6}$ | α-NiS | $3.2\times10^{-19}$ |
| $CaCO_3$ | $2.8\times10^{-9}$ | $Pb(OH)_2$ | $1.2\times10^{-15}$ |
| $Ca(OH)_2$ | $5.5\times10^{-6}$ | $Pb(OH)_4$ | $3.2\times10^{-66}$ |
| $CaF_2$ | $2.7\times10^{-11}$ | $PbF_2$ | $2.7\times10^{-8}$ |
| $CaC_2O_4\cdot H_2O$ | $4\times10^{-9}$ | $PbCl_2$ | $1.6\times10^{-5}$ |
| $Ca_3(PO_4)_2$ | $2.07\times10^{-29}$ | $PbBr_2$ | $4.0\times10^{-5}$ |
| $Cd(OH)_2$ | $5.27\times10^{-15}$ | $PbI_2$ | $7.1\times10^{-9}$ |
| CdS | $8.0\times10^{-27}$ | $PbSO_4$ | $1.6\times10^{-8}$ |
| $Co(OH)_2$ | $1.6\times10^{-15}$ | $PbCO_3$ | $7.4\times10^{-14}$ |
| $Co(OH)_3$ | $1.6\times10^{-44}$ | $PbCrO_4$ | $2.8\times10^{-13}$ |
| $CoCO_3$ | $1.4\times10^{-13}$ | PbS | $1.3\times10^{-28}$ |
| α-CoS | $4.0\times10^{-21}$ | $Sn(OH)_2$ | $1.4\times10^{-28}$ |
| β-CoS | $2.0\times10^{-25}$ | $Sn(OH)_4$ | $1.0\times10^{-56}$ |
| $Cr(OH)_3$ | $6.3\times10^{-31}$ | SnS | $1.0\times10^{-25}$ |
| $CsClO_4$ | $3.95\times10^{-3}$ | $SrCO_3$ | $1.1\times10^{-10}$ |
| Cu(OH) | $1\times10^{-14}$ | $SrCrO_4$ | $2.2\times10^{-5}$ |
| $Cu(OH)_2$ | $2.2\times10^{-20}$ | $Zn(OH)_2$ | $1.2\times10^{-17}$ |
| CuCl | $1.2\times10^{-6}$ | $ZnCO_3$ | $1.4\times10^{-11}$ |
| CuBr | $5.3\times10^{-9}$ | α-ZnS | $1.6\times10^{-24}$ |
| CuI | $1.1\times10^{-12}$ | β-ZnS | $2.5\times10^{-22}$ |

# 附录八　标准电极电势（298.15K）

## 1. 在酸性溶液中

| 电　　对 | 电　极　反　应 | $E^{\ominus}$/V |
|---|---|---|
| $Li^+/Li$ | $Li^+ + e^- \rightleftharpoons Li$ | −3.045 |
| $K^+/K$ | $K^+ + e^- \rightleftharpoons K$ | −2.925 |
| $Ba^{2+}/Ba$ | $Ba^{2+} + 2e^- \rightleftharpoons Ba$ | −2.91 |
| $Ca^{2+}/Ca$ | $Ca^{2+} + 2e^- \rightleftharpoons Ca$ | −2.87 |
| $Na^+/Na$ | $Na^+ + e^- \rightleftharpoons Na$ | −2.714 |
| $Mg^{2+}/Mg$ | $Mg^{2+} + 2e^- \rightleftharpoons Mg$ | −2.37 |
| $Be^{2+}/Be$ | $Be^{2+} + 2e^- \rightleftharpoons Be$ | −1.85 |
| $Al^{3+}/Al$ | $Al^{3+} + 3e^- \rightleftharpoons Al$ | −1.66 |
| $Mn^{2+}/Mn$ | $Mn^{2+} + 2e^- \rightleftharpoons Mn$ | −1.17 |
| $Zn^{2+}/Zn$ | $Zn^{2+} + 2e^- \rightleftharpoons Zn$ | −0.763 |
| $Cr^{3+}/Cr$ | $Cr^{3+} + 3e^- \rightleftharpoons Cr$ | −0.86 |
| $Fe^{2+}/Fe$ | $Fe^{2+} + 2e^- \rightleftharpoons Fe$ | −0.440 |
| $Cd^{2+}/Cd$ | $Cd^{2+} + 2e^- \rightleftharpoons Cd$ | −0.403 |
| $PbSO_4/Pb$ | $PbSO_4 + 2e^- \rightleftharpoons Pb + SO_4^{2-}$ | −0.356 |
| $Co^{2+}/Co$ | $Co^{2+} + 2e^- \rightleftharpoons Co$ | −0.29 |
| $Ni^{2+}/Ni$ | $Ni^{2+} + 2e^- \rightleftharpoons Ni$ | −0.25 |
| $AgI/Ag$ | $AgI + e^- \rightleftharpoons Ag + I^-$ | −0.152 |
| $Sn^{2+}/Sn$ | $Sn^{2+} + 2e^- \rightleftharpoons Sn$ | −0.136 |
| $Pb^{2+}/Pb$ | $Pb^{2+} + 2e^- \rightleftharpoons Pb$ | −0.126 |
| $H^+/H_2$ | $2H^+ + 2e^- \rightleftharpoons H_2$ | 0.0000 |
| $AgBr/Ag$ | $AgBr + e^- \rightleftharpoons Ag + Br^-$ | 0.071 |
| $Sn^{4+}/Sn^{2+}$ | $Sn^{4+} + 2e^- \rightleftharpoons Sn^{2+}$ | 0.154 |
| $Cu^{2+}/Cu^+$ | $Cu^{2+} + e^- \rightleftharpoons Cu^+$ | 0.34 |
| $AgCl/Ag$ | $AgCl + e^- \rightleftharpoons Ag + Cl^-$ | 0.2223 |
| $Cu^+/Cu$ | $Cu^+ + e^- \rightleftharpoons Cu$ | 0.52 |
| $I_2/I^-$ | $I_2 + 2e^- \rightleftharpoons 2I^-$ | 0.545 |
| $H_3AsO_4/HAsO_2$ | $H_3AsO_4 + 2H^+ + 2e^- \rightleftharpoons HAsO_2 + 2H_2O$ | 0.581 |
| $HgCl_2/Hg_2Cl_2$ | $2HgCl_2 + 2e^- \rightleftharpoons Hg_2Cl_2 + 2Cl^-$ | 0.63 |
| $O_2/H_2O_2$ | $O_2 + 2H^+ + 2e^- \rightleftharpoons H_2O_2$ | 0.69 |
| $Fe^{3+}/Fe^{2+}$ | $Fe^{3+} + e^- \rightleftharpoons Fe^{2+}$ | 0.771 |
| $Hg_2^{2+}/Hg$ | $Hg_2^{2+} + 2e^- \rightleftharpoons 2Hg$ | 0.907 |
| $Ag^+/Ag$ | $Ag^+ + e^- \rightleftharpoons Ag$ | 0.7991 |
| $Hg^{2+}/Hg$ | $Hg^{2+} + 2e^- \rightleftharpoons Hg$ | 0.8535 |
| $Cu^{2+}/CuI$ | $Cu^{2+} + I^- + e^- \rightleftharpoons CuI$ | 0.907 |
| $Hg^{2+}/Hg_2^{2+}$ | $2Hg^{2+} + 2e^- \rightleftharpoons Hg_2^{2+}$ | 0.911 |
| $NO_3^-/HNO_2$ | $NO_3^- + 3H^+ + 2e^- \rightleftharpoons HNO_2 + H_2O$ | 0.94 |
| $NO_3^-/NO$ | $NO_3^- + 4H^+ + 3e^- \rightleftharpoons NO + 2H_2O$ | 0.957 |
| $HIO/I^-$ | $HIO + H^+ + 2e^- \rightleftharpoons I^- + H_2O$ | 0.985 |
| $HNO_2/NO$ | $HNO_2 + H^+ + e^- \rightleftharpoons NO + H_2O$ | 0.996 |

续表

| 电　对 | 电 极 反 应 | $E^{\ominus}/V$ |
|---|---|---|
| $Br_2(l)/Br^-$ | $Br_2(l)+2e^- \rightleftharpoons 2Br^-$ | 1.065 |
| $IO_3^-/HIO$ | $IO_3^-+5H^++4e^- \rightleftharpoons HIO+2H_2O$ | 1.14 |
| $IO_3^-/I_2$ | $2IO_3^-+12H^++10e^- \rightleftharpoons I_2+6H_2O$ | 1.19 |
| $ClO_4^-/ClO_3^-$ | $ClO_4^-+2H^++2e^- \rightleftharpoons ClO_3^-+H_2O$ | 1.19 |
| $O_2/H_2O$ | $O_2+4H^++4e^- \rightleftharpoons 2H_2O$ | 1.229 |
| $MnO_2/Mn^{2+}$ | $MnO_2+4H^++2e^- \rightleftharpoons Mn^{2+}+2H_2O$ | 1.23 |
| $HNO_2/N_2O$ | $2HNO_2+4H^++4e^- \rightleftharpoons N_2O+3H_2O$ | 1.297 |
| $Cl_2/Cl^-$ | $Cl_2+2e^- \rightleftharpoons 2Cl^-$ | 1.3583 |
| $Cr_2O_7^{2-}/Cr^{3+}$ | $Cr_2O_7^{2-}+14H^++6e^- \rightleftharpoons 2Cr^{3+}+7H_2O$ | 1.36 |
| $ClO_4^-/Cl^-$ | $ClO_4^-+8H^++8e^- \rightleftharpoons Cl^-+4H_2O$ | 1.389 |
| $ClO_4^-/Cl_2$ | $2ClO_4^-+16H^++14e^- \rightleftharpoons 8H_2O+Cl_2$ | 1.392 |
| $ClO_3^-/Cl^-$ | $ClO_3^-+6H^++6e^- \rightleftharpoons Cl^-+3H_2O$ | 1.45 |
| $PbO_2/Pb^{2+}$ | $PbO_2+4H^++2e^- \rightleftharpoons Pb^{2+}+2H_2O$ | 1.46 |
| $ClO_3^-/Cl_2$ | $2ClO_3^-+12H^++10e^- \rightleftharpoons Cl_2+6H_2O$ | 1.468 |
| $BrO_3^-/Br^-$ | $BrO_3^-+6H^++6e^- \rightleftharpoons Br^-+3H_2O$ | 1.44 |
| $BrO_3^-/Br_2(l)$ | $2BrO_3^-+12H^++10e^- \rightleftharpoons Br_2(l)+6H_2O$ | 1.5 |
| $MnO_4^-/Mn^{2+}$ | $MnO_4^-+8H^++5e^- \rightleftharpoons Mn^{2+}+4H_2O$ | 1.51 |
| $HClO/Cl_2$ | $2HClO+2H^++2e^- \rightleftharpoons Cl_2+2H_2O$ | 1.630 |
| $MnO_4^-/MnO_2$ | $MnO_4^-+4H^++3e^- \rightleftharpoons MnO_2+2H_2O$ | 1.70 |
| $H_2O_2/H_2O$ | $H_2O_2+2H^++2e^- \rightleftharpoons 2H_2O$ | 1.763 |
| $S_2O_8^{2-}/SO_4^{2-}$ | $S_2O_8^{2-}+2e^- \rightleftharpoons 2SO_4^{2-}$ | 1.96 |
| $FeO_4^-/Fe^{3+}$ | $FeO_4^-+8H^++3e^- \rightleftharpoons Fe^{3+}+4H_2O$ | 2.20 |
| $BaO_2/Ba$ | $BaO_2+4H^++2e^- \rightleftharpoons Ba^{2+}+2H_2O$ | 2.365 |
| $XeF_2/Xe(g)$ | $XeF_2+2H^++2e^- \rightleftharpoons Xe(g)+2HF$ | 2.64 |
| $F_2(g)/F^-$ | $F_2(g)+2e^- \rightleftharpoons 2F^-$ | 2.87 |
| $F_2(g)/HF(aq)$ | $F_2(g)+2H^++2e^- \rightleftharpoons 2HF(aq)$ | 3.053 |
| $XeF/Xe(g)$ | $XeF+e^- \rightleftharpoons Xe(g)+F^-$ | 3.4 |

## 2. 在碱性溶液中

| 电　对 | 电 极 反 应 | $E^{\ominus}/V$ |
|---|---|---|
| $Ca(OH)_2/Ca$ | $Ca(OH)_2+2e^- \rightleftharpoons Ca+2OH^-$ | (−3.02) |
| $Mg(OH)_2/Mg$ | $Mg(OH)_2+2e^- \rightleftharpoons Mg+2OH^-$ | −2.69 |
| $[Al(OH)_4]^-/Al$ | $[Al(OH)_4]^-+3e^- \rightleftharpoons Al+4OH^-$ | −2.26 |
| $SiO_3^{2-}/Si$ | $SiO_3^{2-}+3H_2O+4e^- \rightleftharpoons Si+6OH^-$ | (−1.697) |
| $Cr(OH)_3/Cr$ | $Cr(OH)_3+3e^- \rightleftharpoons Cr+3OH^-$ | (−1.48) |
| $[Zn(OH)_4]^{2-}/Zn$ | $[Zn(OH)_4]^{2-}+2e^- \rightleftharpoons Zn+4OH^-$ | −1.285 |
| $HSnO_2^-/Sn$ | $HSnO_2^-+H_2O+2e^- \rightleftharpoons Sn+3OH^-$ | −0.91 |
| $H_2O/H_2$ | $2H_2O+2e^- \rightleftharpoons H_2+2OH^-$ | −0.828 |
| $[Fe(OH)_4]^-/[Fe(OH_4)]^{2-}$ | $[Fe(OH)_4]^-+e^- \rightleftharpoons [Fe(OH)_4]^{2-}$ | −0.73 |
| $Ni(OH)_2/Ni$ | $Ni(OH)_2+2e^- \rightleftharpoons Ni+2OH^-$ | −0.72 |
| $AsO_2^-/As$ | $AsO_2^-+2H_2O+3e^- \rightleftharpoons As+4OH^-$ | −0.66 |
| $AsO_4^{3-}/AsO_2^-$ | $AsO_4^{3-}+2H_2O+2e^- \rightleftharpoons AsO_2^-+4OH^-$ | −0.67 |

续表

| 电对 | 电极反应 | $E^{\ominus}/V$ |
| --- | --- | --- |
| $SO_3^{2-}/S$ | $SO_3^{2-}+3H_2O+4e^- \rightleftharpoons S+6OH^-$ | −0.59 |
| $SO_3^{2-}/S_2O_3^{2-}$ | $2SO_3^{2-}+3H_2O+4e^- \rightleftharpoons S_2O_3^{2-}+6OH^-$ | −0.576 |
| $NO_2^-/NO$ | $NO_2^-+H_2O+e^- \rightleftharpoons NO+2OH^-$ | (−0.46) |
| $S/S^{2-}$ | $S+2e^- \rightleftharpoons S^{2-}$ | −0.48 |
| $CrO_4^{2-}/[Cr(OH)_4]^-$ | $CrO_4^{2-}+4H_2O+3e^- \rightleftharpoons [Cr(OH)_4]^-+4OH^-$ | −0.12 |
| $O_2/HO_2^-$ | $O_2+H_2O+2e^- \rightleftharpoons HO_2^-+OH^-$ | −0.076 |
| $Co(OH)_3/Co(OH)_2$ | $Co(OH)_3+e^- \rightleftharpoons Co(OH)_2+OH^-$ | 0.17 |
| $O_2/OH^-$ | $O_2+2H_2O+4e^- \rightleftharpoons 4OH^-$ | 0.401 |
| $ClO^-/Cl_2$ | $2ClO^-+2H_2O+2e^- \rightleftharpoons Cl_2+4OH^-$ | 0.421 |
| $MnO_4^-/MnO_4^{2-}$ | $MnO_4^-+e^- \rightleftharpoons MnO_4^{2-}$ | 0.56 |
| $MnO_4^-/MnO_2$ | $MnO_4^-+2H_2O+3e^- \rightleftharpoons MnO_2+4OH^-$ | 0.60 |
| $MnO_4^{2-}/MnO_2$ | $MnO_4^{2-}+2H_2O+2e^- \rightleftharpoons MnO_2+4OH^-$ | 0.62 |
| $HO_2^-/OH^-$ | $HO_2^-+H_2O+2e^- \rightleftharpoons 3OH^-$ | 0.867 |
| $ClO^-/Cl$ | $ClO^-+H_2O+2e^- \rightleftharpoons Cl^-+2OH^-$ | 0.890 |
| $O_3/OH^-$ | $O_3+H_2O+2e^- \rightleftharpoons O_2+2OH^-$ | 1.246 |

# 附录九　常见配离子的累积稳定常数（298.15K）

| 金属离子 | $n$ | $\lg\beta_n$ |
| --- | --- | --- |
| 氨配合物 | | |
| $Ag^+$ | 1,2 | 3.40,7.40 |
| $Cd^{2+}$ | 1,…,6 | 2.60,4.65,6.04,6.92,6.6,4.9 |
| $Co^{2+}$ | 1,…,6 | 2.05,3.62,4.61,5.31,5.43,4.75 |
| $Cu^{2+}$ | 1,…,4 | 4.13,7.61,10.48,12.59 |
| $Ni^{2+}$ | 1,…,6 | 2.75,4.95,6.64,7.79,8.50,8.49 |
| $Zn^{2+}$ | 1,…,4 | 2.27,4.61,7.01,9.06 |
| 氟配合物 | | |
| $Al^{3+}$ | 1,…,6 | 6.1,11.15,15.0,17.7,19.4,19.7 |
| $Fe^{3+}$ | 1,2,3 | 5.2,9.2,11.9 |
| $Th^{4+}$ | 1,2,3 | 7.7,13.5,18.0 |
| $TiO^{2+}$ | 1,…,4 | 5.4,9.8,13.7,17.4 |
| $Sn^{4+}$ | 6 | 25 |
| $Zr^{4+}$ | 1,2,3 | 8.8,16.1,21.9 |
| 氯配合物 | | |
| $Ag^+$ | 1,…,4 | 2.9,4.7,5.0,5.9 |
| $Hg^{2+}$ | 1,…,4 | 6.7,13.2,14.1,15.1 |
| 碘配合物 | | |
| $Cd^{2+}$ | 1,…,4 | 2.4,3.4,5.0,6.15 |
| $Hg^{2+}$ | 1,…,4 | 12.9,23.8,27.6,29.8 |
| 氰配合物 | | |
| $Ag^+$ | 1,…,4 | —,21.1,21.8,20.7 |
| $Cd^{2+}$ | 1,…,4 | 5.5,10.6,16.3,18.9 |

续表

| 金属离子 | $n$ | $\lg\beta_n$ |
| --- | --- | --- |
| $Cu^{+}$ | 1,…,4 | —,24.0,28.6,30.3 |
| $Fe^{2+}$ | 6 | 35.4 |
| $Fe^{3+}$ | 6 | 43.6 |
| $Hg^{2+}$ | 1,…,4 | 18.0,34.7,38.5,41.5 |
| $Ni^{2+}$ | 4 | 31.3 |
| $Zn^{2+}$ | 4 | 16.7 |
| 硫氰酸配合物 | | |
| $Fe^{3+}$ | 1,…,5 | 2.3,4.2,5.6,6.4,6.4 |
| $Hg^{2+}$ | 1,…,4 | —,16.1,19.0,20.9 |
| 硫代硫酸配合物 | | |
| $Ag^{+}$ | 1,2 | 8.82,13.5 |
| $Hg^{2+}$ | 1,2 | 29.86,32.26 |
| 柠檬酸配合物 | | |
| $Al^{3+}$ | 1 | 20.0 |
| $Cu^{2+}$ | 1 | 18 |
| $Fe^{3+}$ | 1 | 25 |
| $Ni^{2+}$ | 1 | 14.3 |
| $Pb^{2+}$ | 1 | 12.3 |
| $Zn^{2+}$ | 1 | 11.4 |
| 磺基水杨酸配合物 | | |
| $Al^{3+}$ | 1,2,3 | 12.9,22.9,29.0 |
| $Fe^{3+}$ | 1,2,3 | 14.4,25.2,32.2 |
| 乙酰丙酮配合物 | | |
| $Al^{3+}$ | 1,2,3 | 8.1,15.7,21.2 |
| $Cu^{2+}$ | 1,2 | 7.8,14.3 |
| $Fe^{3+}$ | 1,2,3 | 9.3,17.9,25.1 |
| 邻二氮菲配合物 | | |
| $Ag^{+}$ | 1,2 | 5.02,12.07 |
| $Cd^{2+}$ | 1,2,3 | 6.4,11.6,15.8 |
| $Co^{2+}$ | 1,2,3 | 7.0,13.7,20.1 |
| $Cu^{2+}$ | 1,2,3 | 9.1,15.8,21.0 |
| 金属离子 | | |
| $Fe^{2+}$ | 1,2,3 | 5.9,11.1,21.3 |
| $Hg^{2+}$ | 1,2,3 | —,19.65,23.35 |
| $Ni^{2+}$ | 1,2,3 | 8.8,17.1,24.8 |
| $Zn^{2+}$ | 1,2,3 | 6.4,12.15,17.0 |
| 乙二胺配合物 | | |
| $Ag^{+}$ | 1,2 | 4.7,7.7 |
| $Cd^{2+}$ | 1,2 | 5.47,10.02 |
| $Cu^{2+}$ | 1,2 | 10.55,19.6 |
| $Co^{2+}$ | 1,2,3 | 5.89,10.72,13.82 |
| $Hg^{2+}$ | 2 | 23.42 |
| $Ni^{2+}$ | 1,2,3 | 7.66,14.06,18.59 |
| $Zn^{2+}$ | 1,2,3 | 5.71,10.37,12.08 |

# 附录十　常见阴离子的鉴定

**1. $CO_3^{2-}$**

取 10 滴试液于试管中，加入 10 滴 3% $H_2O_2$ 溶液，置于水浴中加热 3min，如果经检

验溶液中无 $SO_3^{2-}$、$S^{2-}$ 存在，可向溶液中一次加入半滴管 6.0mol·L$^{-1}$ HCl 溶液，并立即插入吸有饱和 $Ba(OH)_2$ 溶液的带塞滴管，使滴管口悬挂 1 滴溶液，观察溶液是否变浑浊。或者向试管中插入蘸有 $Ba(OH)_2$ 溶液的带塞的镍铬丝小圈，若镍铬丝小圈上的液膜变浑浊，表示有 $CO_3^{2-}$ 存在。

**2. $NO_3^-$**

取 10 滴试液于试管中，加入 5 滴 2.0mol·L$^{-1}$ $H_2SO_4$ 溶液，加入 1mL 0.02mol·L$^{-1}$ $Ag_2SO_4$ 溶液，离心分离。在清液中加入少量尿素固体，并微热。在溶液中加入少量 $FeSO_4$ 固体，摇荡溶解后，将试管斜持，慢慢沿试管壁滴入 1mL 浓 $H_2SO_4$。若 $H_2SO_4$ 层与水溶液层的界面处有“棕色环”出现，表示有 $NO_3^-$ 存在。

**3. $NO_2^-$**

取 5 滴试液于试管中，加入 10 滴 0.02mol·L$^{-1}$ $Ag_2SO_4$ 溶液，离心分离。在清液中，加入 3～5 滴 6.0mol·L$^{-1}$ HAc 溶液和 10 滴 8%硫脲溶液，摇荡，再加 5～6 滴 2.0mol·L$^{-1}$ HCl 溶液及 1 滴 0.01mol·L$^{-1}$ $FeCl_3$ 溶液，若溶液显红色，表示有 $NO_2^-$ 存在。

**4. $PO_4^{3-}$**

取 5 滴试液于试管中，加入 10 滴浓 $HNO_3$，并置于沸水浴加热 1～2min。稍冷后，加入 20 滴 $(NH_4)_2MoO_4$ 溶液，并在水浴上加热至 40～50℃，若有黄色沉淀产生，表示有 $PO_4^{3-}$ 存在。

**5. $S^{2-}$**

取 1 滴试液于点滴板上，加 1 滴 1% $Na_2[Fe(CN)_5NO]$ 溶液，如溶液呈现紫色，表示有 $S^{2-}$ 存在。

**6. $SO_3^{2-}$**

取 10 滴试液于试管中，加入少量固体 $PbSO_4$，若沉淀由白色变为黑色，则需要再加少量 $PbSO_4$，直到沉淀呈灰色为止。离心分离，保留清液。

在点滴板上，加饱和 $ZnSO_4$ 溶液、0.1mol·L$^{-1}$ $K_4[Fe(CN)_6]$ 溶液及 1% $Na_2[Fe(CN)_5NO]$ 溶液各 1 滴，加 1 滴 2.0mol·L$^{-1}$ 氨水溶液将溶液调至中性，最后加 1 滴如上已除去 $S^{2-}$ 的试液，如生成红色沉淀，表示有 $SO_3^{2-}$ 存在。

**7. $S_2O_3^{2-}$**

取 1 滴如上已除去 $S^{2-}$ 的试液于点滴板上，加 2 滴 0.1mol·L$^{-1}$ $AgNO_3$ 溶液，若见到白色沉淀生成，并很快变为黄色、棕色，最后变为黑色，表示有 $S_2O_3^{2-}$ 存在。

**8. $SO_4^{2-}$**

取 5 滴试液于试管中，加 6.0mol·L$^{-1}$ HCl 溶液至无气泡产生，再多加 1～2 滴。加入 1～2 滴 1.0mol·L$^{-1}$ $BaCl_2$ 溶液，若生成白色沉淀，表示有 $SO_4^{2-}$ 存在。

**9. $Cl^-$**

取 10 滴试液于试管中，加入 5 滴 6mol·L$^{-1}$ $HNO_3$ 溶液和 15 滴 0.1mol·L$^{-1}$ $AgNO_3$ 溶液，在水浴上加热 2min。离心分离。将沉淀用 2mL 去离子水洗涤 2 次，使溶液 pH 接近中性，加入 10 滴 12% $(NH_4)_2CO_3$ 溶液，并在水浴上加热 1min。离心分离，在清液中加 1～2 滴 2mol·L$^{-1}$ $HNO_3$ 溶液，若有白色沉淀生成，表示有 $Cl^-$ 存在。

**10. $Br^-$、$I^-$**

取 5 滴试液于试管中，加入 2 滴 1mol·L$^{-1}$ $H_2SO_4$ 溶液将溶液酸化，再加 1mL $CCl_4$、1 滴氯水，充分振荡，若 $CCl_4$ 层呈现紫红色，表示有 $I^-$ 存在。继续加入氯水，并摇荡，若

$CCl_4$ 层紫红色褪去，又呈现出棕黄色或黄色，表示有 $Br^-$ 存在。

**11. $Ac^-$**

取5滴试液于试管中，加入5滴戊醇、10滴浓 $H_2SO_4$，微热，如出现乙酸戊酯的香气，表示有 $Ac^-$ 存在。如戊醇味浓，可将试管内物质倒入一个装有水的小烧杯中，此时由于酯类浮在水面，其香气更易于辨别。

# 附录十一 常见阳离子的鉴定

**1. $NH_4^+$**

取10滴试液于试管中，加入 2.0mol·$L^{-1}$NaOH 溶液使呈碱性，微热，并用润湿的红色石蕊试纸检验逸出的气体，如试纸显蓝色，表示有 $NH_4^+$ 存在。

**2. $K^+$**

取3～4滴试液于试管中，加入4～5滴 0.5mol·$L^{-1}$ $Na_2CO_3$ 溶液，加热，使有色离子变为碳酸盐沉淀。离心分离，在所得清液中加入 6.0mol·$L^{-1}$ HAc 溶液，再加入2滴 $Na_3[Co(NO_2)_6]$溶液，最后将试管放入沸水中加热2min，若试管中有黄色沉淀，表示有 $K^+$ 存在。

**3. $Na^+$**

取3滴试液于试管中，加 6.0mol·$L^{-1}$氨水中和至碱性，再加入 6.0mol·$L^{-1}$溶液酸化，然后加3滴 EDTA 饱和溶液和6～8滴醋酸铀酰锌，充分振荡，放置片刻。若试管中有淡黄色晶状沉淀生成，表示有 $Na^+$ 存在。

**4. $Mg^{2+}$**

取1滴试液于点滴板上，加2滴 EDTA 饱和溶液，搅拌后，加1滴镁试剂Ⅰ，再加1滴 6.0mol·$L^{-1}$NaOH 溶液，如有蓝色沉淀生成，表示有 $Mg^{2+}$ 存在。

**5. $Ca^{2+}$**

取1滴试液于试管中，加入10滴 $CHCl_3$，再加入4滴0.2% GBHA、2滴 6.0mol·$L^{-1}$ NaOH 溶液及2滴 1.5mol·$L^{-1}$ $Na_2CO_3$ 溶液，充分振荡试管，如果 $CHCl_3$ 层显红色，表示有 $Ca^{2+}$ 存在。

**6. $Sr^{2+}$**

取4滴试液于试管中，加入4滴 0.5mol·$L^{-1}$$Na_2CO_3$ 溶液，在水浴上加热得 $SrCO_3$ 沉淀，离心分离。在沉淀中滴加2滴 6.0mol·$L^{-1}$HCl 溶液，使沉淀溶解为 $SrCl_2$，然后用清洁的镍铬丝或铂丝蘸取 $SrCl_2$ 置于煤气灯的氧化焰中灼烧，如有猩红色火焰，表示有 $Sr^{2+}$ 存在。

**7. $Ba^{2+}$**

取4滴试液于试管中，加入浓氨水使呈碱性，再加锌粉少许，在沸水浴中加热1～2min，并不断搅拌，离心分离。在溶液中加醋酸酸化，加3～4滴 $K_2CrO_4$ 溶液，振荡，在沸水中加热，如有黄色沉淀生成，表示有 $Ba^{2+}$ 存在。

**8. $Al^{3+}$**

取4滴试液于试管中，加入 6.0mol·$L^{-1}$NaOH 溶液碱化，并过量2滴，加2滴3% $H_2O_2$ 溶液，加热2min，离心分离。用 6.0mol·$L^{-1}$ HAc 溶液将溶液酸化，调 pH 为6～7，加3滴铝试剂，摇荡后，放置片刻，加 6.0mol·$L^{-1}$氨水碱化，置于水浴上加热，如有橙红色物质（$CrO_4^{2-}$）生成，可离心分离。用去离子水洗涤沉淀，如沉淀为红色，表示有 $Al^{3+}$ 存在。

**9. $Sn^{2+}$**

取2滴试液于试管中，加入2滴6.0mol·$L^{-1}$ HCl溶液，加少许铁粉，在水浴上加热至作用完全，气泡不再发生为止。吸取清液于另一干净试管中，加入2滴$HgCl_2$，如有白色沉淀生成，表示有$Sn^{2+}$存在。

**10. $Pb^{2+}$**

取4滴试液于试管中，加入2滴6.0mol·$L^{-1}$ $H_2SO_4$溶液，加热几分钟，摇荡，使$Pb^{2+}$沉淀完全，离心分离。在沉淀中加入过量6.0mol·$L^{-1}$ NaOH溶液，并加热1min，使$PbSO_4$转化为$[Pb(OH)_3]^-$，离心分离。在清液中加入6.0mol·$L^{-1}$ HAc溶液，再加2滴0.1mol·$L^{-1}$ $K_2CrO_4$溶液，如有黄色沉淀，表示有$Pb^{2+}$存在。

**11. $Bi^{3+}$**

取3滴试液于试管中，加入浓氨水，Bi(Ⅲ)变为$Bi(OH)_3$沉淀，离心分离。洗涤沉淀，以除去可能共存Cu(Ⅱ)和Cd(Ⅱ)。在沉淀中加入少量新配制的$Na_2[Sn(OH)_4]$溶液，如沉淀变黑，表示有$Bi^{3+}$存在。

**12. $Sb^{3+}$**

取6滴试液于试管中，加6.0mol·$L^{-1}$氨水碱化，加5滴0.5mol·$L^{-1}$ $(NH_4)_2S$溶液，充分摇荡，于水浴上加热5min左右，离心分离。在溶液中加6.0mol·$L^{-1}$ HCl溶液酸化，使呈微酸性，并加热3～5min，离心分离。沉淀中加3滴浓HCl，再加热使$Sb_2S_3$溶解。取此溶液滴在锡箔上，片刻锡箔上出现黑斑。用水洗去酸，再用1滴新配制的NaBrO溶液处理，黑斑不消失，表示有$Sb^{3+}$存在。

**13. As(Ⅲ)、As(Ⅴ)**

取3滴试液于试管中，加入6.0mol·$L^{-1}$ NaOH溶液碱化，再加少许锌粒，立刻用一小团脱脂棉塞在试管上部，再用5% $AgNO_3$溶液浸过的滤纸盖在试管口上，置于水浴中加热，如滤纸上$AgNO_3$斑点逐渐变黑，表示有$AsO_3^{3-}$存在。

**14. $Ti^{4+}$**

取4滴试液于试管中，加入7滴浓氨水和5滴1.0mol·$L^{-1}$ $NH_4Cl$溶液，摇荡，离心分离。在沉淀中加2～3滴浓HCl和4滴浓$H_3PO_4$，使沉淀溶解，再加4滴3% $H_2O_2$溶液，摇荡，如溶液呈橙色，表示有$Ti^{4+}$存在。

**15. $Cr^{3+}$**

取2滴试液于试管中，加入2.0mol·$L^{-1}$ NaOH溶液至生成的沉淀又溶解，再多加2滴，加3% $H_2O_2$溶液，微热，溶液呈黄色。冷却后再加5滴3% $H_2O_2$溶液，加1mL戊醇（或乙醚），最后慢慢滴加6.0mol·$L^{-1}$ $HNO_3$溶液。注意，每加1滴$HNO_3$都必须充分摇荡。如戊醇层呈蓝色，表示有$Cr^{3+}$存在。

**16. $Mn^{2+}$**

取2滴试液于试管中，加6.0mol·$L^{-1}$ $HNO_3$溶液酸化，然后加入少量$NaBiO_3$固体，摇荡后，静置片刻，如溶液呈紫红色，表示有$Mn^{2+}$存在。

**17. $Fe^{2+}$**

取1滴试液于点滴板上，加2mol·$L^{-1}$ HCl溶液酸化，加1滴0.1mol·$L^{-1}$ $K_3[Fe(CN)_6]$溶液，如出现蓝色沉淀，表示有$Fe^{2+}$存在。

**18. $Fe^{3+}$**

① 取1滴试液于点滴板上，加2mol·$L^{-1}$ HCl溶液酸化，再加1滴和0.1mol·$L^{-1}$

KSCN 溶液，如溶液呈红色，表示有 $Fe^{3+}$ 存在。

② 取 1 滴试液于点滴板上，加 2mol·$L^{-1}$ HCl 溶液酸化，加 1 滴 0.1mol·$L^{-1}$ $K_4[Fe(CN)_6]$ 溶液，如立即出现蓝色沉淀，表示有 $Fe^{3+}$ 存在。

**19. $Co^{2+}$**

取 5 滴试液于试管中，加入数滴丙酮，再加少量 KSCN 固体或 $NH_4SCN$ 固体，充分振荡，若溶液呈鲜艳的蓝色，表示有 $Co^{2+}$ 存在。

**20. $Ni^{2+}$**

取 5 滴试液于试管中，加入 5 滴 2.0mol·$L^{-1}$ 氨水碱化，加 1 滴 1% 丁二酮肟溶液，若出现鲜红色沉淀，表示有 $Ni^{2+}$ 存在。

**21. $Cu^{2+}$**

取 1 滴试液于点滴板上，加 2 滴 0.1mol·$L^{-1}$ $K_4[Fe(CN)_6]$ 溶液，若生成红棕色沉淀，表示有 $Cu^{2+}$ 存在。

**22. $Zn^{2+}$**

取 2 滴试液于试管中，加入 5 滴 6.0mol·$L^{-1}$ NaOH 溶液，加 10 滴 $CCl_4$、2 滴二苯硫腙溶液，摇荡，如水层显粉红色，$CCl_4$ 层由绿色变棕色，表示有 $Zn^{2+}$ 存在。

**23. $Ag^+$**

取 5 滴试液于试管中，加入 5 滴 2.0mol·$L^{-1}$ HCl 溶液，置于水浴上温热，使沉淀聚集，离心分离。沉淀用热的去离子水洗一次，然后加入过量 6.0mol·$L^{-1}$ 氨水，摇荡，如有不溶物质存在时，离心分离。取一部分溶液于试管中加 6.0mol·$L^{-1}$ $HNO_3$ 溶液，如有白色沉淀生成，表示有 $Ag^+$ 存在。或取一部分溶液于一试管中，加 0.1mol·$L^{-1}$ KI 溶液，如有黄色沉淀生成，表示有 $Ag^+$ 存在。

**24. $Cd^{2+}$**

取 3 滴试液于试管中，加入 10 滴 2.0mol·$L^{-1}$ HCl 溶液，加 3 滴 0.1mol·$L^{-1}$ $Na_2S$ 溶液，可使 $Cu^{2+}$ 沉淀，$Co^{2+}$、$Ni^{2+}$、$Cd^{2+}$ 均无反应，离心分离。在清液中加 30% $NH_4Ac$ 溶液，使酸度降低，如有黄色沉淀析出，表示有 $Cd^{2+}$ 存在。在该酸度下，$Co^{2+}$、$Ni^{2+}$ 不会生成硫化物沉淀。

**25. $Hg^{2+}$，$Hg_2^{2+}$**

取 3 滴试液于试管中，加入 3 滴 2.0mol·$L^{-1}$ HCl 溶液，充分摇荡，置于水浴上加热 1min，趁热分离。沉淀用热 HCl 水（1mL 水加 1 滴 2.0mol·$L^{-1}$ HCl 溶液配成）洗 2 次。于沉淀中加 2 滴浓 $HNO_3$ 及 1 滴 2.0mol·$L^{-1}$ HCl 溶液，摇荡，并加热 1min，则 $Hg_2Cl_2$ 溶解，而 AgCl 不溶解，离心分离。于溶液中加 2 滴 4%KI 溶液、2 滴 2% $CuSO_4$ 溶液及少量 $Na_2SO_3$ 固体，如生成橙红色 $Cu_2[HgI_4]$ 沉淀，表示有 $Hg_2^{2+}$ 存在。

# 附录十二　常见危险化学品的火灾危险与处置方法

| 分子式 | 名　称 | 火灾危险 | 处置方法 |
|---|---|---|---|
| — | 压缩空气 | 与易燃气体、油脂接触有引起燃烧爆炸的危险，受热时瓶内压增大，有爆炸危险，有助燃性 | 切断气流，根据情况采取相应措施 |
| AgCN | 氰化银 | 本品不会燃烧，但遇酸会产生极毒、易燃的氰化氢气体。剧毒，吸入粉尘易中毒。与氟剧烈反应生成氟化银 | 禁用酸碱灭火剂。可用砂土、石粉压盖 |

续表

| 分子式 | 名称 | 火灾危险 | 处置方法 |
|---|---|---|---|
| $AgClO_3$ | 氯酸银 | 有爆炸性，与有机物、还原剂及易燃物硫、磷等混合后，摩擦、撞击，有引起燃烧爆炸的危险 | 雾状水、砂土、泡沫 |
| $AgClO_4$ | 高氯酸银 | 与易燃物硫、磷、有机物、还原剂混合后，摩擦、撞击，有引起燃烧爆炸的危险 | 雾状水、砂土、泡沫灭火剂 |
| $AgMnO_4$ | 高锰酸银 | 与有机物、还原剂、易燃物如硫、磷等混合，有成为爆炸性混合物的危险 | 水、砂土、泡沫 |
| $As_2O_3$ | 三氧化二砷 | 剧毒，不会燃烧，但一旦发生火灾时，由于本品于193℃开始升华，会产生剧毒气体 | 水、砂土 |
| $Ba(CN)_2$ | 氰化钡 | 本身不会燃烧，但遇酸产生极毒、易燃的气体。剧毒，吸入蒸气和粉尘易中毒 | 禁用酸碱灭火剂。可用干砂、石粉覆盖 |
| $BaCl_2\cdot2H_2O$ | 氯化钡 | 有毒，不会燃烧 | 水、砂土、泡沫 |
| $Ba(ClO_3)_2\cdot H_2O$ | 氯酸钡 | 与还原剂、有机物、铵的化合物、易燃物如硫、磷或金属粉末等混合，有成为爆炸性混合物的危险。与硫酸接触易发生爆炸。燃烧时发出绿色火焰 | 雾状水、砂土 |
| $Ba(ClO_4)_2\cdot3H_2O$ | 高氯酸钡 | 与有机物、还原剂、易燃物如硫、磷、金属粉末等接触有引起燃烧爆炸的危险 | 雾状水、砂土 |
| $Ba(NO_3)_2$ | 硝酸钡 | 与有机物、还原剂、易燃物如硫、磷等混合后，摩擦、碰撞、遇火星，有引起燃烧爆炸的危险。燃烧时发出绿色火焰 | 雾状水、砂土、二氧化碳 |
| $BaO_2$；$BaO_2\cdot8H_2O$ | 过氧化钡 | 遇有机物、还原剂、易燃物如硫、磷等有引起燃烧爆炸的危险 | 干砂、干石粉、干粉。禁止用水 |
| Be | 铍 | 极细粉尘，接触明火有发生燃烧或爆炸危险。有毒，长期接触易发皮炎，人在含铍0.1mg/m$^3$的环境中会引起急性中毒 | 砂土、二氧化碳 |
| $Be(C_2H_3O_2)_2$ | 乙酸铍 | 剧毒，可燃 | 水、砂土、泡沫 |
| CO | 一氧化碳 | 与空气混合能成为爆炸性混合物，遇高温瓶内压力增大，有爆炸危险。漏气遇火种有燃烧爆炸的危险 | 雾状水、泡沫、二氧化碳 |
| $Ca(CN)_2$ | 氰化钙 | 剧毒，本身不会燃烧，但遇酸会产生极毒、易燃的气体，吸入粉尘易中毒。本品水溶液能通过皮肤吸收而引起中毒 | 可用干砂、石粉压盖。禁用水及酸碱式灭火器 |
| $Ca(ClO_3)_2\cdot2H_2O$ | 氯酸钙 | 与易燃物硫、磷、有机物、还原剂等混合后，经摩擦、撞击、受热有引起燃烧爆炸的危险 | 雾状水、砂土、泡沫 |
| $Ca(ClO_4)_2$ | 高氯酸钙 | 与易燃物、有机物、还原剂混合，能成为有燃烧爆炸危险的混合物 | 砂土、水、泡沫 |
| $CaH_2$ | 氢化钙 | 遇潮气、水、酸、低级醇分解，放出易燃的氢气。与氧化剂反应剧烈。在空气中燃烧极其剧烈 | 干砂、干粉。禁止用水和泡沫 |
| $Ca(MnO_4)_2\cdot5H_2O$ | 高锰酸钙 | 与易燃物硫、磷，或有机物、还原剂混合后，摩擦、撞击，有引起燃烧爆炸的危险 | 雾状水、砂土、泡沫、二氧化碳 |
| $Ca(NO_3)_2\cdot4H_2O$ | 硝酸钙 | 与有机物、还原剂、易燃物如硫、磷等混合，有成为爆炸性混合物的危险 | 雾状水 |

续表

| 分子式 | 名称 | 火灾危险 | 处置方法 |
|---|---|---|---|
| $CaO_2$ | 过氧化钙 | 与有机物、还原剂、易燃物如硫、磷等相混合有引起燃烧爆炸的危险。遇潮气也能逐渐分解 | 干砂、干土、干石粉。禁止用水 |
| $Cl_2$ | 液氯 | 本身虽不燃，但有助燃性，气体外逸时会使人畜中毒，甚至死亡，受热时瓶内压力增大，危险性增加 | 雾状水 |
| CuCN | 氰化亚铜 | 本身不会燃烧，但遇酸产生极毒的易燃气体。剧毒，吸入蒸气或粉尘易中毒 | 禁用酸碱灭火剂。可用砂土压盖，可用水 |
| $F_2$ | 氟 | 与多数可氧化物质发生强烈反应，常引起燃烧。与水反应放热，产生有毒及腐蚀性的烟雾。受热后瓶内压力增大，有爆炸危险。漏气可致附近人畜生命危险 | 二氧化碳、干粉、砂土 |
| $Fe(CO)_5$ | 五羰基化铁 | 暴露在空气中，遇热或明火均能引起燃烧，并释放出有毒的CO气体 | 水、泡沫、二氧化碳、干粉 |
| $H_2$ | 氢 | 氢气与空气混合能形成爆炸性混合物，遇火星、高温能引起燃烧爆炸，在室内使用或贮存氢气时，氢气上升，不易自然排出，遇到火星时会引起爆炸 | 雾状水、二氧化碳 |
| HCN | 氰化氢(无水) | 剧毒。漏气可致附近人畜生命危险，遇火种有燃烧爆炸危险。受热后瓶内压力增大，有爆炸危险 | 雾状水 |
| $HClO_4$ | 高氯酸(72%以上) | 性质不稳定，在强烈震动、撞击下会引起燃烧爆炸 | 雾状水、泡沫、二氧化碳 |
| $H_2S$ | 硫化氢 | 剧毒的液化气体，受热后瓶内压力增大，有爆炸危险，漏气可致附近人畜生命危险 | 雾状水、泡沫、砂土 |
| $H_2O_2$ | 过氧化氢溶液(40%以下) | 受热或遇有机物易分解放出氧气。加热到100℃则剧烈分解。遇铬酸、高锰酸钾、金属粉末会起剧烈作用，甚至爆炸 | 雾状水、黄沙，二氧化碳 |
| $HgCl_2$ | 氯化汞 | 不会燃烧。剧毒，吸入粉尘和蒸气会中毒。与钾、钠能剧烈反应 | 水、砂土 |
| $HgI_2$ | 碘化汞 | 有毒，不会燃烧 | 雾状水、砂土 |
| $Hg(NO_3)_2$ | 硝酸汞 | 受热分解放出有毒的汞蒸气。与有机物、还原剂、易燃物如硫、磷等混合，易着火燃烧，摩擦、撞击，有引起燃烧爆炸的危险。有毒 | 雾状水、砂土 |
| KCN | 氰化钾 | 剧毒，不会燃烧。但遇酸会产生剧毒、易燃的氰化氢气体，与硝酸盐或亚硝酸盐反应强烈，有发生爆炸的危险。接触皮肤极易侵入人体，引起中毒 | 禁用酸碱灭火剂和二氧化碳。如用水扑救，应防止接触含有氰化钾的水 |
| $KClO_3$ | 氯酸钾 | 遇有机物，磷、硫、碳及铵的化合物，氰化物，金属粉末，稍经摩擦、撞击，即会引起燃烧爆炸。与硫酸接触易引起燃烧或爆炸 | 先用砂土，后用水 |
| $KClO_4$ | 高氯酸钾 | 与有机物、还原剂、易燃物(如硫、磷等)相混合有引起爆炸的危险 | 雾状水、砂土 |
| $KMnO_4$ | 高锰酸钾 | 与乙醚、乙醇、硫酸、硫黄、磷、双氧水等接触会发生爆炸；与甘油混合能发生燃烧；与铵的化合物混合有引起爆炸的危险 | 水、砂土 |

续表

| 分子式 | 名称 | 火灾危险 | 处置方法 |
| --- | --- | --- | --- |
| $KNO_2$ | 亚硝酸钾 | 与硫、磷、有机物、还原混合后，摩擦、撞击，有引起燃烧爆炸的危险 | 雾状水、砂土 |
| $KNO_3$ | 硝酸钾 | 与有机物及硫、磷等混合，有成为爆炸性混合物的危险。浸过硝酸钾的麻袋易自燃 | 雾状水 |
| $K_2O_2$ | 过氧化钾 | 遇水及水蒸气产生热，量大时可能引起爆炸。与还原剂能产生剧烈反应。接触易燃物如硫、磷等也能引起燃烧爆炸 | 干砂、干土、干石粉。严禁用水及泡沫 |
| $K_2O_4$ | 超氧化钾 | 本品为强氧化剂。遇易燃物、有机物、还原剂等能引起燃烧爆炸。遇水或水蒸气产生大量热量，可能发生爆炸 | 干砂、干土、干粉。禁止用水、泡沫 |
| $K_2S$ | 硫化钾 | 其粉尘在空气中可能自燃而发生爆炸。燃烧后产生有毒和刺激性的二氧化硫气体。遇酸类产生易燃的硫化氢气体 | 水、砂土 |
| $LiAlH_4$ | 氢化铝锂 | 易燃。当碾磨、摩擦或有静电火花时能自燃。遇水或潮湿空气、酸类、高温及明火有引起燃烧的危险。与多数氧化剂混合能形成比较敏感的混合物，容易爆炸 | 干砂、干粉、石粉。禁止用水和泡沫 |
| $Mg(ClO_3)_2 \cdot 6H_2O$ | 氯酸镁 | 与易燃物硫、磷、有机物、还原剂等混合后，摩擦、撞击，有引起燃烧爆炸的危险 | 雾状水、砂土、泡沫 |
| $Mg(ClO_4)_2$ | 高氯酸镁 | 与有机物、还原剂、易燃物如硫、磷及金属粉末等接触，有引起燃烧爆炸的危险 | 雾状水、砂土 |
| $NH_3$ | 液氨 | 猛烈撞击钢瓶受到震动，气体外逸会危及人畜健康与生命，遇水则变为有腐蚀性的氨水，受热后瓶内压力增大，有爆炸危险，空气中氨蒸气浓度达15.7%～27.4%，有引起燃烧的危险，有油类存在时，更增加燃烧的危险 | 雾状水、泡沫 |
| $NH_4ClO_3$ | 氯酸铵 | 与有机物、易燃物如硫、磷，还原剂以及硫酸相接触，有燃烧爆炸的危险。遇高温(100℃以上)或猛烈撞击也会引起爆炸 | 雾状水 |
| $NH_4ClO_4$ | 高氯酸铵 | 与有机物、还原剂、易燃物如硫、磷以及金属粉末等混合及与强酸接触有引起燃烧爆炸的危险 | 雾状水、砂土 |
| $NH_4MnO_4$ | 高锰酸铵 | 属强氧化剂。遇有机物、易燃物、还原性物质能引起燃烧或爆炸。受热、震动撞击均能引起爆炸，分解出有毒气体 | 水、砂土 |
| $NH_4NO_2$ | 亚硝酸铵 | 遇高温(60℃以上)、猛撞，以及与易燃物、有机物接触，有发生爆炸的危险 | 雾状水、砂土 |
| $NH_4NO_3$ | 硝酸铵 | 混入有机杂质时，能明显增加本品的爆炸危险性。与硫、磷、还原剂相混合，有引起燃烧爆炸的危险 | 雾状水 |
| $NO_2$ | 二氧化氮 | 不会燃烧，但有助燃性，具强氧化性，如接触碳、磷和硫有助燃作用 | 干砂、二氧化碳。不可用水 |
| $N_2O$ | 一氧化二氮 | 受高温有爆炸危险，有助燃性 | 雾状水 |

续表

| 分子式 | 名称 | 火灾危险 | 处置方法 |
|---|---|---|---|
| $N_2O_3$ | 三氧化二氮 | 遇可燃物、有机物、还原剂易燃烧，受热分解放出$NO_2$有毒烟雾。漏气可致附近人畜生命危险 | 雾状水、二氧化碳 |
| $NaBH_4$ | 硼氢化钠 | 与氧化剂反应剧烈，有燃烧危险，与水或水蒸气反应能产生氢气。接触酸或酸性气体反应剧烈，放出氢气和热量，有燃烧危险 | 干砂、干粉。禁止用水和泡沫 |
| $NaClO_2$ | 亚氯酸钠 | 与易燃物如硫、磷、有机物、还原剂、氰化物、金属粉末混合以及与硫酸接触，有引起着火燃烧或爆炸的危险 | 雾状水、砂土 |
| $NaClO_3$ | 氯酸钠 | 与有机物、还原剂及硫、磷等混合，有成为爆炸性混合物的危险。与硫酸接触会引起爆炸 | 雾状水 |
| $NaClO_4$ | 高氯酸钠 | 与有机物、还原剂、易燃物如硫、磷等混合或与硫酸接触有引起燃烧爆炸的危险 | 水、砂土 |
| $NaMnO_4 \cdot 3H_2O$ | 高锰酸钠 | 与有机物、还原剂、易燃物如硫、磷等接触有引起燃烧爆炸的危险。遇甘油立即分解而强烈燃烧 | 雾状水、砂土 |
| $NaN_3$ | 叠氮化钠 | 遇明火、高温、震动、撞击、摩擦，有引起燃烧爆炸危险 | 雾状水、泡沫。禁止用砂土压盖 |
| $NaNO_3$ | 硝酸钠 | 其危险程度略低于硝酸钾。与硫、磷、木炭等易燃物混合，有成为爆炸性混合物的危险 | 雾状水 |
| $Na_2O_2$ | 过氧化钠 | 与有机物、易燃物如硫、磷等接触能引起燃烧，甚至爆炸；与水分起剧烈反应产生高温，量大时能发生爆炸 | 干砂、干土、干石粉。禁止用水、泡沫 |
| $Na_2O_4$ | 超氧化钠 | 本品为强氧化剂。接触易燃物、有机物、还原剂能引起燃烧爆炸。遇水或水蒸气产生热，量大时能发生爆炸 | 干砂、干土、干粉。禁止用水、泡沫 |
| $Na_2S_2O_4 \cdot 2H_2O$ | 连二亚硫酸钠 | 有极强的还原性，遇氧化剂、少量水或吸收潮湿空气能发热，引起冒黄烟、燃烧，甚至爆炸 | 干砂、干粉、二氧化碳。禁止用水 |
| $Ni(CO)_4$ | 羰基镍 | 剧毒。遇明火、高温、氧化剂能燃烧，受热、遇酸或酸雾会产生极毒气体，能与空气、氧、溴强烈反应引起爆炸 | 雾状水、二氧化碳、砂土、泡沫。消防员应戴防毒面具 |
| $O_2$ | 氧 | 与乙炔、氢、甲烷等按一定比例混合，能使油脂剧烈氧化引起燃烧爆炸，有助燃性 | 切断气流，根据情况采取相应措施 |
| $OsO_4$ | 四氧化锇 | 本身不会燃烧，但受热能分解放出剧毒的烟雾。剧毒，触及皮肤能引起皮炎甚至坏死。能刺激眼结膜，甚至失明。吸入蒸气可使人死亡 | 水、砂土 |
| $P_4$ | 红磷 | 遇热、火种、摩擦、撞击或溴、氯气等氧化剂都有引起燃烧的危险 | 起烟及初起火苗时用黄沙、干粉、石粉；大火时用水，但应注意水的流向，以及赤磷散失后的场地处理，防止复燃 |
| $P_4$ | 黄磷 | 在空气中会冒白烟燃烧。受撞击、摩擦或与氯酸钾等氧化剂接触能立即燃烧甚至爆炸 | 雾状水、砂土（火熄灭后应仔细检查，将剩下的黄磷移入水中，防止复燃） |

续表

| 分子式 | 名称 | 火灾危险 | 处置方法 |
| --- | --- | --- | --- |
| $PF_5$ | 五氟化磷 | 受热后瓶内压力增大，有爆炸危险，漏气可致附近人畜生命危险 | 二氧化碳、干砂、干粉 |
| $PH_3$ | 磷化氢 | 能自燃。受热分解放出有毒的 $PO_x$ 气体。遇氧化剂发生强烈反应。遇火种立即燃烧爆炸 | 雾状水、泡沫、二氧化碳 |
| $Pb(C_2H_5)_4$ | 四乙基铅 | 剧毒。可燃，遇明火、高温有燃烧危险，受热分解放出有毒气体。遇氧化剂反应剧烈 | 雾状水、泡沫、二氧化碳、砂土 |
| $Pb(ClO_4)_2 \cdot 3H_2O$ | 高氯酸铅 | 与有机物、还原剂及硫、磷等混合后，撞击、摩擦引起燃烧爆炸的危险。与硫酸接触易着火燃烧 | 水、砂土 |
| $Pb(NO_3)_2$ | 硝酸铅 | 与有机物、还原剂及易燃物硫、磷等混合后，稍经摩擦，即有引起燃烧爆炸的危险。有毒 | 雾状水、砂土 |
| $SF_4$ | 四氟化硫 | 剧毒，受热，遇水、水蒸气、酸或酸雾生成有毒及腐蚀性烟雾，漏气可致附近人畜生命危险，受热后瓶内压力增大，有爆炸危险 | 二氧化碳、干粉、干砂。禁止用水 |
| $SO_2$ | 二氧化硫 | 剧毒。受热后瓶内压力增大，有爆炸危险，漏气可致附近人畜生命危险 | 雾状水、泡沫、砂土 |
| $SeO_2$ | 二氧化硒 | 剧毒，不会燃烧。遇明火、高温时放出的蒸气极毒。按国家规定，车间空气中最高容许浓度为 $0.1mg/m^3$ | 水、砂土 |
| $SiF_4$ | 四氟化硅 | 剧毒。漏气可致附近人畜生命危险，受热后瓶内压力增大，有爆炸危险 | 雾状水 |
| Th | 金属钍 | 大块的钍不燃，粉末有燃烧爆炸危险。粉尘遇火星易爆炸。在室温时，遇明火即可着火燃烧。能与卤素、硫、磷作用，引起燃烧。燃烧爆炸时能形成放射性灰尘，污染环境，危害人们健康 | 干砂、干粉 |
| $Th(NO_3)_4 \cdot 4H_2O$ | 硝酸钍 | 遇高温分解，遇有机物、易燃物能引起燃烧，燃烧后有放射性灰尘，污染环境，危害人们健康 | 雾状水、泡沫、砂土、二氧化碳(火灾后现场要进行射线测定及消毒处理) |
| Tl | 铊 | 不会燃烧。但剧毒，易经皮肤吸收，吸入后使肾脏受到刺激，毛发脱落，或有精神症状 | 干砂、二氧化碳 |
| $TlC_2H_3O_2$ | 乙酸亚铊 | 剧毒，可燃 | 水、泡沫、砂土 |
| $UO_2(NO_3)_2 \cdot 6H_2O$ | 硝酸铀酰 | 硝酸铀酰的醚溶液在阳光照射下能引起爆炸。高温分解。遇有机物、易燃物能引起燃烧。燃烧时产生大量放射性灰尘，污染环境，危害人们健康 | 泡沫、砂土、二氧化碳。不宜用水(火灾后现场要进行射线测定及消毒处理) |
| $Zn(CN)_2$ | 氰化锌 | 本身不会燃烧，但遇酸会产生极毒、易燃的氰化氢气体。剧毒，吸入蒸气和粉尘易中毒 | 禁用酸碱灭火剂。可用砂土、石粉压盖。如用水，要防止流入河道，污染环境 |
| $Zn(ClO_3)_2 \cdot 4H_2O$ | 氯酸锌 | 与易燃物、有机物、还原剂等混合后，经摩擦、撞击、受热能引起燃烧爆炸。接触硫酸易着火或爆炸 | 雾状水、泡沫、砂土 |
| $Zn(MnO_4)_2 \cdot 6H_2O$ | 高锰酸锌 | 与有机物、还原剂、易燃物如硫、磷等混合后，经摩擦、撞击，有引起燃烧爆炸的危险 | 雾状水、砂土、泡沫、二氧化碳 |

续表

| 分子式 | 名称 | 火灾危险 | 处置方法 |
|---|---|---|---|
| $Zn(NO_3)_2 \cdot 3H_2O$ | 硝酸锌 | 与易燃物硫、磷、有机物、还原剂等混合后，易着火，稍经摩擦，有引起燃烧爆炸的危险 | 水、砂土 |
| $ZrSiO_4$ | 锆英石 | 有放射性 | 水、砂土、二氧化碳 |
| $B_2H_6$ | 乙硼烷 | 毒性相当于光气。受热、遇热水迅速分解放出氢气，遇卤素反应剧烈 | 干砂、石粉、二氧化碳。切忌用水 |
| $B_5H_9$ | 戊硼烷 | 毒性高于氢氰酸，遇热、明火易燃 | 干砂、石粉、二氧化碳；禁用水和泡沫 |
| $CH_4$ | 甲烷 | 与空气混合能形成爆炸性混合物，遇火星、高温有燃烧爆炸危险 | 雾状水、泡沫、二氧化碳 |
| $CH_3Cl$ | 氯甲烷 | 空气中遇火星或高温(白热)能引起爆炸，并生成光气，接触铝及其合金能生成有自燃性的铝化合物 | 雾状水、泡沫 |
| $COCl_2$ | 碳酰氯 | 剧毒。漏气可致附近人畜生命危险。受热后瓶内压力增大，有爆炸危险 | 雾状水、二氧化碳。万一有光气泄漏，微量时可用水蒸气冲散，可用液氨喷雾解毒 |
| $CS_2$ | 二硫化碳 | 遇火星、明火极易燃烧爆炸，遇高温、氧化剂有燃烧危险 | 水、二氧化碳、黄沙。禁止使用四氯化碳 |
| $CH_3CHO$ | 乙醛 | 遇火星、高温、强氧化剂、湿性易燃物品、氨、硫化氢、卤素、磷、强碱等，有燃烧爆炸危险。其蒸气与空气混合成为爆炸性混合物 | 干砂、干粉、二氧化碳、雾状水、泡沫 |
| $C_2H_5NH_2$ | 乙胺 | 易燃，有毒。遇高温、明火、强氧化剂有引起燃烧爆炸的危险 | 泡沫、二氧化碳、雾状水、干粉、砂土 |
| $(CH_2)_2O$ | 环氧乙烷 | 与空气混合能形成爆炸性混合物，遇火星有燃烧爆炸的危险 | 水、泡沫、二氧化碳 |
| $CH_3COCH_3$ | 丙酮 | 蒸气与空气混合能成为爆炸性混合物，遇明火、高温易引起燃烧 | 抗溶性泡沫、泡沫、二氧化碳、化学干粉、黄沙 |
| $(C_2H_5)_2O$ | 乙醚 | 极易燃烧，遇火星、高温、氧化剂、过氯酸、氯气、氧气、臭氧等有发生燃烧爆炸危险，有麻醉性，对人的麻醉浓度为 109.8～196.95g/m$^3$。浓度超过 303g/m$^3$ 时有生命危险 | 干粉、二氧化碳、砂土、泡沫 |
| $O(CH_2)_3CH_2$ | 四氢呋喃 | 蒸气能与空气形成爆炸物。与酸接触能发生反应。遇明火、强氧化剂有引起燃烧的危险。与氢氧化钾、氢氧化钠有反应。未加过稳定剂的四氢呋喃暴露在空气中能形成有爆炸性的过氧化物 | 泡沫、干粉、砂土 |
| $HN(CH_2)_3CO$ | 2-吡咯烷酮 | 有毒。遇明火能燃烧，受热时能分解出有毒的氧化氮气体。能与氧化剂发生反应 | 雾状水、泡沫、二氧化碳、砂土 |

# 附录十三　化学化工网址

**1. http://www.indiana.edu/~cheminfo/ (化学信息资源导航系统)**

该网站由美国印第文纳大学 GaryWeggins 编制，是目前化学化工类信息资源中最为详细的一个网络导航指南，包括网络论坛、讨论组群、E-mail 列表，评注出色。

**2. http://www.chem.ucla.edu/chempointers.html（化学信息虚拟图书馆）**

该 Web 端提供了大量的信息链接，指向 Internet 上那些有关化学研究最重要的信息资源，很详细，有大学链接、非盈利链接、商业链接等。

**3. ChemWeb 站点（www.chemWeb.com）**

很完善，资源链接丰富。内容包括化学杂志库，含有文摘、化学结构、专利和 WEB 站点的数据库，免费的 Beilstein Abstracts，报道有关化学方面最新新闻的杂志 Alchemist（由 ChemWeb 主办），Shopping Mall 商品的在线订购（包括软件、仪器和图书），世界性的工作招聘会 Worldwide Job Exchange，会议日记（Conference Diary）收录最近召开的会议，ChemDex Plus 在 Internet 上的化学资源数据库，可检索并有评述 ACD MDL Information Systems Inc 有关化学的部分。

**4. http://chemfinder.camsoft.com/**

在 WWW 上找到化学资源最快最好的方法。它可免费使用，是在 Internet 上获得化学信息最便利的工具。

**5. http://www.chemcenter.org/**

Chem Center 是由美国化学学会（ACS）创建，组织 ACS 出版部及化学文摘社（CAS）的主要 Web 资源，提供服务。

**6. http://www.chemie.uni-regensburg.de/列出化学服务和资源。**

**7. http://www.cas.org/**

化学文摘服务社，提供化学领域内中广泛的信息，具有查询功能。

**8. NIST Chemistry WebBook（http://Webbook.nist.gov/chemistry/）**

包含了热化学数据、反应热化学数据、质谱、紫外/可见光谱、电子振动光谱和双原子分子常数等数据。

**9. The Atomic Spectra Database（ASD）（http://physics.nist.gov/asd）**

原子光谱数据库：该站点含原子和离子中辐射跃迁与能级的数据，数据较为完整，包括 99 个元素的辐射跃迁数据和 52 个元素的能级数据，含有 900 个谱图，波长从 0.1～200μm，有 70000 个能级数据，91000 个谱线，其中 40000 个给出了跃迁概率。

**10. SDBS 有机化合物谱图集成数据库**

http://www.aist.go.jp/RIODB/SDBS/menu-e.html

检索界面为 http://www.aist.go.jp/RIODB/SDBS/sdbs/owa/sdbs_sea.cre_frame_sea

日本国立物质与化学研究所（National Institute of Materials and Chemical Research）建立的有机化合物谱图集成数据库，到 1999 年 3 月为止，它共收录了 30000 个有机化合物，集成六种谱图数据：质谱，$^{13}C$ 核磁共振谱，$^{1}H$ 核磁共振谱，ESR，红外光谱和拉曼光谱。

**11. 生物蛋白质质谱谱图库 http://www.matrixscience.com**

提供可查蛋白质质谱数据，免费。

**12. 美国 ISI 公司提供 Reaction Center 数据库　http://www.isinet.com/**

Reaction Center 数据库收集了全球核心化学期刊和发明专利的所有最新发现结构和相关性质，包括其制备与合成方法。年增加 20 多万种新化合物的详细资料。

**13. WebReactions 的有机反应检索系统 http://Webreactions.net/**

**14. http://www.shef.ac.uk/chemistry/Web-elements/main/welcome.html**

可用超链接进入周期表内各元素的具体描述及性能数据。每一元素又有化学性能、物理性能、电子学数据、生物学数、地质学数据、谱学测定、晶体结构、同位素等几十个超链接。数据丰富可靠，免费查阅。

**15. WWW 化学品 http://www.chem.com**

提供了 20 多个生产化学品公司的产品目录。

**16. 氨基酸数据库 http://www.chemie.fu-berlin.de/chemistry/bio/amino-acids.html**

**17. Christie 联合会维护的关于环境和职业健康安全信息资源的优秀站点**

http://www.christie.ab.ca/safelist

**18. 危险化学药品数据库 http://ull.chemistry.uakron.edu/erd/**

该数据库可让用户通过关键词直接检索近 2000 种危险化学药品的信息。关键词可以是名字、分子式及登录号（CAS、DOT、RTECS 及 EPA）。

**19. 职业辐照限制方面的资源 http://www.acgih.org/**

它是这方面最好的站点，每年列出由 ACGIH 编辑的 TLVs 和 BEIs 列表，提供许多这方面的报告和指向其他资源的链接。

**20. 全球专利检索服务系统 http://sunsite.unc.edu/patents**

这是由 Gregory Aharonian 设在北卡罗来纳州立大学主机上的全球专利检索服务系统。

**21. 中国专利信息网 http://www.patent.com.cn**

本收集了截止到 1997 年底为止的 51 万条专利，该网站的信息服务内容包括：中国专利技术转让、中国专利知识问答、中外专利法律法规、中国专利代理机构、世界各国专利机构、国外免费专利检索、中国专利出版信息、专利广告征集信息、专利信息检索论坛和中外专利数据库检索指南。

**22. Dialog 联机检索系统 http://www.dialog.com**

作为目前全球最大的联机信息服务商，Dialog 也是广大科技人员所熟知的一类科技情报检索系统，近年来，国内大部分图书馆已通过 Telnet 方式与其相连。

# 参 考 文 献

[1] 宋天佑. 简明无机化学. 第 2 版. 北京：高等教育出版社，2014.
[2] 杨宏孝主编. 无机化学. 第 3 版. 北京：高等教育出版社，2002.
[3] 大连理工大学无机化学教研室编. 无机化学. 第 5 版. 北京：高等教育出版社，2003.
[4] 王英华，魏士刚，徐家宁编. 基础化学实验. 第 2 版. 北京：高等教育出版社，2015.
[5] 大连理工大学无机化学教研室. 无机化学实验. 第 3 版. 北京：高等教育出版社，2014.
[6] 北京师范大学等编. 化学基础实验. 第 2 版. 北京：高等教育出版社，2013.
[7] 华东理工大学无机化学教研组编. 无机化学实验. 第 4 版. 北京：高等教育出版社，2007.

# 二维码索引